Geodatabase 设计与应用分析

王育红 编 著

清华大学出版社

北 京

内 容 简 介

本书共分为9章，主要阐述了 Geodatabase 模型元素，Geodatabase 设计与实施，数据编辑、检查与处理，数据查询及其优化技术，时态数据组织与回放追踪，线性参考数据组织与显示查询，网络数据组织及应用分析等内容。本书结构逻辑清晰、内容丰富严谨、叙述简单明了，具有较强的可操作、可验证特征。通过本书的阅读学习并结合相应的动手实践，读者可获得实用的空间数据库设计、建设及应用知识技巧与经验，有效提高分析与解决实际问题的综合能力。

本书可作为地理信息科学、测绘工程、遥感科学与技术以及计算机相关专业师生的教科书，也可作为地理信息、测绘遥感、国土管理、城市规划、环境保护等领域相关技术人员的自学参考书。

图书在版编目(CIP)数据

Geodatabase 设计与应用分析/王育红编著. —北京：清华大学出版社，2021.10

ISBN 978-7-302-59148-1

Ⅰ. ①G… Ⅱ. ①王… Ⅲ. ①空间信息系统 Ⅳ. ①P208 978

中国版本图书馆 CIP 数据核字(2021)第 182831 号

责任编辑：孙晓红
装帧设计：李　坤
责任校对：周剑云
责任印制：朱雨萌
出版发行：清华大学出版社
网　　址：http://www.tup.com.cn, http://www.wqbook.com
地　　址：北京清华大学学研大厦 A 座　　邮　　编：100084
社 总 机：010-62770175　　邮　　购：010-62786544
投稿与读者服务：010-62776969, c-service@tup.tsinghua.edu.cn
质量反馈：010-62772015, zhiliang@tup.tsinghua.edu.cn
课件下载：http://www.tup.com.cn, 010-62791865
印 装 者：三河市龙大印装有限公司
经　销：全国新华书店
开　本：185mm×260mm　　印　张：19　　字　数：460 千字
版　次：2021 年 10 月第 1 版　　印　次：2021 年 10 月第 1 次印刷
定　价：58.00 元

产品编号：089837-01

前　言

空间数据库，又称地理信息系统(Geographic Information System，GIS)数据库，是面向GIS地理空间数据存储与管理需求而产生，并不断发展的一门新兴交叉学科与广普应用技术。它横跨地理、测绘、遥感、计算机等多个学科与领域，可广泛应用于交通、水利、土地、资源、环境、公共安全、医疗卫生等国民经济建设的各个行业和部门，乃至普通大众的工作与生活。

空间数据库的主要任务是以特定的数据模型和信息结构来表达、描述、记录某一区域内相关地理要素的位置、形状、属性及其相互关系，并确保空间数据的一致性、完整性、安全性等，从而为空间数据处理与分析提供有效支撑与服务。与常规关系数据库相比，空间数据库具有空间性、非结构化、数据海量、综合抽象、分类编码等特点，不仅理论渊源深厚，而且体系庞大复杂。

在当今GIS普施化、个性化快速发展的时空大数据时代，空间数据库设计与应用已成为地理信息科学、测绘工程、遥感科学与技术以及相关专业从业人员必备的一项基本技能。目前，我国设有这些专业的高校，许多都陆续开设了空间数据库课程，其中有些高校还将其作为专业基础必修课程，迫切需要建立多视角、立体化的教材体系。

根据读秀网的搜索统计，目前国内已出版发行了空间数据库相关教材著作30余部。与现有大多数同类图书侧重学术理论或最新研究成果阐述不同，本书以可实践、可操作、可验证为原则，基于Geodatabase(地理数据库)具体数据库平台，按照"设计→建库→查询→应用"基本业务流程系统阐述空间数据模型，空间数据库设计，空间数据入库处理，查询检索以及不同应用分析环境下的空间数据组织与管理策略等内容，可使学生更直观地学习理解空间数据库概念、原理和方法，从而切实提高利用所学知识解决实际问题的能力。

Geodatabase是全球著名GIS软件与技术开发商——美国ESRI公司于1999年研制发布的新一代空间数据库技术解决方案。在经过多次的技术革新和版本升级后，目前Geodatabase已具备统一集中管理矢量、栅格、DEM、Terrain、网络、时态、注记文本、制图符号、常规属性表格、音视频等多种数据的强大功能。相对于CAD、Shapefile、Coverage等空间数据管理方案，Geodatabase能够更清晰、准确地反映、描述现实实体的静态属性与动态行为特征，具有一体化、智能化、可伸缩等优势，可以是基于文件构建的单用户小型数据库，也可以是面向工作组、部门甚至整个行业的多用户大型、超大型地理数据库。

全书共分为9章。前5章为设计基础部分：在概括总结数据库、空间数据库相关概念与特征的基础上，主要阐述Geodatabase类型特点，数据模型基本组成元素，设计与实施，数据入库编辑、检查与处理，数据查询与索引优化等内容；后4章为应用提高部分：针对时态GIS、线性参考、网络分析等具体应用情况涉及的不同数据内容和管理需求，详细介绍基于Geodatabase管理、处理、分析相关数据的基本策略与主要方法。

　　本书是作者根据自己多年教学积累和相关科研成果，参考国内外相关文献资料编写而成的。在教学与本书编写过程中，多次得到了张连蓬教授、康建荣教授、胡晋山教授、景海涛教授、袁占良教授、张合兵教授等领导、同事的大力支持与帮助，在此衷心表示感谢。另外，本书的编写出版发行还得到了江苏师范大学本科教材建设项目(JYJC202002)、国家自然科学联合基金项目(U1304401)的资助，在此一并致谢。

　　由于作者水平与学识有限，加上 Geodatabase 内容复杂庞大且不断更新、升级优化，因此书中难免存在疏漏之处，敬请读者批评指正。

王育红

目 录

第 1 章
绪　　论

简单来讲，地理信息系统(Geographic Information System，GIS)就是一种采集、存储、管理、分析、显示和分享有关地理空间数据的综合计算机技术系统。相对于常规数据而言，地理空间数据具有数据量大、类型多样、关系复杂、非结构化等特征，难以利用传统数据库技术对其进行存储与管理。为解决这一难题，人们在传统数据库的基础上研究开发了多项空间数据库解决方案，而 Geodatabase 则是目前最高技术水准的典型代表。

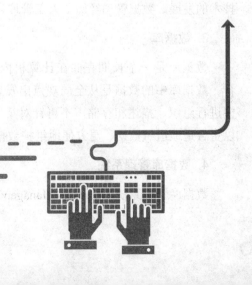

1.1 数 据 库

数据库技术产生于 20 世纪 60 年代，是继人工管理、文件系统管理之后的又一项数据管理新技术。它的出现极大地促进了计算机应用技术向各行各业的渗透。经过近 60 年的发展，数据库技术已成为当今计算机科学的重要分支，也成为信息系统的核心和基础。

1.1.1 基本概念

数据库建设和应用涉及许多概念，这里首先介绍数据、数据管理、数据库、数据库管理系统、数据库系统等几个基本概念。

1. 数据

数据、信息、知识和智慧是信息技术领域比较常见的四个概念，它们之间既有联系，又有区别。数据是原始的、未解释的符号。符号可以是数字，也可以是文字、图形、图像、声音、视频等。数据有多种表现形式，常常经过数字化处理后保存在计算机中。信息是经过处理、具有意义的数据，是数据的解释。知识是含有观点、发挥作用的信息，是信息的理解。智慧是综合经验进行创新的知识，是知识的运用。数据、信息比较丰富，而知识相对贫乏，智慧更加珍贵。现在，人们常常会把"数据"与"信息"不加区别地混淆使用。

2. 数据管理

数据管理是利用计算机硬件和软件技术对数据进行有效的收集、存储、处理和应用的过程，其目的在于充分有效地发挥数据的作用。数据管理的优劣直接影响着数据处理与分析的效率与质量。实现数据有效管理的关键是数据组织。数据组织是指将具有某种逻辑关系的一批数据组织起来，按一定的存储表示方式配置在计算机的存储器中，目的是使计算机在处理时能够符合速度快、占用存储器的容量少、成本低等多方面的要求。随着计算机技术的发展，数据管理经历了人工管理、文件系统、数据库系统三个发展阶段。

3. 数据库

数据库是一个长期存储在计算机内的有组织的、可共享的、统一管理起来的数据集合。数据库中的数据是从全局观点出发、为众多用户共享而建立的，它按照一定的数据模型进行组织、描述和存储，不再针对某一应用，摆脱了具体程序的限制和制约。数据库可以更合适地组织数据、更方便地维护数据、更严密地控制数据和更有效地利用数据。

4. 数据库管理系统

数据库管理系统(Database Management System，DBMS)是一种操纵和管理数据库的大型软件，用于建立、使用和维护数据库。它对数据库进行统一的管理和控制，以保证数据库的安全性和完整性。用户通过 DBMS 访问数据库中的数据，数据库管理员也通过 DBMS 进行数据库的维护工作。它可使多个应用程序和用户用不同的方法在相同或不同时刻去建立、修改和访问数据库。有了数据库管理系统，用户就可以在抽象意义上处理数据，而不必顾及这些数据在计算机中的布局和物理位置。数据库管理系统可分为大中型系统(如Oracle、SQL Server、Sybase、DB2 等)和小型系统(如 Access、Foxpro 等)两大类。

5. 数据库系统

数据库系统是指在计算机系统中引入数据库后构成的系统，是一个实际运行的，按照数据库方式存储、维护和向应用系统提供数据支持的系统，它不仅仅是一个数据库，也不仅仅是一个对数据进行管理的软件。数据库系统一般由数据库、数据库管理系统、应用系统开发工具、应用系统和人员构成。

人员是管理、开发和使用数据库的主体。根据工作任务的差异，数据库系统涉及的人员主要有数据库管理员、系统分析员、数据库设计人员、应用程序编程人员和最终用户。对于不同规模的数据库系统，人员的配置也是不同的。只有大型数据库系统才配备有数据库管理员和应用程序编程人员。应用型微机数据库系统比较简单，其用户通常兼有终端用户和数据库管理员的职能，必要时也兼有应用程序编程人员的职能。

1.1.2 数据库的数据模型

模型是对现实世界中的实体或现象的抽象或简化，是对实体或现象中的最重要的构成及其相互关系的表达，是为了理解和预测现实世界而构建的一种替代物，而不是现实世界的复制品。为了不同的研究目的，可以采用多种不同的抽象和简化方法，进而形成不同的模型，如语言模型、实物模型、数学模型、地图模型，等等。

数据模型则是对现实世界数据特征的抽象和模拟，是用来描述、表示、组织、操作数据的一组概念、定义、法则、方法和工具。由于现实世界的复杂性，计算机不能直接处理其中的具体事物，必须经过"现实世界→信息世界→机器世界"的多次抽象转化，最后才能以计算机所能理解的表现形式将其存储到数据库中。在抽象转化过程的不同阶段，需要使用不同的数据模型，主要包括概念数据模型、逻辑数据模型和物理数据模型三大类。

1. 概念数据模型

概念数据模型，简称概念模型，又称信息模型，是面向数据库用户的数据模型，主要用来描述现实世界的概念化结构。概念模型只关心现实世界中的事物、事物特征及其联系，与具体的数据库管理系统无关。它是设计人员、维护人员、用户之间的共同语言，可使数据库设计人员在设计的初始阶段，摆脱计算机系统及 DBMS 的具体技术问题，以用户的观点集中精力分析数据以及数据之间的联系。概念模型必须换成逻辑数据模型，才能在DBMS 中实现。

2. 逻辑数据模型

逻辑数据模型，简称逻辑模型或数据模型，是用户从数据库角度所看到的模型，是 DBMS 所依赖的数据模型，它既要面向用户，又要面向系统。逻辑模型所反映的是系统分析设计人员对数据存储的观点，是对概念数据模型进一步的分解和细化。逻辑模型是数据库的核心和基础，现有的数据库系统都是基于某种逻辑模型设计开发的。

逻辑模型主要由数据结构、数据操作和数据约束三部分组成。其中，数据结构主要描述数据的类型、内容、性质以及数据间的联系；数据操作主要描述在相应的数据结构上的操作类型(如查询、添加、删除、修改等)和操作方式；数据约束主要描述数据结构内数据间的语法、词义联系，相互之间的制约和依存关系，以及数据动态变化的规则，以保证数据的正确、有效和相容。数据结构是数据模型的基础，数据操作和数据约束都建立在数据结构之上，不同的数据结构具有不同的操作和约束。

在数据库技术发展过程中，人们先后研究提出了层次、网状、关系和面向对象四种主流的逻辑模型，并据此将数据库技术发展划分为三个阶段，即：第一代的网状、层次数据库系统，第二代的关系数据库系统，第三代的以面向对象模型为主要特征的数据库系统。其中，关系模型以集合论和关系代数为基础，采用二维表的形式管理数据及其联系，具有语法严谨、结构简单、易于理解、便于实现等优点，因此得到广泛应用。随着与面向对象技术的不断融合，关系模型发展成为对象-关系模型，其表达能力和应用范围更是得到大幅提高和拓展。

3. 物理数据模型

物理数据模型，简称物理模型，是面向计算机物理表示的模型，描述了数据在存储介质上的组织结构，它不但与具体的 DBMS 有关，而且还与操作系统和硬件有关。每一种逻辑数据模型在实现时都有其对应的物理数据模型。为了保证数据的独立性与可移植性，大部分物理数据模型的实现工作由 DBMS 自动完成，而设计人员只需设计索引、聚集等特殊结构。

1.1.3 数据库系统的体系结构

数据库系统的体系结构是一个总的框架，按考虑的层次和角度的不同而不同。从构件角度来看，数据库系统由硬件、软件等部分组成；从数据库管理系统角度来看，数据库系统通常采用三级模式结构，这是数据库管理系统内部的模式结构。从最终用户角度来看，数据库系统结构可以分为单用户结构、主从式结构、分布式结构、客户机/服务器结构和浏览器/服务器结构，这是数据库系统外部的体系结构。

1. 内部模式结构

1975 年，美国国家标准委员会(ANSI)所属的标准计划和要求委员会(Standards Planning

and Requirements Committee，SPARC)公布了关系数据库标准报告，提出了由外模式、模式和内模式组成的数据库三级模式结构(见图 1-1)，称为 SPARC 分级结构。在数据库中，外模式可以有多个，而内模式和模式只能各有一个。

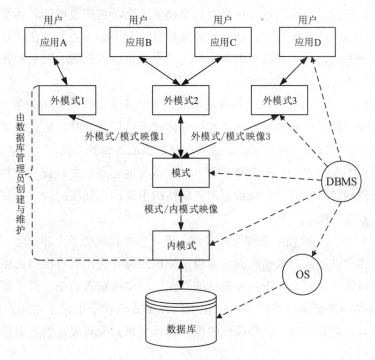

图 1-1　数据库三级模式结构

1) 外模式

外模式，又称子模式或用户模式，对应于用户级。外模式反映了数据库的用户观，它是某个或某几个用户所看到的数据库的数据视图，是与某一应用有关的数据的逻辑表示。外模式是从模式导出的一个子集，包含模式中允许特定用户使用的那部分数据。用户可通过外模式描述语言来描述、定义，也可利用数据操纵语言(Data Manipulation Language，DML)对这些数据记录进行查询操作处理。

2) 模式

模式，又称概念模式或逻辑模式，对应于概念级。它是由数据库设计人员综合所有用户的数据，按照统一的观点构造的全局逻辑结构，是对数据库中全部数据的逻辑结构和特征的总体描述，是所有用户的公共数据视图(全局视图)。它是由数据库管理系统提供的数据模式描述语言(Data Description Language，DDL)来描述、定义的，体现、反映了数据库系统的整体观。

3) 内模式

内模式，又称存储模式，对应于物理级，它是数据库中全体数据的内部表示或底层描述，是数据库最低一级的逻辑描述，它描述了数据在存储介质上的存储方式和物理结构，

对应实际存储介质上的数据库。内模式由内模式描述语言来描述、定义,它是数据库的存储观。

4) 模式之间的映像

数据库系统的三级模式是对数据的三个抽象级别,它把数据的具体组织交给数据库管理系统管理,使用户能逻辑地、抽象地处理数据,而不必关心数据在计算机内部的具体表示方式和存储方式。为了能够在内部实现这三个抽象层次之间的联系和转换,数据库管理系统在三级模式之间提供了两层映像。

(1) 外模式/模式映像:指由系统提供数据的总体逻辑结构和面向某个具体应用的局部逻辑结构之间的映像和转换功能,当数据总体逻辑结构改变时,通过映像保持局部逻辑结构不变,可使应用程序不需要修改,进而保证数据的逻辑独立性。

(2) 模式/内模式映像:当数据的存储结构改变时,通过系统提供的物理结构和逻辑结构之间的映像和转换功能,保持数据的逻辑结构不变,也使应用程序不需要修改,进而保证数据的物理独立性。

图 1-2 以学生、课程、选课数据为例,进一步解释说明了上述概念、关系及作用。除了保证数据独立性之外,数据库的三级模式结构还具有简化用户接口、便于数据共享、确保数据安全等优点。例如,按照外模式编写应用程序或输入命令,而不需要了解数据库内部的存储结构,方便用户使用系统;在不同外模式映像下可使多个用户共享系统中的数据,能有效减少数据冗余;在外模式映像下根据要求只能对限定的数据进行操作,保证了其他数据的安全。

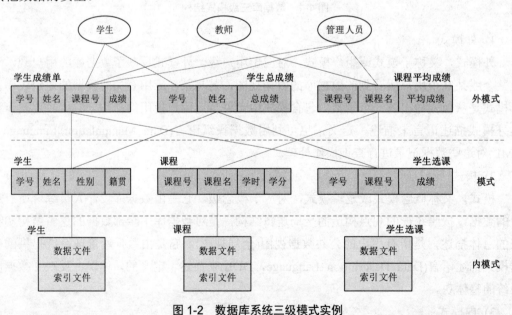

图 1-2 数据库系统三级模式实例

2. 外部体系结构

随着计算机体系结构的发展,数据库系统的外部体系结构出现了单用户、主从式、客户机/服务器(Client/Server)、浏览器/服务器(Browser/Server)与分布式五种主要结构。

1) 单用户结构

在该结构中，整个数据库系统(应用程序、DBMS、数据)安装在同一台计算机上，如图 1-3(a)所示，为一个用户独占，不同机器之间不能共享数据，数据冗余度大。此结构是早期的最简单的数据库系统。例如，一个企业中的各个部门都使用本部门的机器来管理本部门的数据，各个部门间的机器是相互独立的。由于不同部门之间不能共享数据，因此企业内部存在大量的冗余数据。

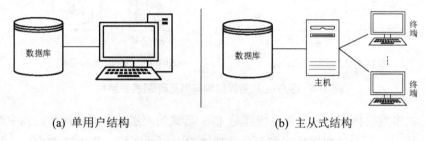

(a) 单用户结构   (b) 主从式结构

图 1-3 单用户结构与主从式结构示意

2) 主从式结构

主从式结构，又称集中式结构，是一个主机带多个终端用户结构的数据库系统，如图 1-3(b)所示。在这种结构中，应用程序、DBMS、数据都集中存放在主机上，所有处理任务都由主机来完成。各个用户通过主机的终端可同时或并发地存取数据库，共享数据资源。主从式结构的优点是结构简单，易于管理、控制与维护；缺点是当终端用户数目增加到一定程度后，主机的处理任务会因过分繁重而成为瓶颈，使系统性能下降。系统的可靠性依赖主机，当主机出现故障时，整个系统都不能使用。

3) 客户机/服务器结构

客户机/服务器结构，简称 C/S 结构，它将数据库系统看作由两个非常简单的部分组成，即一个服务器(后端)和一组客户(前端)。服务器指 DBMS 本身，客户指在 DBMS 上运行的各种应用程序，包括用户编写的应用程序和内置的应用程序(由 DBMS 厂商或第三方厂商提供)。

在 C/S 结构的数据库系统中，客户端具有一定的数据处理、数据表示和数据存储能力，服务器端完成数据库管理系统的核心功能。客户机和服务器都参与一个应用程序的处理，可以有效地降低网络通信量和服务器运算量，从而降低系统的通信开销，可以称为一种特殊的协作式处理模式。在该体系结构中，客户机向服务器发送请求，服务器响应客户机发出的请求并返回客户机所需要的结果，如图 1-4(a)所示。

C/S 结构的优点是充分利用两端硬件环境的优势，发挥客户端的处理能力，很多工作是在客户端处理后再提交给服务器，可以有效地降低系统的通信开销；缺点是只适用于局域网，客户端需要安装专用的客户端软件，升级维护不方便，并且对客户端的操作系统也会有一定限制。

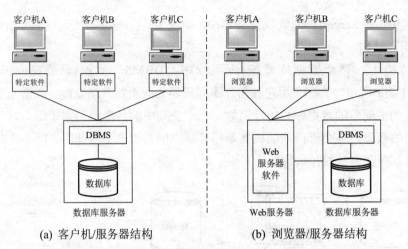

（a）客户机/服务器结构　　　　　　　（b）浏览器/服务器结构

图 1-4　客户机/服务器结构与浏览器/服务器结构

目前，大多数数据库应用软件系统都是 C/S 形式的两层结构，在这种结构中客户机和服务器直接相连，由服务器消耗资源用于处理与客户机的通信。当大量客户机同时提交数据请求时，服务器很有可能无法及时响应数据请求，导致系统运行效率降低甚至崩溃，而且客户机应用程序的分发和协调难于处理。为此，三层结构的 B/S 模式应运而生。

4）浏览器/服务器结构

浏览器/服务器结构，简称 B/S 结构，实质上是一个三层结构的客户机/服务器体系。该结构是一种以 Web 技术为基础的新型数据库应用系统体系结构。它把传统 C/S 模式中的服务器分解为一个数据服务器和多个应用服务器(Web 服务器)，统一客户端为浏览器。

如图 1-4(b)所示，在 B/S 结构的数据库系统中，作为客户端的浏览器并非直接与数据库相连，而是通过 Web 服务器与数据库进行交互。这样减少了与数据库服务器的连接数量，而且 Web 服务器分担了业务规则、数据访问、合法校验等工作，减轻了数据库服务器的负担。

B/S 结构的优点，首先是简化了客户端，客户端只要安装通用的浏览器软件即可。因此，只要有一台能上网的计算机就可以进行操作而不用安装专门的客户应用软件，节省了客户机的硬盘空间与内存，实现了客户端零维护。其次是简化了系统的开发和维护，使系统的扩展非常容易。系统的开发者无须再为不同级别的用户设计开发不同的应用程序，只需把所有的功能都实现在 Web 服务器上，并就不同的功能为各个级别的用户设置权限即可。

B/S 结构的缺点，首先是 Web 服务器端处理了系统的绝大部分事务逻辑，从而造成 Web 服务器运行负荷较重；其次是客户端浏览器功能简单，许多功能不能实现或实现比较困难。例如，通过浏览器进行大量的数据输入就比较困难和不便。

基于上述三层 B/S 结构存在的问题，目前又提出多层 B/S 体系结构。多层 B/S 体系结构是在三层 B/S 体系结构中间增加一个或多个中间层，以提高和增强整个系统的执行效率和安全性。

5) 分布式结构

分布式数据库是数据库技术与网络技术相结合的产物。在实际应用中，一些大型企业和连锁店等经常是在物理位置上分布式存在的，单位中各个部门都维护着各自的数据，整个单位的信息被分解成若干信息分块，分布式数据库正是针对这种情形建立起来的信息桥梁。

分布式数据库中的数据在逻辑上相互关联，是一个整体，但物理地分布在计算机网络的不同结点上。网络中的每个结点都可以独立处理本地数据库中的数据，执行局部应用，同时也可以通过网络通信系统执行全局应用。分布式结构的优点是适应了地理上分散的公司、团体和组织对于数据库应用的需求，缺点是数据的分散存放给数据的处理、管理与维护带来困难。当用户需要经常访问远程数据时，系统效率会明显地受到网络传输的制约。

1.2 空间数据库

一般来说，空间数据是指与二维、三维或更高维空间的坐标及范围相关的数据，常用于表示空间物体的位置、形状、大小和分布特征等诸方面信息。一个空间数据对象占据着空间的一个特定区域，称为空间范围，它是用其位置和边界来刻画的。广义的空间数据不仅要表达空间对象(要素)的几何信息以及要素间的空间关系，而且还要存储空间对象(要素)的属性信息。传统的数据库系统主要是针对一维的属性数据而设计，无法有效地表示、存储、管理和检索多维的空间数据。空间数据库就是针对这一问题而提出的。

空间数据库是用来存储和管理空间数据的数据库，它能够以特定的数据模型和信息结构来表达、描述、记录某一区域内相关地理要素的位置、形状、属性及相互关系，并确保空间数据的一致性、完整性、安全性等特性，能为空间数据处理与分析提供有效支撑的技术与工具。空间数据库是对传统数据库的扩展，除了具备传统数据库的所有功能之外，其还提供对空间数据的描述、存储和检索等功能。

1.2.1 空间数据库特征

空间数据库与一般数据库相比，除了具有一般数据库的主要特征外，还具有以下特征。

1. 空间特征

空间特征是空间数据库区别于一般数据库的最明显特征，它所存储的空间数据不仅描述了空间事物的位置和形态，有时还需要描述事物间的拓扑、方位、距离等空间关系。例如，描述一条河流，一般数据侧重于河流的流域面积、水流量、枯水期；而空间数据则侧重于描述河流的位置、长度、发源地等和空间位置有关的信息，复杂一点的还要处理河流与流域内各河流间的拓扑、距离、方位等空间关系。这些空间关系一方面方便了空间数据的查询和分析，另一方面也给空间数据的一致性和完整性维护增加了难度。

2. 非结构化特征

在当前通用的关系数据库管理系统中，数据记录一般是结构化的。它满足关系数据模型的第一范式要求，也就是说，每一条记录是定长的，数据项表达的只能是原始数据，不允许嵌套记录，而空间数据不能满足这种结构化要求。若将一条记录表达成一个空间对象，它的数据项可能是变长的。例如，1 条弧段的长度是不可限定的，可能有 2 对坐标，也可能有 10 万对坐标。此外，1 个对象可能包含另外的 1 个或多个对象，例如，1 个多边形可能含有多条弧段。若 1 条记录表示 1 条弧段，1 条多边形的记录就可能嵌套多条弧段的记录，所以它不满足关系数据模型的范式要求，这也是难以直接采用关系数据库管理空间几何图形数据的主要原因。

3. 综合抽象特征

空间数据描述的现实世界非常复杂，必须经过综合抽象、取舍处理。在不同的抽象中，同一地理要素可能会有不同的语义。例如，河流既可以被抽象成水系要素，也可以被抽象成行政边界，如省界、县界等。另外，不同主题的 GIS 空间数据库，人们所关心的内容，所采用的观察尺度、精度也会有所差别，导致同一地物(地物：即地面上的物体，如河流、房屋等)在不同情况下会形态差异，使空间数据库具有明显的多尺度与多态性特点。例如，在大比例尺空间数据库中，城市常常被表示成面状空间对象。但在比例尺较小的空间数据库中，城市则作为点状空间对象来处理。

4. 分类编码特征

信息分类编码是进行信息管理、交换和共享的重要前提，是提高劳动生产率和科学管理水平的重要方法。信息分类就是根据信息内容的属性或特征，将信息按一定的原则和方法进行区分和归类，并建立起一定的分类系统和排列顺序，以便管理和使用信息。信息编码就是在信息分类的基础上，赋予信息对象(编码对象)有一定规律性的、易于计算机和人识别与处理的符号。分类编码是空间数据库设计建立前的一项重要工作，目前我国已经出台了一系列的分类编码标准。例如，2006 年发布的《基础地理信息要素分类与代码》(GB/T 13923—2006)、2017 年发布的《土地利用现状分类》(GB/T 21010—2017)等。

5. 海量数据特征

空间数据量是巨大的，通常称为海量数据。一个城市 GIS 的数据量可能达几十个GB，如果考虑影像数据的存储，可能达几百个 GB 乃至 TB 级。这样的数据量在传统数据库中是很少见的。正是因为空间数据量巨大这一主要原因，早期的 GIS 通常采用"水平分幅、垂直分层"的策略来存储管理空间数据，按照"由大变小""化整为零"的原则，将海量的空间数据大文件转化为一系列的小文件，来适应当时计算机文件系统对文件大小的限制。

1.2.2 空间数据库类型

随着 GIS 及空间数据库技术的日益成熟和不断发展，空间数据库的种类也越来越多。根据不同的分类条件和标准，所得到的空间数据库分类结果也不尽相同。

1. 根据空间数据类型划分

根据空间数据库所管理的数据类型划分，主要有矢量线化数据库、栅格影像数据库(可进一步划分为栅格地图数据库、航空影像数据库、卫星影像数据库等)、数字高程模型数据库、数字地面模型数据库、三维景观空间数据库、矢栅一体化数据库等。

2. 根据空间数据尺度划分

根据空间数据库所管理的数据尺度划分，主要有单尺度空间数据库、多尺度空间数据库、无级比例尺空间数据库等。

(1) 单尺度空间数据库是只存储和管理某一种比例尺空间数据的空间数据库，主要包括各级测绘部门所建的 1∶500、1∶1000、1∶2000、1∶5000、1∶1 万、1∶2.5 万、1∶5 万、1∶10 万、1∶25 万、1∶50 万、1∶100 万等基本比例尺系列的各类空间数据库以及其他各种比例尺的空间数据库。

(2) 多尺度空间数据库，又称多重表达空间数据库，就是用一个空间数据库来同时存储和管理相同空间现象或景观在不同尺度或表达形式上的多种数据。

(3) 无级比例尺空间数据库是指以空间数据库存储的一种较大比例尺数据为基础，根据数据显示窗口大小来自动确定该区域范围内的地理要素内容、数量及表达形式，从而使地理空间信息的存储和表现与比例尺自适应的数据库。

3. 根据建库目的和使用范围划分

根据空间数据库的建库目的和应用领域划分，主要有基础地理信息空间数据库和专题应用型空间数据库。

(1) 基础地理信息空间数据库是用来存储和管理道路、河流、居民地、建筑物等基础地理空间要素空间信息的数据库，该类数据库通用性最强，共享需求最大，主要为其他 GIS 应用提供基础地理空间框架数据。

(2) 专题应用型空间数据库是针对某一领域、行业、部门具体的业务管理和应用需要所建的数据库，如土地利用空间数据库、城市规划空间数据库、道路交通空间数据库、旅游管理空间数据库等，该类型的空间数据库种类繁多，不胜枚举。

4. 根据数据模型划分

根据空间数据库所采用的逻辑数据模型划分，主要有文件-关系混合型空间数据库、全关系型空间数据库、对象-关系型空间数据库、面向对象空间数据库等几种，其具体特点与性质如下。

1) 混合型空间数据库

所谓混合型空间数据库就是采用文件系统和关系数据库来分别管理空间要素的几何图形数据和属性数据，它们之间通过目标标识或者内部连接码进行联系。在这种数据库中，除它们的 OID(标识)作为连接关键字段以外，几何图形数据与属性数据几乎是独立地组织、管理与检索。

如图 1-5 所示，依据混合型空间数据库建立的 GIS 应用软件系统，对于图形与属性数据的处理有两种方式。在 GIS 发展早期，由于当时软件开发语言不能直接访问数据库，属性数据必须通过关系数据库管理系统来处理，因此一些系统(如 Arc/Info)处理图形数据和属性数据的用户界面是分开的。这样通常要同时启动 GIS 图形系统和关系数据库管理系统两个系统，在两个系统间来回切换以管理相应数据，使用起来很不方便。

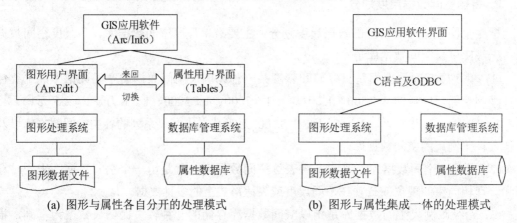

(a) 图形与属性各自分开的处理模式 (b) 图形与属性集成一体的处理模式

图 1-5 混合型空间数据库数据处理方式

随着数据库技术的发展，越来越多的数据库管理系统提供高级编程语言 C 和 Fortran 等接口(如 ODBC 等)，使 GIS 可以在 C 语言的环境下直接操纵属性数据，并通过 C 语言的对话框和列表框显示属性数据，或通过对话框输入 SQL 语句，将该语句通过 C 语言与数据库的接口查询属性数据库，并在 GIS 的用户界面下，显示查询结果。这种工作模式，并不需要启动一个完整的数据库管理系统，用户甚至不知道何时调用了关系数据库管理系统，图形数据和属性数据的查询与维护完全在一个界面之下。

混合型空间数据库是地理空间数据库系统技术发展史上第一次革命性飞跃，由此矢量 GIS 空间数据库技术开始自成体系，基于该思想不同的(矢量)GIS 软件商开发了多种具体的 GIS 混合型空间数据库系统，如 ESRI 公司的 Coverage、Shape，MapInfo 公司的 MapInfo，Intergraph 公司的 MGE 等。

严格地讲，混合型空间数据库还不能说是真正意义上的 GIS 数据库管理系统，因为其文件管理系统的功能较弱，特别是在数据的安全性、一致性、完整性、并发控制以及数据损坏后的恢复方面缺少基本的功能。多用户操作的并发控制比起商用数据库管理系统要逊色得多。混合型空间数据库是曾经应用最多的数据库，并在今后一段时间内还将继续存在，但由于其诸多缺陷，最终将退出 GIS 历史舞台。

2) 全关系型空间数据库

全关系型空间数据库是指图形和属性数据都用现有的关系数据库管理系统进行管理的数据库。此类数据库大多由 GIS 软件商在关系数据库基础上进行扩展开发而成，主要有两种实现方式。

(1) 基于关系分解的方式。该方式按照关系型数据库组织数据"原子性无多值"的基本原则，对变长的几何图形数据进行关系范式的分解，采用结构定长的多个关系表加以管理存储。由于涉及一系列关系表的连接运算，该方式在数据编辑、查询、显示上相当费时，性能普遍较低。

例如，以图 1-6 中的 p_1、p_2 两个多边形为例，在全关系模型中要有三个表(见表 1-1～表 1-3)管理其图形数据，另外一个表(见表 1-4)管理其属性数据。当要显示或查询这些多边形时，需要进行四个关系表之间的连接(Join)运算，效率较低，局部更新比较困难。

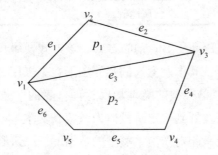

图 1-6　多边形图形示例

表 1-1　结点坐标

结点 ID	X 坐标	Y 坐标
v_1	x_1	y_1
v_2	x_2	y_2
…	…	…
v_5	x_5	y_5

表 1-2　边-结点组成

边 ID	始结点	终结点
e_1	v_1	v_2
e_2	v_2	v_3
e_3	v_3	v_1
…	…	…
e_6	v_5	v_1

表1-3　多边形-边组成

多边形 ID	组成边	次　序
p_1	e_1	1
p_1	e_2	2
p_1	e_3	3
p_2	e_4	1
…	…	…
p_2	$-e_3$	4

表1-4　多边形属性

多边形 ID	属性 1	…
p_1	属性值$_{11}$	…
p_2	属性值$_{12}$	…

(2) 基于"二进制块"(Binary Block)的方式。该方式使用一个关系表来同时存储空间要素的几何图形和属性数据。其中，变长的几何图形数据采用"二进制块"类型的字段加以管理，其他属性数据用简单类型的类型加以管理，表的一条记录代表一个空间要素。"二进制块"是关系数据库发展到一定阶段，为适应长文本、多媒体等复杂数据管理需求而出现的一种通用数据类型。相对于简单类型的数据，"二进制块"数据的读写效率要慢很多，尤其当涉及对象的嵌套时，速度会更慢。

3) 对象-关系型空间数据库

由于直接采用通用的关系数据库管理系统的效率不高，而非结构化的空间数据又十分重要，所以许多数据库管理系统软件商纷纷在关系数据库管理系统中进行扩展，使之能直接存储和管理非结构化的空间数据，如 Ingress、Informix 和 Oracle 等都推出了空间数据管理的专用模块，将存储图形数据的"二进制块"视为对象，定义了操纵点、线、面、圆、长方形等空间对象的 API 函数。这些函数，将各种空间对象的数据结构进行了预先定义，用户使用时必须满足它的数据结构要求，用户不能根据 GIS 要求(即使是 GIS 软件商)再定义数据。例如，这种函数涉及的空间对象一般不带拓扑关系，多边形的数据是直接跟随边界的空间坐标，那么 GIS 用户就不能将设计的拓扑数据结构采用这种对象-关系模型进行存储。

这种扩展的空间对象管理模块主要解决了空间数据变长记录的管理，由于由数据库软件商进行扩展，效率要比前面所述的"二进制块"的管理高得多。但是它仍然没有解决对象的嵌套问题，空间数据结构也不能由用户任意定义，使用上仍然受到一定限制。

4) 面向对象空间数据库

面向对象模型最适应于空间数据的表达和管理，它不仅支持变长记录，而且支持对象的嵌套、信息的继承与聚集。面向对象的 GIS 数据库管理系统允许用户定义对象和对象的数据结构以及它的操作。这样，可以将空间对象根据 GIS 的需要，定义出合适的数据结构和一组操作。这种空间数据结构既可以是不带拓扑关系的面状数据结构，也可以是拓扑数据结构。当采用拓扑数据结构时，往往涉及对象的嵌套、对象的连接和对象的信息聚集。

当前已经推出了若干个面向对象数据库管理系统，如 O2、Object-storeotorn 等，也出现了一些基于面向对象的数据库管理系统的 GIS，如 GDE 等。但由于面向对象数据库管理系统还不够成熟，且价格昂贵，目前在 GIS 领域还不太通用。相反，基于对象-关系的空间数据库管理系统已成为 GIS 空间数据管理的主流趋势。

1.3 Geodatabase

1999 年，全球著名 GIS 技术和软件提供商——美国 ESRI 公司，在全面整合原有 GIS 产品以及数据库、互联网、人工智能等多项主流技术的基础上，成功推出了代表 GIS 最高技术水平的全系列 GIS 平台——ArcGIS。Geodatabase 则是伴随 ArcGIS 而生的基于对象-关系数据库技术的新一代空间数据模型。相对于早期的 Shapefile 与 Coverage 空间数据模型，Geodatabase 能够更清晰、准确地反映、描述现实实体的静态属性与动态行为特征，具有一体化、智能化等优势。

经过多次的技术革新和版本升级，目前 Geodatabase 已具有统一集中管理矢量、栅格、DEM、Terrain、网络、时态、注记文本、制图符号、常规属性表格、音视频等多种数据的强大功能。Geodatabase 提供了域、拓扑、关系类等机制，可在不编写任何代码的情况下，轻松实现大量的"自定义"行为，高效确保数据的完整性。

Geodatabase 是一款可伸缩的地理空间数据统一存储模型和用于保存各类 GIS 数据集的"容器"。在最基本的层面上，Geodatabase 是存储在 Microsoft Access 数据库、通用文件系统文件夹或多用户关系 DBMS 中的各类地理数据集的集合。地理数据库大小不一且能拥有不同数量的用户，既可以小到只是基于文件构建的小型单用户数据库，也可以大到由许多用户访问的大型工作组、部门及企业地理数据库。

根据用户数量和存储规模，目前的 Geodatabase 主要有个人(Personal)Geodatabase、文件(File) Geodatabase 和 ArcSDE Geodatabase 三种类型。其中，个人 Geodatabase 最早包含在 ArcGIS 8.0 版本中，ArcSDE Geodatabase 包含在 ArcGIS 8.1 版本中；文件 Geodatabase 则是 ArcGIS 9.2 版本中发布的 Geodatabase 新类型。

1.3.1 个人 Geodatabase

个人 Geodatabase 采用微软的 Access 数据库作为存储容器，所有的数据集都存储于.mdb 格式的数据文件内，该数据文件最大为 2GB，最佳有效大小在 250MB～500MB，在这个范围之外数据库性能将开始下降。个人 Geodatabase 只能在 Windows 操作系统上运

行，支持 1 位编辑用户和多位访问用户的同时操作。目前，ESRI 公司已停止对个人 Geodatabase 技术的维护与更新，并且新的桌面产品——ArcGIS pro 也不再支持个人 Geodatabase。

1.3.2　文件 Geodatabase

文件 Geodatabase 在文件系统中以文件夹形式存储各种类型的 GIS 数据集，每个数据集都以文件形式保存，该文件大小最多可扩展至 1TB。对于超大型影像数据集，可将 1TB 限值提高到 256TB。文件 Geodatabase 的存储效率是 shape 文件和个人 Geodatabase 的三倍，同时还允许用户使用压缩方式存储一个只读文件以进一步减少存储空间。文件 Geodatabase 可以在多种操作系统平台上运行，支持 1 位编辑用户和多位访问用户的同时操作。对于单用户或小型工作组，ESRI 公司建议使用文件 Geodatabase 而不是个人 Geodatabase。

在各类 Geodatabase 中，文件 Geodatabase 与个人 Geodatabase 最为相似，因为它们都被设计为由单个用户进行编辑且不支持地理数据库版本化。对它们的操作方式也都相同，无论是显示、查询、编辑、处理数据，还是开发应用程序。但是，两者之间还是存在一些重要的差异。例如，个人地理数据库具有 2GB 的存储限制，而文件地理数据库则没有存储限制；文件地理数据库支持定义数据存储和访问方式的配置关键，而个人地理数据库则不支持；个人地理数据库空间索引使用无法修改的单级格网大小，而文件地理数据库则使用可随时修改的三级格网大小。

此外，两种数据库所使用的结构化查询语言(SQL)的语法也稍有不同，有时需要使用不同的 Where 子句语法来查询满足条件的数据。

(1) 对于个人地理数据库，字段名称括在方括号([ ])内，而文件地理数据库则括在英文双引号(" ")中或者直接列出。

(2) 对于个人地理数据库，通配符 "＊" 代表任意数量的字符，通配符 "?" 代表一个字符，而文件地理数据库则分别使用 "%" 和 "_"。

(3) 个人地理数据库中的字符串查询不区分大小写，而文件地理数据库中的区分大小写。

(4) 个人地理数据库使用 UCASE 和 LCASE 转换字符串大小写，而文件地理数据库使用 UPPER 和 LOWER。

(5) 个人地理数据库中用 "#" 区分日期和时间，而在文件地理数据库中它们以单词 "date" 开头。具体差异示例如表 1-5 所示。

表 1-5　两种数据库查询语法差异示例

个人地理数据库 Where 子句	文件地理数据库等效 Where 子句
[STATE_NAME] = 'California'	"STATE_NAME" = 'California'
[OWNER_NAME] LIKE '?atherine smith'	OWNER_NAME LIKE '_atherine smith'

续表

个人地理数据库 Where 子句	文件地理数据库等效 Where 子句
[STATE_NAME] = 'california'	LOWER("STATE_NAME") = 'california'
UCASE([LAST_NAME]) = 'JONES'	UPPER("LAST_NAME") = 'JONES'
[DATEOFBIRTH] = #06-13-2001 19:30:00#	"DATEOFBIRTH" = date '2001-06-13 19:30:00'

1.3.3　ArcSDE Geodatabase

空间数据库引擎(Spatial Database Engine，SDE)是指提供存储、查询、检索空间地理数据，以及对空间地理数据进行空间关系运算和空间分析的程序功能集合。空间数据库引擎不是空间数据库，而是一种处于应用程序和空间数据库之间的中间件，用户可通过它将不同形式的空间数据提交给关系数据库，由关系数据库统一管理；同样，用户也可通过它从关系数据库中获取空间类型的数据，满足客户端操作需求。因此，关系数据库实质上是形式各异的空间数据的容器，而空间数据库引擎就是空间数据出入该容器的通道。在常规数据库管理系统之上添加一层空间数据库引擎，可以获得常规数据库管理系统功能之外的空间数据存储和管理的能力。

空间数据库引擎主要有两种实现形式：一种是在可扩展关系数据库中，定义增加面向对象的空间数据抽象数据类型及相关函数，同时对 SQL 实现空间方面的扩展，使其支持 Spatial SQL 查询，来支持空间数据的存储和管理。这种方式大多是以数据库插件的形式存在。另一种是利用关系数据库，开发一个专用于空间数据的存储管理模块。目前，国际上在此领域内进行深入研究并形成软件产品的有 ESRI 的 ArcSDE、MapInfo 的 SpatialWare、Oracle 的 Spatial、IBM DB2 的 Spatial Extender 和 IBM Informix 的 DataBlade 以及国内超图的 SuperMap SDX+等。

1994 年，ESRI 公司发布了 ArcSDE 的前身产品——SDE，并在随后的时间里不断更新和改进 SDE 软件。2001 年，SDE 被纳入 ArcGIS 软件家族系列，并冠之以 ArcSDE。ArcSDE 是多种 DBMS 的通道。它本身并非一个关系数据库或数据存储模型。它是一个能在多种 DBMS 平台上提供高级的、高性能的 GIS 数据管理的接口。作为空间数据库的解决方案，ArcSDE 可以存储海量数据，并整合 Geodatabase 的功能，是存储地理空间数据及其行为的一个"智能"数据库解决方案。

ArcSDE Geodatabase，又称多用户地理数据库，这种类型的数据库采用 ArcSDE 中间件与多用户大型关系数据库管理系统相结合的方式来存储管理空间数据。用户可通过服务连接和直接连接两种方式来访问 ArcSDE Geodatabase。服务连接是最初的访问方式，需要单独安装 ArcSDE 软件包；直接连接开始于 ArcGIS 10.1 版本，不需要单独安装 ArcSDE。从 ArcGIS 10.3 起，ESRI 公司开始将 ArcSDE 技术融入到了 ArcGIS 客户端中，不再提供单独的 ArcSDE 安装介质，同时也取消了服务连接方式。

根据用户数量和容量大小，ArcSDE Geodatabase 又可分为 ArcSDE 桌面级(或个人级)

Geodatabase、ArcSDE 工作组级 Geodatabase 和 ArcSDE 企业级 Geodatabase，其中前两种又合称为数据库服务器上的 Geodatabase。

(1) ArcSDE 桌面 Geodatabase，只支持 SQL Server 2005/2008 Express 数据库，最多允许 3 位用户访问、1 位用户编辑，最大容量为 4GB，数据库性能不随数量增加而降低。

(2) ArcSDE 工作组级 Geodatabase，支持 SQL Server Express 2008 R2 数据库，访问用户无限制，同时编辑用户不超过 10 个，最大容量为 10GB，数据库性能不随数量增加而降低。

(3) ArcSDE 企业级 Geodatabase 支持 Microsoft SQL Server、Oracle、IBM DB2、IBM Informix 或 PostgreSQL 等多种数据库平台，允许任意数量的用户同时访问和编辑数据，最大容量可达 DBMS 的上限，可以让用户在客户端应用程序内或跨网络、跨计算机地对应用服务器进行多种多层结构的配置，支持 Windows、UNIX、Linux 等多种操作系统。

基于以上分析，可发现 Geodatabase 体系庞大、技术繁多、升级频繁，难以做到面面俱到。因此，为便于学习理解、练习验证，本书后续章节将主要阐述文件 Geodatabase 的相关知识与内容。

复习思考题

一、解释题

1. 数据库　2. 数据模型　3. 关系模型　4. DBMS　5. 空间数据库

二、填空题

1. 数据管理经历了_____、_____和_____三个发展阶段。

2. 逻辑模型主要由_____、_____和_____三部分组成。

3. 数据库系统的三级模式由_____、_____和_____三种模式组成。

4. 根据所采用的逻辑模型划分，目前主要有_____、_____、_____和_____四种类型的空间数据库。

5. Geodatabase 共有_____、_____和_____三种类型。

三、辨析题

1. 层次模型是数据库系统中最早出现的一种概念模型。　　　　　　　　　（　　）

2. 外模式和模式之间的映射保证了数据的物理独立性。　　　　　　　　　（　　）

3. Shapefile 是一种面向矢量数据的混合型空间数据库。　　　　　　　　（　　）

4. 个人 Geodatabase 的最大存储容量只有 2GB。　　　　　　　　　　　（　　）

5. 空间数据引擎(SDE)是一种特殊的空间数据库管理系统。　　　　　　　（　　）

四、简答题

1. 空间数据库和传统关系数据库有何区别？

2. 早期的空间数据库采用"水平分幅、垂直分层"策略管理空间数据的原因有哪些？

3. 全关系空间数据库管理空间数据的基本策略是什么？

 ## 微课视频

扫一扫：获取本章相关微课视频。

关系模型.wmv

第 2 章
Geodatabase 模型元素

　　Geodatabase 是基于对象-关系数据库技术的新一代空间数据管理模型，是各类地理数据集的集合。无论是个人 Geodatabase、文件 Geodatabase 还是 ArcSDE Geodatabase，其所提供的模型元素都是相同的。除表、要素类（空间表）、栅格数据集三种基本模型元素（或数据集类型）外，Geodatabase 还提供属性域、子类型、关系类、制图表达、要素数据集、拓扑、几何网络、网络数据集、栅格目录、镶嵌数据集等多种类型的高级扩展元素。

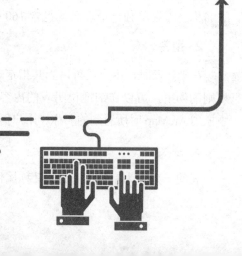

2.1　表及其扩展元素

表，又称关系，是一般关系模型中最基本的一个概念。Geodatabase 借鉴并采用面向对象技术扩展了一般关系模型中的表。为强调其面向对象特征，ESRI 早期也把 Geodatabase 表称为对象类(Object Class)。表是 Geodatabase 模型中最基本的元素，可用于存储数据以及元数据(关于数据的数据)。其中，用于存储数据的表称为数据集表或用户表，用于存储元数据的表称为系统表或资料档案库表。系统表包含并管理实现地理数据库数据验证规则和行为所需的元数据，一般由 DBMS 自动管理维护，不与用户进行交互。因此，Geodatabase 表主要是指用户定义创建的数据集表，可通过属性域、子类型和关系类对其进行扩展。

2.1.1　表

在文件 Geodatabase 中，表是用来存储非空间对象(以下简称对象)属性信息的数据集，由行列组成，且每行都具有相同的列(又称字段)。每一行表示一条记录(或一个对象)。每一列表示记录的一个字段。行和列相交形成单元，其中包含记录中每个字段的特定值。创建和定义表，一般要设置表名、别名、字段等参数。

1. 表名

在创建表时，应为其指定一个名称，以指明表的用途或表中所存储的数据内容。在同一个 Geodatabase 中，表名必须唯一，不能出现多个同名的表。在为表命名时，还应遵循以下规则。

(1) 名称必须以字母开头，不能是数字、星号(*)、百分号(%)等特殊字符。

(2) 名称不应包含空格。如果表的名称包含两部分，可用下划线(_)连接各部分，如 garbage_routes。

(3) 名称最好不用汉字字符，名字中不应包含保留字，如 select、add、time 等。

(4) 名称最多包含 160 个字符。尽管这是允许的名称长度，但建议不使用达到此长度的名称。如果单独一个表名就包含 160 个字符，则列名的长度将难以控制。

2. 别名

在创建表时，用户还可以为其指定一个别名。别名就是一个替代名称，它不受上述命名规则的约束，可以详细地说明表的内容。如果为表指定一个别名，则此名称就是用户将表添加到 ArcMap 时所看到的名称。用户仍可转换到图层属性对话框的源选项卡查看表的名称。

3. 字段

表的一列称为字段(Field)，又称属性(Attribute)。字段是表中所含信息的类别，例如 ID

编号、名称、面积、状态等。多个字段构成表的结构。为表添加定义字段时，一般要指定名称、数据类型、默认值、属性域等参数。

1) 名称

字段名称应指明对应列中所包含的数据内容。一个表中的字段名称必须唯一。字段名称必须以英文字母开头，并且不能包含空格或保留字。文件地理数据库和个人地理数据库将字段名称限制为最多 64 个字符，SQL Serve 限制为最多 31 个字符，Oracle 和 DB2 限制为最多 30 个字符，dBASE 限制为最多 10 个字符。为突破这些限制，可用字段别名为字段指定一个更具描述性的名称。

2) 数据类型

为字段选择正确的数据类型可以正确存储数据，并且便于数据管理、分析和满足特定业务需求。字段所支持的数据类型随着数据库类型的不同而有所不同。在文件地理数据库中，字段可用的类型主要包括数值型、文本型、日期型、栅格型、二进制大对象(Binary Large Object，BLOB)和全局唯一标识符(Globally Unique Identifier，GUID)等。这些数据类型也是 ArcGIS 所支持的数据类型，其他系统中的数据类型可能无法与其直接匹配，一般要通过数据类型映射将其转换为相近的数据类型。因此，在 ArcGIS 中看到的数据类型可能与数据源定义的原始数据类型有所不同。

(1) 数值型。数值型可进一步划分为短整型、长整型、浮点型(单精度浮点数)、双精度型(双精度浮点数)四种类型。在选择数值类型时，首先应考虑是否包含小数。如果不包含小数，可指定短整型或长整型。如果需要存储小数，可指定浮点型或双精度型。其次，如果需要在短整型与长整型之间或者浮点型与双精度型之间做出选择，请选择存储空间占用最小的数据类型。这不仅会使所需存储量降至最低，而且还会提高性能。表 2-1 列出了这四种数值型数据在文件地理数据库和个人地理数据库中的取值范围和存储要求。在 ArcSDE 地理数据库或其他系统中，取值范围有时会略有不同。

表 2-1　数值类型取值范围和存储要求

数据类型	取值范围	存储字节	适用情况
短整型	−32 768～32 767	2	特定数值范围内不含小数值的数值；编码值
长整型	−2 147 483 648～2 147 483 647	4	特定数值范围内不含小数值的数值
浮点型	−3.4E38～1.2E38	4	特定数值范围内包含小数值的数值
双精度型	−2.2E308～1.8E308	8	特定数值范围内包含小数值的数值

如果要为文件地理数据库或个人地理数据库中的表指定数值型字段，仅需指定数据类型。如果要为 ArcSDE 地理数据库或其他数据库指定数值型字段，还需要指定精度(字段的最大长度)和范围(小数位的最大数量)。

(2) 文本型。文本型字段可用来存储简单的字符型数据。名称、地址和代码描述等都是文本型数据。在地理数据库中为避免重复使用文本数据的方法是建立编码值。文本描述

可通过数值进行编码。例如，可以利用数值对道路类型进行编码：用"1"表示铺好的改良路面、用"2"表示碎石路面等。

这样做的好处是减少地理数据库占用的存储空间。但是，这些编码值必须为数据用户所了解。如果在地理数据库的编码值域中定义编码值并将该域与存储编码的整型字段相关联，则在 ArcMap 或 ArcCatalog 中查看该表时，地理数据库将显示文本描述。为了在各种语言之间更方便地转换文本，ArcGIS 使用同一码(Unicode)对字符进行编码。

(3) 日期型。日期型字段可用来存储日期、时间或同时存储日期和时间数据。ArcMap 中日期型数据的显示方式取决于 Windows 系统的日期和时间显示格式设置，如 MM/d/yy、MM/dd/yy 和 yy/MM/dd 等格式。通过 ArcGIS 在表中输入日期型数据时，输入的数据将转换为对应格式。在 Windows 系统中，可通过控制面板的"区域和语言"选项来调整此设置。

(4) Raster 型。Raster(栅格)类型的字段用来在地理数据库中存储栅格数据。栅格字段能够存储 ArcGIS 软件支持的所有栅格数据，但一般建议用栅格型字段管理数据量较小的栅格图片。一个表中只允许使用一个栅格类型的字段，即表中一个记录只能拥有一个栅格数据集。可使用附件或关联表的方式来存储管理与一个记录相关的多个栅格数据集。栅格字段本质上是一种扩展后的 BLOB，ArcGIS Desktop 软件为栅格字段设计了专门的数据加载和查看程序。

(5) BLOB 型。BLOB 型是以二进制方式来存储较长数据的一种字段类型。ArcGIS 会将注记和尺寸存储为 BLOB，图像、多媒体、文档等信息也可存储在此类型的字段中。当使用 BLOB 存储数据时，一般需要通过自定义的加载器、查看器或第三方应用程序将这些项加载到 BLOB 字段中或者查看 BLOB 字段的内容。

(6) GUID 型。GUID 型字段可用来存储注册表样式的字符串，该字符串包含用大括号括起来的 36 个字符，如{33ED94CD-5039-49BD-AAD2-103FA626B81D}。在创建表时，系统会自动生成一个 ObjectID 字段，该字段由 ArcGIS 自动维护并保证单个表中每行具有唯一 ID。在不同情况下，ObjectID 字段会以别名 OID、FID 的形式显示。与 ObjectID 字段不同，GUID 字段可唯一识别区分单个甚至多个地理数据库的不同记录。

3) 默认值

默认值是字段的默认取值。如果字段取值的重复率较高，可将出现次数最多的值设为默认值。通过默认值，可保证数据的完整性，并减少后期数据输入的工作量。

2.1.2 属性域

属性域(Domain)是描述字段合法取值的规则，是可接受的字段值的声明，它提供了一种增强数据完整性的方法，用于约束表中特定字段的允许值。如果一个属性域与某个字段相关联，则只有该域内的值才对此字段有效。此字段不会接受不属于该域的值。如果表中的记录被分组为多个不同的子类型，则可为不同的子类型的字段分配不同的属性域。

属性域在数据库层次上加以创建定义，以便在不同数据集之间共享共用，减少定义次数，节省系统表存储空间。例如，"学生表"和"教师表"可使用同一个属性域来约束"性别"字段的取值。在定义属性域时，应该输入域名、字段类型、域类型、分割与合并策略等参数。

1. 域名

在创建新属性域时，需要指定一个用于说明该属性域控制特征的名称以及描述其用途的简短句子。对域进行命名时，不能使用字符单引号(')和撇号(`)。

2. 字段类型

字段类型是可以与属性域关联的属性字段的类型，可在短整型、长整型、单精度浮点型、双精度浮点型、日期型、文本型六种类型中选择一种。

3. 域类型

属性域有范围域和编码域两种类型。在创建域时，必须根据情况指定其中的一种。

1) 范围域

范围域用于为数值型或日期型字段指定有效的取值范围。在创建范围域时，需要输入一个最小有效值和一个最大有效值。例如，配水管的压强可以介于 50～75psi 之间。在数据编辑时，如果要确保输入的属性值在所定义的范围域内，可选中表窗口中的"编辑时自动验证记录"选项。此时，如果输入范围域之外的属性值，系统会自动弹出提示对话框。

2) 编码域

编码域用于为相应字段指定一定数目的有效编码值，可应用于短整型、文本型、日期型等六种字段中的任何一种。编码值由存储在数据库中的实际值(编码)和说明实际值具体含义的描述性信息组成。在默认情况下，表窗口中编码域字段的取值显示为"描述信息"，可关闭表的"显示编码值属性域及子类型描述"选项，来显示"实际值"。例如，在土地利用数据库中，可创建包含"11"(灌溉水田)、"12"(望天田)等编码值的文本型编码域，来约束文本型字段"地类编码"的取值。在数据编辑时，系统通过让用户从下拉列表中选择相应编码值的方式来保证输入值的正确性。

4. 分割与合并策略

当属性域应用于要素类(空间表)中的属性字段时，可以进一步声明分割与合并政策，来确定对要素(空间对象)执行分割或合并编辑后，所得要素在该属性字段上的取值方式。

1) 分割策略

在分割要素时，通过该策略可控制所得要素相应字段的取值方式，具体包含以下三种。

(1) 默认值：分割所得要素的字段值使用给定要素类或子类型的默认值。

(2) 复制：分割所得要素的字段值使用原始要素的字段值副本。

(3) 几何比：以分割所得要素与原始要素的几何比为分割所得要素的字段赋值。几何比策略只适用于数值型字段的属性域。

如图 2-1 左侧所示，当分割一块宗地时，因"面积"字段是几何图形的一个派生属性，系统将根据分割后的几何图形结果自动计算赋值。由于宗地的"财产税"依据"面积"大小来征收，因此系统根据新要素的各自面积，通过"几何比"策略将原始宗地要素的"财产税"按比例分配给两个新要素。"所有者"的值会根据"复制"策略被复制到新要素。此种情况下，分割一块宗地并不会影响它的所有权。

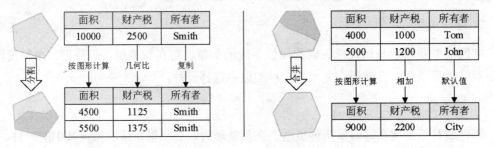

图 2-1 属性域中的分割与合并策略示意

2) 合并策略

在合并要素时，该策略控制所得要素的取值方式，具体包含以下三种。

(1) 默认值：合并所得要素的字段值为所在要素类或子类型定义的默认字段值。

(2) 总和值：合并所得要素的字段值使用原始要素字段值的总和。

(3) 几何加权：合并所得要素的字段值使用原始要素字段值的加权平均值。此平均值取决于原始要素中各要素所占的几何比例。

如图 2-1 右侧所示，当合并两块宗地时，系统将自动为所得的"面积"属性字段赋值，以作为最终所得几何的一个性质。由于合并要素的"财产税"属性值是原始要素值的总和，因此定义使用"总和值"合并策略将选定原始要素的"财产税"之和赋给所得要素。所得要素的"所有者"属性根据"默认值"策略取该字段所设定的默认值"City"(即城市公共所有)。

请注意，目前合并策略只是存储在数据库中，在 ArcMap 编辑合并要素时，还不能使用合并策略求值。开发人员可在合并策略基础上编写自己的合并赋值实现程序。

2.1.3 子类型

子类型用于对一个数据集(表或要素类)中的数据记录进行再分类。一个子类型代表数据集的一个子集，该子集内的对象或要素具有相同的属性及行为特征。

1. 作用

具体来讲，子类型可以起到以下作用。

(1) 通过将真实世界中的各种对象表示为给定数据集(表或要素类)的子集，而不是为每类对象都创建新的数据集(表或要素类)，能够提高地理数据库的性能。例如，可将街道要素类中的街道划分为三个子类型：地方街道、辅助道路和主干道，而不是分别创建要素类。

(2) 通过子类型可为数据集中的不同对象设置不同的默认值、属性域，以更准确地记录数据。例如，地方街道的“速度限制”默认值为“30”公里/小时，取值范围为“0～40”公里/小时；辅助道路的“速度限制”默认值为“40”公里/小时，取值范围为“0～60”公里/小时；等等。

(3) 通过子类型可为数据集中的不同对象设置不同的关系规则、拓扑规则、网络连通规则，以更准确地描述数据之间的关系。例如，1 间宿舍最多可以居住 6 名本科生、3 名硕士生、2 名博士生；政府可以位于城镇居民地内，但不能位于村庄居民地内；消火栓可以连接到消火栓供水管，但不能连接到生活用水管主管。

2. 创建方式

子类型在表或要素类“属性”对话框的“子类型”选项卡中进行定义，通过数据集中的短整型或长整型字段加以创建区分。该字段的不同取值代表数据集的不同子集。例如，根据短整型“Type”字段的 1、2、3 取值，可将学生表划分为“本科生”“硕士生”“博士生”三个子类。

子类型类似于编码属性域，所关联的字段只能在所列举的编码值中取值。在默认情况下，表窗口中该字段的取值显示为子类型的“描述信息”，可关闭表的“显示编码值属性域及子类型描述”选项，来显示“实际值”。

在设计地理数据库时，一般依据以下原则来决定使用子类型还是数据集。

(1) 当试图按默认值、属性域、连通性规则和关系规则来区分对象时，建议为这些对象设计一个共同的数据集(表或要素类)，然后使用子类型加以区分。

(2) 当希望根据不同的行为、属性、访问权限或是否进行版本化来区分对象时，必须为不同对象创建不同的数据集(表或要素类)。

2.1.4　关系类

数据库中的数据集不是独立存在的，不同数据集中的数据记录(要素或对象)之间往往存在一定的关系。在 Geodatabase 中，这些关系主要表现为要素与要素(如建筑物与宗地)之间的空间关系或关联(Association)关系、要素与对象(如宗地与所有者)之间的关联关系，以及对象与对象(如所有者与税码)之间的关联关系三种类型。

关系类是 Geodatabase 用于管理一个数据集(表或要素类)与另一个数据集之间对象关联关系的一种模型元素和方法工具。使用关系类可增强相关对象之间的引用完整性，可在修改对象时自动地更新其相关对象。例如，一种电线杆最多可以支持三类变压器；钢制的电线杆只支持 A 类变压器而不支持 B 类变压器；电线杆删除后变压器也将删除；等等。

在 Geodatabase 中创建定义关系类，一般要设置名称、源与目标表、类型、标注、消息通知方向、基数、属性、主键/外键、关系规则等参数。

1. 基数

关系类的基数(Cardinality)是指两个表(假设为 A 和 B)之间可以相互关联的记录数目，共有 1 对 1、1 对多(或多对 1)和多对多三种类型。

1) 1 对 1

1 对 1 也可写作 1：1，是指表 A 中的 1 条记录最多只能匹配关联表 B 中的 1 条记录，反之亦然。一般来说，这种关系并不常见。因为，按照这种方式相关的信息可以存在一个表中。有时利用 1 对 1 关系，可以执行以下任务。

(1) 分割具有多列的表。

(2) 由于安全原因而隔离表的一部分。

(3) 保存临时的数据，并且可以毫不费力地通过删除该表而删除这些数据。

(4) 保存只适用于主表的子集的信息。

2) 1 对多

1 对多也可写作 1：m，是指表 A 中的 1 条记录可以匹配关联表 B 中的 m 条记录，但表 B 中的 1 条记录只能匹配关联表 A 中的 1 条记录。通过交换表的次序，可以将“多对 1”的关系改为“1 对多”。两者没有本质差异，可视为同一种类型。1 对多关系最常见。例如，班级与学生、宗地与建筑物等都是 1 对多关系。

3) 多对多

多对多也可写作 m：n，是指表 A 中的 m 条记录可以匹配关联表 B 中的 n 条记录，反之亦然。这种关系也比较常见，可以理解为是 1 对多和多对 1 的组合。要实现多对多，一般都需要有一张中间表(也叫结合表)，将 A、B 两张表进行关联，形成多对多的形式。在 Geodatabase 中，创建多对多关系时系统会自动创建中间表。

术语“1”和“多”可能会引起误解。“1”事实上是 0～1，而“多”事实上是零到多。因此，当创建宗地与建筑物间的 1 对多关系时，该关系将允许这些情况：①没有建筑物的宗地。②没有宗地的建筑物。③拥有任意数量建筑物的宗地。在创建关系后，可通过为关系设置规则来优化基数，进一步设置可关联的对象数目。

2. 源与目标表

在创建定义关系类时，要选择其中的一个表作源(Origin)表，另一个表作目标(Destination)表。源表中的记录称为源对象，目标表中的记录称为目标对象。在 Geodatabase 中，对于基数为 1 对多(或多对 1)的关系类，“1”侧的表必须为源表，“多”侧的表必须为目标表。

3. 名称

除了不能以数字开头、不能包含特殊字符、不能有空格等基本要求外，关系类的名词还要求能够反映参与关系类的表、关系基数等信息，一般可采用"源表名"(s)+"谓词"+"目标表名"(s)的形式来满足这种要求。例如，对基数为"多对多"的宗地要素类(Parcel)和所有者表(Owner)，可将二者之间的关系类命名为"ParcelsHaveOwners"。

4. 类型

关系类有简单(Simple)关系类和复合(Composite)关系类两种类型。在简单关系类中，相关对象可以彼此独立存在。在复合关系类中，目标对象无法独立于源对象而存在。在删除、移动、旋转源对象时，也会删除、移动、旋转相关的目标对象，这被称为级联(Cascade)更新。简单关系类的基数可以是 1 对 1、1 对多、多对多三种，复合关系类的基数只能是 1 对 1 或 1 对多。

5. 标注

关系类具有向前标注与向后标注两种标注，主要显示在 ArcMap 中的"属性"及"识别结果"对话框中，以便在相关对象间进行导航。向前标注是指从源对象导航至目标对象时所显示的标注。在"Parcle_Buildings"关系类中，其向前标注可设置为"Has"，表示在宗地上"拥有"建筑物。向后标注，是指从目标对象导航至源对象时所显示的标注。在"Parcle_Buildings"关系类中，其向后标注可设置为"Lies in"，表示建筑物"位于"宗地上。在默认情况下，向前标注和向后标注的值分别为参与关系类的目标表名称和源表名称。

6. 消息通知方向

为了提高编辑更新效率，有时需要在对象更新后自动更新与之相关的对象，实现级联更新。除了复合关系类，Geodatabase 还提供了消息通知方向来更灵活地实现级联更新功能。消息通知方向有"向前""向后""双向""无"四种类型。其中，"向前"是指源对象更新后发消息通知目标要素，"向后"是指目标对象更新后发消息通知源对象，"双向"是指源对象和目标对象互发消息，"无"是指彼此之间不发消息。

对于简单关系类，一般要求关联对象彼此独立存在，因此，消息通知方向默认值是"无"，以阻止消息发送，使数据库性能略微提高。如果希望在前三种通知方向下实现相应的级联更新功能，必须自行编写代码。

对于复合关系类，消息通知方向默认值为"向前"，不用编码就可以实现目标对象随源对象的删除而删除、移动而移动、旋转而旋转的功能。即使将消息通知方向设置为"向后""双向"或"无"时，也会保留目标对象随源对象的删除而删除的基本功能。如果希望在这三种通知方向下增加其他功能，也必须自行编写代码。

7. 属性

关系类可以拥有属性字段来进一步描述其相关特征。任意关系类(无论是简单还是复合，也无论属于何种基数)都可以有属性。例如，可以为关系类"ParcelsHaveOwners"添

加"比例"属性来说明宗地所有者所占的份额。当创建的关系类具有属性时，系统将会自动创建中间表，用于建立管理源对象与目标对象之间的关联。中间表包含来自源表的主键、目标表的主键以及关系类所包含的属性。表中的每一行都将一个源对象与一个目标对象相关联。

8. 主键/外键

在关系类中，源对象通过其键字段的值来匹配关联目标对象。在创建关系类时，应该事先在参与表中添加定义所需的键字段。源表中的键字段称为主键(Primary Key)，通常缩写为 PK。与常规意义上的主键略有不同，关系类所用主键字段不需要具有唯一值。目标表中的键字段称为外键(Foreign Key)，通常缩写为 FK。

主键与外键可以具有不同的名称，但必须属于相同的数据类型，并且包含相同含义的信息。除二进制大对象(BLOB)、日期和栅格之外，所有其他数据类型的字段都可以是键字段。

在确定主键字段时，有一种选择就是使用系统自动添加和维护的 ObjectID 字段。但在使用过程中，可能会出现一些意外情况，影响数据库性能。因此，不依赖 ObjectID 字段而是创建并使用自己的主键字段会更好。另外，每个主键与外键只能由一个字段组成，ArcGIS 不支持由多个字段组成的主键与外键。如图 2-2 所示，在 1 对 1 或 1 对多关系中，源表主键中的值会直接与目标类外键中的值相关联。

宗地与许可（1对多）关系类

主键				外键		
宗地ID	面积	...		许可ID	宗地ID	日期
123	3456	...		1	123	2006-04-01
456	5749	...		2	456	2007-11-11
789	2892	...		3	456	2010-12-30
234	4310	...		4	789	2011-06-08

宗地（源表）　　　　　　　　　　开发许可（目标表）

图 2-2　1 对多关系类中的主键与外键设置示例

如图 2-3 所示，在多对多关系和拥有属性的关系中，需要使用中间表来映射关联。在自动创建中间表时，会将源表与目标表的主键映射为中间表的外键。但 ArcGIS 无法得知哪些源对象与哪些目标对象相关联，因此，必须在中间表中手动添加记录对象关联的行，填充此表是关系建立过程中最耗时的一项工作。

在简单关系类中，当删除源对象时，关联目标对象的外键字段值将会设置为"空"值。此外键行为专用于保持要素之间的引用完整性。如果删除源对象，那么外键中的值不会再将该对象与源对象相关联，因此，将不再需要外键值。这也是在 1 对多关系类中，必须将"多"方表设为目标表的原因之一。否则，将破坏引用完整性，产生查询异常。图 2-4 以 1 对多关系的地类表与宗地表为例，以具体说明该问题。

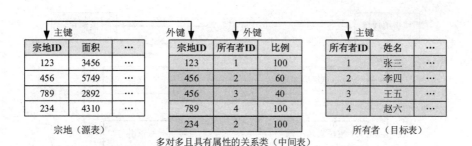

图 2-3　多对多及属性关系类中的主键与外键设置示例

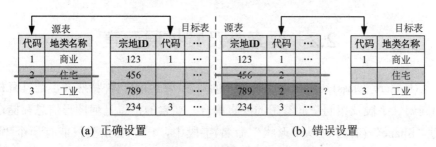

(a) 正确设置　　　　　　　　(b) 错误设置

图 2-4　正确与错误设置目标表的情况对比

外键的唯一用途就是维持目标对象与相关源对象之间的关系。如果不存在具有匹配主键值的源对象，则没有保留外键值的理由。如果以后要将相同的目标对象与新的或不同的源对象相关联，则可将 FK 字段从"空"值更新至新的 FK 值。关系类不会阻止创建未与源对象相关联的目标对象，这会产生孤立的目标对象。如果不想让孤立的目标对象存在于数据库中，则可使用"编辑器"工具条上的"验证要素"工具对其进行识别。

9. 关系规则

关系规则用来进一步优化关系基数，声明对象之间可彼此关联的具体数目。例如，宗地与建筑物关系类，要求 1 个建筑物必须与 1 块宗地关联，而 1 块宗地最多可关联 20 个建筑物。在创建定义完关系类之后，可在"关系类属性"对话框的"规则"选项卡中设置相应的关系规则。首先，选择源表(或其中的子类型)和目标表(或其中的子类型)；然后，选中源基数以及目标基数的复选框，为源和目标设置合适的最大基数与最小基数。

在为关系类添加关系规则后，该规则将成为唯一存在的有效关系。在建立规则并开始编辑后，可以使用 ArcMap 的"验证要素"命令对其进行测试验证。"验证要素"命令将在任何当前所选的要素违反关系规则时发出通知。

例如，为了监测垃圾填埋对地下水的影响，需要在不同类型的垃圾填埋场打不同深度的监测井，两类对象之间的具体关系规则如图 2-5 所示。其中，危险物品垃圾填埋场可与 2～7 口浅井相关联，也可与 1～2 口深井相关联；卫生垃圾填埋场可与 1～3 口浅井相关联。如果数据中 1 个卫生垃圾填埋场与 1 口深井相关联，由于未在这两种子类型之间创建规则，则"验证要素"命令会将该关系视为无效。

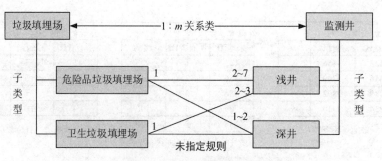

图 2-5　关系规则设置示意

2.2　要素类及其扩展元素

要素类(Feature Class)是用来存储矢量空间对象(要素)的一种特殊表，是具有相同几何类型、相同属性字段及相同空间参考的要素集合。要素的位置几何图形信息存储在自动生成的名为"Shape"(有时也以"形状"命名)字段中，一个要素类只能有一个"Shape"字段。

在 ArcGIS 中，要素类与图层是两个经常混淆但又含义不同的概念。图层是地图制图的概念，要素类是数据管理的概念。图层是形式，要素类是内容。一个图层只能引用于一个要素类的内容，一个要素类可以被多个图层引用，并表达为不同的形式，从而实现内容与形式的分离。除引用要素类的要素图层(Feature Layer)之外，地图制图中还有栅格图层、TIN 图层、CAD 图层等多种类型的图层。

除属性域、子类型、关系类之外，要素类还支持制图表达、要素数据集、拓扑、几何网络、网络数据集等扩展元素。本节首先介绍要素类、制图表达、要素数据集和拓扑，其他扩展元素将在后续章节中加以介绍。

2.2.1　要素类

除名称与字段参数之外，创建定义要素类还需要设置类型、几何特性(Geometry Property)、空间参考(Spatial Reference)、配置关键字(Config-uration Keyword)等参数。

1. 类型

根据存储内容的不同，要素类共有点、多点、线、面、多面体、注记和尺寸注记七种基本类型。

1) 点要素类

点要素类只能用来存储简单点要素。点要素代表因面积过小而无法表示为线或面的空间对象。一个简单点只包含单个点的位置及属性信息，记作要素类中的一行。

2) 多点要素类

多点要素类用来存储简单或复杂的点要素。一个复杂点要素由多个点组成，对应要素类中的一行。多点要素类通常用于管理非常大的点集合，如激光雷达测量的点云数据。这些数据可以包含数以亿计的点，对于这些点使用单一行是不可行的，只有聚类为多点行才能对其进行高效管理。

3) 线要素类

线要素类用来存储简单或复杂的线要素。线要素代表因形状和位置过窄而无法表示为面的空间对象。线要素有时也用来表示具有长度但没有面积的要素，如等值线和边界。简单线，又称单部件(Single-part)线，只由一条线组成；复杂线，又称多部件(Multipart)线，由多条线组成。一条线可由多条线段(Segment)组成，这些线段可以是直线段、圆弧段、椭圆段和贝塞尔曲线段。

4) 面要素类

面要素类用来存储简单或复杂的面要素。简单面只由一个无"洞"的面组成。复杂面由一个带"洞"的面或多个面组成。面的边界由单条或多条封闭的线组成。一条边界线又可由上述四种类型的线段组成。

5) 多面体要素类

多面体要素类用来存储三维空间对象的表面或外壳。多面体是由多个空间平面三角形或多边形所围成的立体，用于表示在三维空间中占用离散区域或体积的空间对象的表面或外壳，如简单的球体和立方体、复杂的等值面和建筑物等。目前，ArcMap 对多面体要素的编辑功能相对较弱，一般采用数据转换的方式创建与填充多面体要素类。

6) 注记要素类

注记要素类用来持久存储在地图上或地图周围放置的文本。每条文本都可通过注记存储自身的位置、文本字符串以及显示属性。相对于依据要素动态生成的标注(Label)文本，注记文件更具准确性与灵活性。注记可以存储在地图文档和地理数据库中。

像点、线、面等要素类一样，Geodatabase 注记要素类中的所有注记要素都有一个地理位置、范围及相关的多个属性字段(由系统自动生成)。与简单要素不同，每个注记要素都有自己的符号系统和参考比例。参考比例是注记文本以其符号大小显示在页面或屏幕上时所使用的比例。无论地图比例是多少，参考比例为零的文本都会以相同的大小出现。地理数据库注记类的参考比例不能设为零。

地理数据库注记可以是标准(Standard)注记，也可以是关联要素的注记(简称关联(Feature-linked)注记)。标准注记是以地理方式放置的文本，不与地理数据库中的其他要素相关联。关联注记通过复合型关系类与要素相关联，随要素的添加而添加、删除而删除、移动而移动、修改而修改。一个注记类只能与一个要素类关联，但一个要素类可具有多个关联的注记要素类。

创建与填充注记要素类最便捷的方式，是将标注后的要素图层文本转换为注记类，然后再根据需要对其中某些注记作针对性的编辑修改，以弥补标注文本形式单一、不能个性化设置的不足。

7) 尺寸注记要素类

尺寸(Dimension)注记要素类用来存储尺寸注记要素(简称尺寸要素)。尺寸要素是一种

特殊类型的地理数据库注记，用于显示地图上特定的长度或距离。尺寸可以指示建筑物或地块某一侧的长度，或指示两个要素(如消火栓和建筑物拐角)之间的距离。如图 2-6 所示，尺寸要素由若干部分组成，这些部分根据具体的应用需要加以定义取舍。

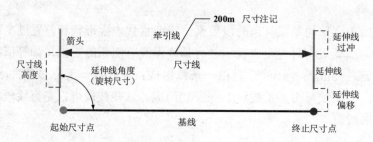

图 2-6　尺寸要素分解

ArcGIS 支持两种类型的尺寸：对齐尺寸和线性尺寸。对齐尺寸与基线平行，并且表示起始尺寸点和终止尺寸点之间的真实距离。线性尺寸不表示起始尺寸点和终止尺寸点之间的真实距离。线性尺寸可以是垂直的、水平的或旋转的。垂直尺寸线表示起始尺寸点和终止尺寸点之间的垂直距离。水平线性尺寸线表示起始尺寸点和终止尺寸点之间的水平距离。旋转线性尺寸的尺寸线与基线形成一定角度，并且其长度表示尺寸线的长度而不是基线长度。图 2-7 为四种类型的尺寸要素。

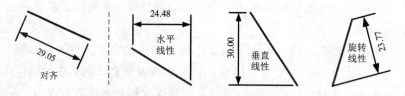

图 2-7　不同类型尺寸要素示例

如图 2-8 所示，所有尺寸的箭头方向可以向外，也可以向内。向外尺寸的尺寸线指向要素之外，并表示两个边界之间的测量距离。向内尺寸的箭头从要素之外指向要素之内，并表示这两个箭头之间的距离。尺寸是向外还是向内由尺寸代表的距离以及地图上该距离是否足以显示延伸线之间尺寸的所有元素来确定。

与注记要素一样，尺寸要素具有地理位置、属性、符号系统和参考比例尺。尺寸要素类包含多个尺寸要素样式。尺寸要素样式描述其符号系统，并决定如何绘制尺寸、绘制哪些部分。只有在参考比例尺下，尺寸要素才能清楚显示并传达有效的信息。

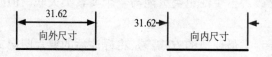

图 2-8　尺寸箭头方向示意

2. 几何特性

几何特性参数决定描述要素几何坐标点的信息组成内容，只应用于上述前五种要素类。根据数据类型和实际应用，除基本的二维(x,y)坐标值之外，还可以选择包含 z 值或 m 值。z 值一般用来表示三维坐标点的高程，m 值一般用来表示沿线状要素测量的一维点位坐标。如果构建高程模型、创建地形或处理任意三维表面，则坐标中必须包含 z 值。如果使用线性参考或动态分段应用，则其坐标中必须包含 m 值。

另外，z 值或 m 值也可以代表其他含义的值。如，z 值、m 值分别表示二维(x,y)、三维(x,y,z)点上降雨量、温度等。此时，用户必须单独编写针对性的解译与处理程序。

3. 空间参考

空间参考描述要素类中所有要素所处的位置、范围及表达精度等信息，具体包含坐标系、容差(Tolerance)、坐标分辨率(Resolution)及空间范围(或称空间域)等内容。

1) 坐标系

坐标系是用于表示地理要素、影像和观测结果的参考系统。ArcGIS 使用地理和投影两类坐标系。地理坐标系是使用经纬度表示位置的球面坐标系，投影坐标系是地理坐标系通过投影模型进行投影处理后得到的平面坐标系。坐标系的定义与建立涉及参考椭圆体、基准面、标准纬线、中央经线、测量框架、测量单位、方向位移等多种参数。根据不同的参数，不同国家和地区在不同时期建立了多种不同的坐标系。我国使用的地理坐标系主要有北京 54、西安 80、WGS84、CGCS2000 坐标系，投影坐标系主要是采用高斯、兰勃特等模型对上述坐标系投影后的坐标系。

如果数据没有坐标系信息或不知道要使用哪个坐标系，可选择未知坐标系。如果选择让坐标中包含 z 值，还需要指定垂直坐标系。垂直坐标系包含大地基准或高程基准、测量的线性单位、轴方向和垂直位移等参数。我国使用的垂直坐标系主要是 1956 年黄海高程系和 1985 年国家高程基准。

2) 容差

容差值为坐标位置之间的最小距离。如果一个坐标位置在另一个坐标位置的容差值范围内，则会将二者视为同一位置。在拓扑运算或网络运算中需要确定两个点是否足够近而成为一个坐标点，或两个点是否足够远而作为两个独立的坐标点时，该设置十分有用。容差默认值是分辨率的 10 倍，最小值是分辨率的 2 倍。如果容差值设置得较大，则会获得较低的坐标数据精度；相反，如果容差值设置得较小，则会获得较高的坐标数据精度。

3) 分辨率

分辨率用来确定坐标值的精度(即有效数字位数)。分辨率确定了覆盖要素类或要素数据集的空间范围的格网网格的精细度，定义了格网的各条线之间的距离。分辨率值的单位与所用坐标系的单位相同。例如，如果空间参考所使用的投影坐标系的单位是米，则也会以米为单位来定义分辨率值。

所用的分辨率值应至少比容差值的 1/10 小。默认和建议使用的分辨率值是 0.0001 米 (1/10mm)，或者为其等效值(0.0003281 英尺、0.003937 英寸、0.000000001 度等)。对于未知坐标系或 m 值，需将分辨率设为数据类型所对应的值，而不必明确设置测量单位。

4) 空间范围

要素类所覆盖的空间范围取决于所选择的坐标系。对于没有坐标系的要素类，可通过设置 x、y、z、m 坐标值的最大值与最小值来确定其空间范围。

4. 配置关键字

在文件地理数据库和 ArcSDE 地理数据库中，创建表或要素类时还可指定配置关键字来微调数据的存储方式。大多数情况下，应使用 DEFAULTS 关键字。但是在某些情况下，如在创建特定数据集或数据类型时，可能要指定其他配置关键字，以将其性能最大化或对其存储方式的某一方面进行改善。文件地理数据库有七种关键字，其具体内容及用途如表 2-2 所示。

表 2-2　文件地理数据库中的七种配置关键字及其作用

关键字	数据存储方式
DEFAULTS	存储最大 1TB 的数据；文本用 UTF8 格式存储
TEXT_UTF16	存储最大 1TB 的数据；文本用 UTF16 格式存储
MAX_FILE_SIZE_4GB	将数据大小限制为最大 4GB；文本用 UTF8 格式存储
MAX_FILE_SIZE_256TB	存储最大 256TB 的数据；文本用 UTF8 格式存储
GEOMETRY_OUTOFLINE	存储最大 1TB 的数据；文本用 UTF8 格式存储；在文件中存储与非空间属性不同的几何属性
BLOB_OUTOFLINE	存储最大 1TB 的数据；文本用 UTF8 格式存储；在文件中存储与其余属性不同的 BLOB 属性
GEOMETRY_AND_BLOB_OUTOFLINE	存储最大 1TB 的数据；文本用 UTF8 格式存储；在文件中同时存储与其余属性不同的几何属性和 BLOB 属性

行内存储数据是指所有属性都在文件地理数据库的同一文件或虚拟表中，当查询或编辑要素类时，数据就被加载到内存中。如果要素类包含的属性数据量大，就需要较大的缓存以及很长的加载时间。因此，对于存储潜能较大的几何属性或 BLOB 属性，提供将其数据存储在不同对象中的行外存储策略，仅在应用程序需要它们时才会将其加载到内存，以减少系统开销。

2.2.2　制图表达

制图表达是一个要素类的扩展属性，包含一系列指定要素类中各要素绘制方式的制图表达规则，这些规则存储在地理数据库的系统表内。制图表达可在要素描绘方式上提供更多的控制、更高的精度以及更大的自由度。通过制图表达允许用户对要素的外观进行自定义，以改进要素的显示效果或满足苛刻的制图规范要求，而不必修改要素的基本几何信息。另外，制图表达随要素一起保存在地理数据库中，方便共享和重复使用。

在定义创建要素类之后，可在"要素类属性"对话框的"制图表达"选项卡中创建定义制图表达。另外，也可将文档中存储的要素图层表达符号转换为制图表达，这是最简单的创建方式。一个要素类可具有多个制图表达，从而允许同一数据能够针对不同的用途以不同的方式进行显示。

为要素类定义制图表达后，要素类将自动添加两个字段(RuleID 和 Override)来存储额外信息，以便控制在使用制图表达绘制图层时各要素的符号化方式。RuleID 字段是一个整型字段，用于存储对制图表达规则的引用。Override 字段是一个 BLOB 字段，用于存储制图表达规则特定于要素的覆盖值。

在某些情况下，可能需要对一些要素的外观进行自定义，以使其与所分配规则的绘制方式略有不同。在这种情况下，可使用属性覆盖或形状覆盖(又称几何覆盖)对单个要素的制图表达规则或几何外观进行特殊设置。这些更改将作为覆盖属性在地理数据库中存储和维护，并可在任何引用该制图表达的地图中显示。通过修改或移除覆盖可将要素制图表达返回到制图表达规则的默认绘制方式。几何覆盖不影响要素的基本几何信息。

在需要唯一或复杂渲染的特殊情况下，可将单个要素的制图表达转换为自由式制图表达，以向其添加新符号图层和新几何类型，以全面控制要素外观的艺术效果。例如，可绘制一个与线要素相关联的面。该面的形状和尺寸定义全部位于此线要素所存储的符号系统中，而不会影响线的 Shape 字段。过度使用自由式制图表达会影响绘图性能，因此仅应在标准制图表达符号系统和覆盖不足时加以使用。另外，选用自由式制图表达支持的手动控制时，将无法利用制图表达自动提供的许多优势。制图表达工具条提供了一组制图表达编辑工具，用于专门执行制图表达覆盖、自由式制图表达的设置与修改。

2.2.3　要素数据集

要素数据集是具有相同坐标系统的相关要素类的集合。要素数据集的主要作用是将空间上相关的要素类组织在一个公用数据集内，以添加拓扑、几何网络、网络数据集、地形数据集、宗地等元素，来进一步表达要素关系和行为。

此外，也可以使用要素数据集执行以下任务。

(1) 将相同主题的要素类组织在一个要素数据集下，以提高数据库结构的清晰度。例如，将数据库包含的 Hydro Points(水文点)、Hydro Lines(水文线)和 Hydro Polygons(水文多边形)等要素类组织在一个 Water 要素数据集中。

(2) 将相同权限的要素类组织在一个要素数据集下，以便在不同用户之间实现访问权限的差异化，使不同用户对不同要素数据集及其要素类具有不同的访问编辑权限。

(3) 将相同共享范围的要素类组织在一个要素数据集下，以便在不同部门之间实现共享内容的差异化，使不同数据集具有不同的共享范围。

在创建定义新要素数据集时，必须定义其空间参考，包含坐标系(地理坐标或投影坐标)、x 值、y 值、z 值和 m 值的坐标单位，以及容差等内容。同一要素数据集中的所有要素类共用要素数据集所定义的空间参考，不需另行选择定义。

2.2.4 拓扑

空间数据的拓扑关系及其处理方法在数据质量保证、空间分析处理等方面具有相当重要的作用。在 ESRI 早期产品 ArcInfo 所采用的 Coverage 数据模型中,拓扑关系(邻接和关联)被完整地保存,并有一组拓扑关系检查工具(命令和函数),来给出错误定位标识和相应的统计数据。作为 ArcInfo 区别于其他 GIS 或图形处理软件的最重要标志之一,这项技术曾被全球 GIS 界广泛推崇。但是,Coverage 拓扑关系在创建效率、用户扩展、例外处理、要素生成、并发编辑等方面也存在明显的不足和局限。

在 ArcGIS 8.3 中,Geodatabase 引入了拓扑这一全新的模型元素及相关工具,使拓扑关系表达和管理能力有了质的飞跃。这里的拓扑是结合了一组编辑工具和技术的规则集合,可被视为一种空间约束,主要用于确保数据完整性,如多边形之间不应存在任何间距、不应有任何叠置要素。另外,通过拓扑可实现共享几何的要素协同级联编辑。例如,在改变共同结点时,相连的多条线也同时改变。

拓扑只能在拥有要素类的要素数据集之上创建与定义。右键单击要添加拓扑的要素数据集,再选择"新建\拓扑"菜单项,然后按照向导提示逐步设置名称、拓扑容差、参与要素类、要素类等级、拓扑规则等参数即可完成拓扑的创建。

1. 拓扑容差

拓扑容差是一个距离范围,在该范围内的点或边界均被视为相同或重合,而被聚合在一起。拓扑容差默认值等于要素数据集的容差,设置时不能小于该容差。

2. 参与要素类

拓扑建立在公用要素数据集中保存的一组要素类的基础上。每个新拓扑都会添加到保存这些要素类和其他数据元素的要素数据集中。在创建拓扑时,可以按照以下约定从要素数据集中指定参与拓扑的要素类。

一个拓扑可引用同一个要素数据集中的一个或多个要素类;一个要素数据集可具有多个拓扑,但一个要素类只属于一个拓扑;一个要素类不能同时属于一个拓扑和一个几何网络,但一个要素类可以同时属于一个拓扑和一个网络数据集或地形数据集。

3. 要素类等级

要素类等级决定拓扑容差范围内的点的聚合方式:来自同等要素类的点按平均值方式聚合,来自低等要素类的点向高等要素类的点靠拢。一般根据数据精度来划分要素类等级,精度越高,等级越高。精度最高的要素类等级值为 1,精度次高的要素类等级值为 2,依此类推。拓扑最多支持 50 个等级,默认为 5 个等级。

4. 拓扑规则

拓扑规则定义了要素之间允许的拓扑关系。一个拓扑可以包含多条拓扑规则,一条拓扑规则可以控制单个或两个要素类中要素之间的拓扑关系。例如，宗地要素之间不能有重叠，建筑物必须位于宗地内等。针对点、线、面三种不同几何类型的要素，ArcGIS 10.2 共提供了 31 条拓扑规则，用户可根据需要选择单项或多项组合使用。

1) 点要素拓扑规则

该类拓扑规则共有以下 6 条。其中，第 1 条约束单个点要素类内的点要素，第 2～6 条约束两个要素类之间的要素。

(1) 必须不相交(Must Be Disjoint)。该规则要求点与同一要素类(或子类型)中的其他点在空间上相互分离，重叠的任何点都是错误。此规则可确保相同要素类中的点不重合或不重复，如城市点、井、路灯等。

(2) 必须与其他要素重合(Must Coincide with)。该规则要求一个要素类(或子类型)中的点必须与另一个要素类(或子类型)中的点重合。此规则适用于点必须被其他点覆盖的情况，如变压器必须与配电网络中的电线杆重合，观察点必须与工作站重合。

(3) 必须被线覆盖(Must Be Covered by Line)。该规则要求一个要素类中的点被另一个要素类中的线覆盖。此规则适用于沿一组线出现的点，如公路沿线的里程碑标志。

(4) 必须被其他要素的端点覆盖(Must Be Covered by Endpoint of)。该规则要求一个要素类中的点必须被另一个要素类中线的端点覆盖。如水龙头和水管。

(5) 必须完全位于内部(Must Be Properly Inside)。该规则要求点必须位于面要素内部。这在点要素与面有关时非常有用，如井和井垫、地址点和宗地等。

(6) 必须被其他要素的边界覆盖(Must Be Covered by Boundary of)。该规则要求点位于面要素的边界上。这在点要素帮助支持边界系统时非常有用，如界碑必须位于行政区边界上。

2) 线要素拓扑规则

该类拓扑规则共有以下 15 条。其中，第 1～8 条约束单个线要素类内的要素，第 9～15 条约束两个要素类之间的要素。

(1) 不能重叠(Must Not Overlap)。该规则要求线不能与同一要素类(或子类型)中的线重叠。线可以交叉或相交，但不能共享线段。如河流要素类中线要素不能重叠。

(2) 不能相交(Must Not Intersect)。该规则要求同一要素类(或子类型)中的线要素不能彼此相交或重叠。线可以共享端点。此规则适用于绝不能彼此交叉的等值线，或者只能在端点相交的线(如路段和交叉路口)。

(3) 不能相交或内部接触(Must Not Intersect or Touch Interior)。该规则要求线要素必须仅在端点处接触同一要素类(或子类型)中的其他线。任何有要素重叠的线或者任何不是在端点处发生的相交都是错误的。此规则适用于线只能在端点处连接的情况。如，地块边界线必须连接(仅连接到端点)至其他地块线，并且不能相互重叠。

(4) 不能自相交(Must Not Self-Intersect)。该规则要求线要素不得自交叉或与自身重叠。此规则适用于不能与自身交叉的线，如等值线。

(5) 不能自重叠(Must Not Self-Overlap)。该规则要求线要素不得与自身重叠。这些线要素可以交叉或接触自身但不得有重合的线段。此规则适用于街道等线段可能接触闭合线的要素，但同一街道不应出现两次相同的路线。

(6) 不能有悬挂点(Must Not Have Dangles)。该规则要求线要素的端点至少连接两条线(含自身)。只连接一条线的端点称为悬挂点，主要有过头、不及、多边形不封闭、结点不重合等情形。此规则可在线要素必须形成闭合环时使用。如线要素定义面要素的边界。它还可在线通常会连接到其他线(如街道)时使用。在这种情况下，可以偶尔违反规则使用异常。如死胡同(cul-de-sac)或没有出口的街段的情况。

(7) 不能有伪结点(Must Not Have Pseudo Nodes)。该规则要求线要素的端点至少连接三条线。只连接两条线的端点称为伪结点，但连接自身形成闭合环的线要素端点不是伪结点。它可用于逻辑上要求线要素必须在每个端点连接两条其他线要素的情况。如，河流网络中不同等级的支流，但需要将一级河流的源头标记为异常。

(8) 必须为单一部分(Must Be Single Part)。该规则要求线只有一个部分。当线要素不能有多个部分时，此规则非常有用。例如，网络分析时的复合线要素。

(9) 端点必须被其他要素覆盖(Endpoint Must Be Covered by)。该规则要求线要素的端点必须被另一要素类中的点要素覆盖。如管线端点处必须连接相应设备。

(10) 不能与其他要素重叠(Must Not Overlap with)。该规则要求一个要素类(或子类型)中的线不能与另一个要素类(或子类型)中的线要素重叠。此规则可在两种线要素无法共享同一空间时使用。如道路不能与铁路重叠、洼地子类型的等值线不能与其他等值线重叠等。

(11) 不能与其他要素相交(Must Not Intersect with)。该规则要求一个要素类(或子类型)中的线要素不能与另一个要素类(或子类型)中的线要素相交或重叠，但可共享一个端点。此规则可在两个要素类中的线绝不应当交叉或只能在端点处发生相交时使用。如街道和铁路。

(12) 不能与其他要素相交或内部接触(Must Not Intersect or Touch Interior with)。该规则要求一个要素类(或子类型)中的线必须仅在共同端点处接触另一个要素类(或子类型)的其他线。任何其中有要素重叠的线段或任何不是在共同端点处发生的相交都是错误。当两个图层中的线必须仅在共同端点处连接时，此规则非常有用。

(13) 必须被其他要素的要素类覆盖(Must Be Covered by Feature Class of)。该规则要求一个要素类(或子类型)中的线必须被另一个要素类(或子类型)中的线覆盖。此规则可在两种线要素必须共享同一空间时使用。如公交线路必须和道路重合、路段必须和路径重合等。

(14) 必须被其他要素的边界覆盖(Must Be Covered by Boundary of)。该规则要求线被面要素的边界覆盖。这适于建模必须与面要素的边重合的线，如地块线与地块线。

(15) 必须位于内部(Must Be Inside)。该规则要求线包含在面要素的边界内。当线可能与面边界部分重合或全部重合但不能延伸到面之外时，此选项十分有用。如，必须位于州边界内部的高速公路，必须位于分水岭内部的河流等。

3) 面要素拓扑规则

该类拓扑规则共有以下 10 条。其中，第 1～2 条约束单个面要素类内的要素，第 3～10 条约束两个要素类之间的要素。

(1) 不能重叠(Must Not Overlap)。该规则要求面的内部不重叠。面可以共享边或折点。此规则可在某区域不能同时属于两个或多个面时使用。如行政区、土地利用或覆盖单元等。

(2) 不能有空隙(Must Not Have Gaps)。该规则要求单一面之中或两个相邻面之间没有空白。所有面必须组成一个连续表面。在表面的边界处始终存在错误，可以忽略这个错误或将其标记为异常。此规则用于必须完全覆盖某个区域的数据。如行政区、土地利用或覆盖单元等。

(3) 包含点(Contains Point)。该规则要求一个要素类中的面至少包含另一个要素类中的一个点。点必须位于面要素中，而不是边界上。此规则可在每个面必须至少包含一个关联点时使用。如宗地必须具有地址点。

(4) 包含一个点(Contains One Point)。该规则要求每个面要素仅包含一个点要素。此规则可在面要素和点要素之间必须存在一对一的对应关系时使用。每个点必须完全位于一个面要素内部，不能是边界上，而每个面要素必须完全包含一个点。如省区要素和省政府所在地。

(5) 边界必须被其他要素覆盖(Boundary Must Be Covered by)。该规则要求一个要素类中面要素的边界必须被另一个要素类中的线覆盖。此规则在区域要素需要具有标记区域边界的线要素时使用。通常在区域具有一组属性且这些区域的边界具有其他属性时使用。例如，宗地可能与其边界一同存储在地理数据库中。每个宗地可能由一个或多个存储着与其长度或测量日期相关的信息的线要素定义，而且每个宗地都应与其边界完全匹配。

(6) 不能与其他要素重叠(Must Not Overlap with)。该规则要求一个要素类(或子类型)中的面要素不得与另一个要素类(或子类型)中的面要素相重叠，重叠部分被视为错误。两个要素类中的面可共享边或折点，或完全不相交。此规则适用于两个相互排斥的区域分类系统，某一区域不能同时属于两个单独的要素类。如绿地和水域。

(7) 必须被其他要素覆盖(Must Be Covered by)。该规则要求一个要素类(或子类型)的面必须被另一个要素类(或子类型)的面包含，未被覆盖的整个要素标记为错误。当指定类型的区域要素必须位于另一类型的要素中时，使用此规则。如建筑物与小区。

(8) 必须被其他要素的要素类覆盖(Must Be Covered by Feature Class of)。该规则要求一个要素类(或子类型)中的面必须向另一个要素类(或子类型)中的面共享自身所有的区域。如果第一个要素类中存在未被其他要素类的面覆盖的区域，则该区域被视为错误。如乡和县。

(9) 必须互相覆盖(Must Cover Each Other)。该规则要求一个要素类(或子类型)中的面必须与另一个要素类(或子类型)中的面共享双方的所有区域。两个要素类未被覆盖的区域

都被视为错误。当两个分类系统用于相同的地理区域时，使用此规则。

(10) 面边界必须被其他要素的边界覆盖(Area Boundary Must Be Covered by Boundary of)。该规则要求一个要素类(或子类型)中的面要素的边界被另一个要素类(或子类型)中的面要素的边界覆盖，未被覆盖的边界部分被视为错误。当一个要素类中的面要素由另一个要素类中的多个面组成，且共享边界必须对齐时，此规则非常有用。如小区与宗地。

需要指出的是，Geodatabase 只是存储了拓扑的定义，并没有实际存储要素之间的拓扑关系。拓扑关系是在需要时由系统根据要素的几何坐标动态计算生成的。如：在选择一条线并对其进行拓扑编辑时，Geodatabase 将自动检测到与此线要素具有公共几何元素的所有其他要素。当修改该线要素时，系统自动对所有的公共边和公共点进行维护，以保持其应有的拓扑关系。

2.3 栅格数据集及其扩展元素

在 GIS 中，栅格(Raster)和影像(Image)是两个经常互相指代的术语，但也有一定的区别。栅格是描述影像存储方式的数据模型，影像是栅格数据的图像表示。影像只能以栅格形式提供，而许多其他要素(如点要素)和测量值(如降雨量)既可存储为栅格数据类型也可存储为要素(矢量)数据类型。

栅格是以行列排列的一组像元(Cell)，是基于像元的数据集合。像元是栅格数据中最小的信息单位，每个像元都具有一个值，用于表示该位置的某个特征，如温度、高程或光谱值。像素(Pixel)通常会作为像元的同义词。像素是图像元素的简称，通常用于描述影像，而像元则通常用于描述栅格数据。

尽管栅格数据的结构很简单，但它在各种 GIS 应用中却经常被使用。在 GIS 中，栅格数据的使用主要分为四个类别：一是将栅格用作底图，二是将栅格用作表面地图，三是将栅格用作主题地图，四是将栅格用作要素或对象的属性。

栅格数据通常以栅格文件的形式加以存储管理。随着栅格数据的爆炸式增长，文件管理方式已越来越制约栅格数据的应用，采用数据库技术集成、高效存储多种类型栅格数据的呼声也越来越高。除将栅格数据作为属性存储在表或要素类中之外，Geodatabase 还提供栅格数据集(Raster Dataset)、栅格目录(Raster Catalog)、镶嵌数据集(Mosaic Dataset)三种栅格存储模型。

2.3.1 栅格数据集

栅格数据集是 ArcGIS 存储管理栅格数据的基本模型和通用术语。大多数影像和栅格数据通常都以栅格数据集的形式提供，如正射像片、DEM 等。通过镶嵌处理可将多个栅格数据集拼接在一起，形成一个更大的连续栅格数据集。栅格数据集既可存储在 Geodatabase 之中，也可以不同文件格式保留在地理数据库之外。ArcGIS 目前支持 70 多种格式的栅格文件。

当栅格数据集彼此不相邻或者很少在同一个项目中被使用时，单独存储栅格数据集是最佳方法。如果不需要保留镶嵌影像之间的叠置部分，或者需要快速显示大量的栅格数据时，可使用栅格数据集。在 Geodatabase 中，创建与使用栅格数据集一般需要指定名称、波段数、像元大小、数据类型、像元位深、坐标系统、栅格金字塔等参数或特性。

1. 波段数

"波段"(band)一词源自对电磁波谱(Electromagnetic Spectrum)上色带的引用，是指电磁波谱上的一段范围。电磁波是在空间传播的交变电磁场，电磁波包括的范围很广。电磁波谱是按照波长、频率或能量的大小对电磁波进行的有序排列。波段可以表示电磁波谱的任何部分，一般分为无线电波、微波、红外线、可见光、紫外线、x 射线和γ射线等波段(区)。

栅格数据集可以由单个或多个波段，一个像元值矩阵表示一个波段。单波段栅格数据集每个像元位置只与一个值相关联，仅包含一个像元值矩阵，可视为栅格平面；多波段栅格数据集每个像元位置都有多个值与之关联，包含多个在空间上重合的、表示同一空间区域的像元值矩阵，可以将其视为栅格立方体。DEM、专题栅格数据一般具有 1 个波段，卫星影像一般具有多个波段。

一般来说，栅格波段越多，波段宽度越窄，光谱分辨率越高，地面物体的信息越容易区分和识别，针对性越强。光谱分辨率是指传感器在波长方向上的记录宽度，又称波段宽度(band width)。成像波段范围，分得越细，波段越多，光谱分辨率就越高。现在的技术可以达到 0.17nm(纳米)量级，400 多个波段。

2. 像元大小

像元大小(Pixel Size，PS)是指栅格数据集中单个像元所代表的地面距离，通常用来表示空间分辨率(Spatial Resolution，SP)，但这两个概念又不完全相同。空间分辨率是获取、生产栅格数据集时所使用的像元大小，该值一旦确定将不再变化。空间分辨率决定栅格数据集描述空间现象或要素的详细程度。空间分辨率越高，像元越小，描述越详细，细节越多；空间分辨率越低，像元越大，描述越粗略，细节越少。

在采集、生产栅格数据集时，应综合考虑要执行的应用程序、分析结果数据库大小、所需的响应时间等因素，平衡协调兼顾地选择、设定像元大小。如果像元较小，会造成栅格数据集数据量较大，将需要更大的储存空间，而且通常会使处理时间更长。如果像元较大，会导致采集精度下降，造成要素局部或整体信息的丢失或夸大。

在显示浏览栅格数据的过程中，常常需要对其进行放大或缩小。放大与缩小是通过重采样动态增加或减少栅格数据的像元数目实现的。但是，在像元数量增加或减少的过程中，栅格数据的空间范围却不会变化，因此，根据像元大小的定义，其值必将随着显示缩放比或比例尺的变化而变化。

缩放比通常用缩放后的栅格数据列(或行)数与原始栅格数据列(或行)数之比加以衡量,按照式(2-1)转换后也可用空间分辨率与像元大小之间的比值加以衡量。当缩放比等于 1 时,栅格数据集处于无增减的点对点直接显示状态,1 个屏幕像素对应 1 个栅格像元,像元大小值等于空间分辨率。当缩放比大于 1 时,栅格数据集经过(向上)重采样处于增加像元后的放大显示状态,多个屏幕像素对应 1 个原始栅格像元,像元大小值小于空间分辨率。当缩放比小于 1 时,栅格数据经过(向下)重采样处于减少像元后的缩小显示状态,1 个屏幕像素对应多个原始栅格像元,像元大小值大于空间分辨率。

$$\text{Ratio} = \frac{m}{n} = \frac{L/\text{PS}}{L/\text{SR}} = \frac{\text{SR}}{\text{PS}} = \frac{1}{\text{PS}/\text{SR}} \tag{2-1}$$

式中:

m:缩放后的栅格数据列(或行)数。

n:原始栅格数据的列(或行)数。

L:栅格数据空间范围水平(或垂直)边的距离。

比例尺是指单个像元显示时的物理尺寸与其所代表的地面尺寸(即像元大小)之间的比值,可用式(2-2)加以表示。由该式可知,同一像元大小的栅格数据集在不同像素密度的设备上显示时,将具有不同的比例尺。为避免不一致,常用像元大小来描述栅格数据的显示比例尺。

$$\text{Scale} = \frac{(1/\text{PPI}) \times 0.0254}{\text{PS}} = \frac{1}{\text{PS} \times \text{PPI}/0.0254} \tag{2-2}$$

式中:

Scale:栅格数据浏览显示比例尺。

PPI:显示设备的像素密度,即单位英寸上的像素数目(Pixels Per Inch)。该值随不同的显示设备而不同,ArcGIS 中的默认值为 96。

0.0254:英寸转换为米的换算常数。

PS:以米为单位表示的栅格像元大小。

3. 数据类型

在栅格数据集中,每个像元一般都有一个值,用以表示栅格数据集所描绘的现象,如类别、量级、高度或光谱值等。其中,类别可以是草地、森林或道路等土地利用类型;量级可表示重力、噪声污染或降雨百分比;高度可表示平均海平面以上的表面高程,用来派生出坡度、坡向和流域属性;光谱值可在卫星影像和航空摄影中表示光反射系数和颜色。

在大多数数据中,像元值表示整个方形像元区域的样本值。在某些数据(如 DEM)中,像元值则表示该像元中心点的测量值。像元值可正可负,可以是整型也可以是浮点型,还可以使用 NoData 值来表示数据缺失。整数值适合表示离散数据(又称专题数据、类别数据),浮点值则适合表示连续数据。

对于单波段整数型栅格数据集,当像元唯一值的数量小于 500 时,ArcGIS 会自动为此栅格数据集构建栅格属性表。在栅格属性表生成时，系统会自动为其定义三个默认字段：ObjectID(或 OID)、VALUE 和 COUNT。其中，ObjectID 是系统定义的针对表格中每行的唯一对象标识符编号，VALUE 是在栅格数据集中列出的唯一像元值，COUNT 则表示栅格数据集中具有某个像元值(VALUE)的像元数量。这些字段中的内容不能编辑。像元值为 NoData 的像元在栅格属性表中不参与统计计算。

　　除上述基本字段外，还可为栅格属性表定义添加额外的附加字段，如图 2-9 所示。其中，"类型"字段详细描述每个像元值所代表的土地利用类型；"面积"字段表示不同地类像元的总面积，已知单个像元覆盖面积为 900。此外，还可将栅格属性表与其他表连接起来，进一步扩展其信息。

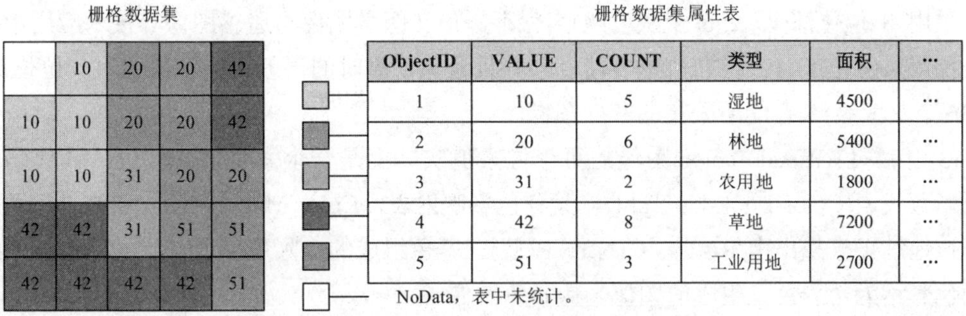

栅格数据集　　　　　　　　　　　　　　　栅格数据集属性表

ObjectID	VALUE	COUNT	类型	面积	···
1	10	5	湿地	4500	···
2	20	6	林地	5400	···
3	31	2	农用地	1800	···
4	42	8	草地	7200	···
5	51	3	工业用地	2700	···

NoData，表中未统计。

图 2-9　栅格数据集及其属性表示例

　　当栅格数据集的像元唯一值超过 500 个时，可使用"数据管理工具箱/栅格/栅格属性工具集"下的"构建栅格属性表"工具手动添加属性表。栅格属性表唯一值的默认大小限制最大为 65536 个，该值记录在 ArcMap 选项对话框"栅格"选项卡中的"要渲染的最大唯一值数"选项中，可根据需要进行调整。

4. 像元位深

　　像元的位深度(又称像素深度)进一步确定像元值的范围，该范围可根据公式 2^n(n 表示位深度)计算得出。表 2-3 列举了不同位深度对应的取值范围及典型应用。

表 2-3　像元位深对应范围及应用

位深度	值范围	典型应用
1 位	0～1	二值图像
2 位	0～3	
4 位	0～15	16 色图像
8 位无符号	0～255	灰度/伪彩色图像
8 位有符号	-128～127	
16 位无符号	0～65535	灰度/伪彩色图像
16 位有符号	-32768～32767	伪彩色图像

续表

位深度	值范围	典型应用
32 位无符号	0～4294967295	真彩色图像
32 位有符号	−2147483648～2147483647	
32 位浮点型	−3.402823466e+38～3.402823466e+38	DEM、DTM

(1) 二值(Binary)图像上的每一个像素只有两种可能的取值或灰度等级状态，人们经常也将其称为黑白图像或单色图像。

(2) 灰度(Grayscale)图像是每个像素只有一个采样颜色的图像。灰度图像通常是在单个电磁波段内测量每个像素的亮度得到的。为避免显示时的条带失真并易于编程，灰度图像通常采用 8 位位深(即 256 个灰度级)来保存。但在医学图像与遥感图像等技术应用中，为充分利用 10 位或 12 位的传感器精度，并且避免计算时的误差，经常采用 16 位位深(即 65536 个灰度级)来存储所采集的灰度图像。

(3) 伪彩色(Pseudo-color)图像的每个像素值实际上是一个索引值或代码，该代码值作为色彩查找表(Color Look-Up Table，又称色彩映射表，Color Maps)中某一项的入口地址，根据该地址可查找出由 R(红)、G(绿)、B(蓝)三基色组成的实际色彩值。这种用查找映射产生的色彩称为伪彩色，生成的图像为伪彩色图像。

在 ArcMap 中，用户可通过位于"数据管理\栅格\栅格属性"工具集下的"添加色彩映射表"工具，为像素深度为 16(或更少)位无符号值的单波段栅格数据集创建色彩映射表。对于 Geodatabase 中的栅格数据集，其映射表可直接存储在栅格数据集中；对于外部存储的栅格数据集，色彩映射表以附加文件(.clr 格式或.act 格式)的形式与之一起存储。

(4) 真彩色(True-color)图像中的每个像素值都分成 R、G、B 三个基色分量，每个基色分量直接决定其基色的强度，这样产生的色彩称为真彩色。每个基色分量在 0～255 之间取值，需要 8 位二进制数存储，因此，真彩色图像位深一般为 24 位。32 位真彩色图像增加的 8 位一般用来记录图像透明度。

5. 坐标系统

栅格数据集各像元的位置通常由其所在的栅格矩阵中的行和列来定义。行和列的值均从 0 开始。为了与现实世界相对应，必须根据实际情况为栅格数据集定义所需的空间坐标系统，并将栅格数据矩阵所采用的直角坐标系变换为所定义的空间坐标系，如图 2-10 所示。

变换可通过多种模型和方式加以实现，但均以六个参数组成的仿射变换对其进行精确或近似的描述，变换后这些参数值随栅格数据集一起保存。对于 Geodatabase 内部的栅格数据集，变换参数直接保存在栅格数据集内；对于 Geodatabase 外部的栅格数据集，根据不同的栅格格式选择将变换参数保存在文件头、坐标文件或辅助文件(aux.xml)中。

坐标文件的名称与栅格数据集文件名称相同，但在最后需要添加字母 w。例如，mytown.tif 的坐标文件为 mytown.tifw，redlands.jpg 的坐标文件将为 redlands.jpgw。有时还会使用图像文件后缀中的第一个字符和第三个字符，最后再添加字母 w 作为坐标文件的后

缀。因此，对于 mytown.tif，坐标文件将为 mytown.tfw；对于 redlands.jpg，坐标文件将为
redlands.jgw。

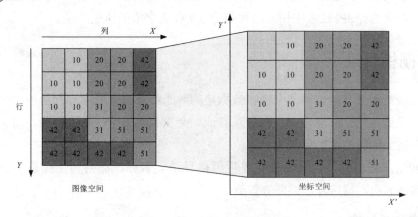

图 2-10   栅格数据集坐标变换示意

对于没有扩展名或扩展名短于三个字符的图像，将在文件名末尾添加字母 w，而不做
任何其他更改。因此，图像文件 terrain 的坐标文件将为 terrainw，而图像文件 floorpln.rs 的
坐标文件将为 floorpln.rsw。

6. 栅格金字塔

栅格金字塔(Raster Pyramid)，又称影像金字塔，是指在同一空间参照下，对原始图像
采用一定的重采样方法生成一系列图像序列，并按照分辨率由粗到细、数据量由小到大组
织在一起形成的金字塔结构。

金字塔的底部(等级为 0)是原始数据，分辨率最高、数据量最大。随着等级的提高，分
辨率、数据量依次降低。顶部数据分辨率最低、数据量最小。ArcGIS 可以指定的最大金字
塔等级数为 29。随着层数的增大，每层栅格数据集的组成像元数目减小，但像元大小是变
大的，因此，每个图层的空间范围仍是不变的。

为栅格数据集建立金字塔之后，系统会基于用户的浏览比例尺依据式(2-2)，自动计
算、选择相近分辨率的数据副本来快速绘制显示。这种方式只需进行少量的查询和少量的
计算，从而缩短了显示时间。如果不使用金字塔，则必须从磁盘中读取整个数据集，每次
显示比例和范围发生变化时，都要通过重采样来动态计算生成适应变化的显示内容与方
式，从而延长了显示时间。

每个栅格数据集只需构建一次金字塔，之后每次查看栅格数据集时都会访问该金字
塔。栅格数据集越大，创建金字塔集所花费的时间就越长。但是，这也意味着可以为将来
节省更多的时间。

对于文件型栅格数据集，金字塔也单独存储在位于源栅格数据集旁边的文件中。金字
塔文件共有两种类型：金字塔(.ovr)和分辨率降低的数据集(.rrd)。这两种类型的金字塔文件
ArcGIS 均可读取，但是只能写入.ovr 文件。.rrd 文件针对 ERDAS IMAGINE 文件而创

建。.ovr 文件由 ArcGIS 版本 10 或更高版本创建和使用。.ovr 文件的一个增强功能是可以使用 LZ77 或 JPEG 压缩方案进行压缩。JPEG 压缩只适用于可根据 JPEG 规范存储数据的文件类型。如果选择 JPEG 金字塔，还可指定 JPEG 金字塔的压缩质量。

2.3.2 栅格目录

栅格目录是用来存储管理多个栅格数据集的一张特殊表，表中一行对应一个栅格数据集。栅格目录通常用于管理相邻、部分重叠或完全重叠的多个栅格数据集，而无须将它们镶嵌为一个较大的栅格数据集。

创建和定义栅格目录，需要设置模板栅格目录、名称，栅格列坐标系，空间列坐标系，空间格网索引，栅格管理类型等参数。

1. 模板栅格目录

如果要基于现有栅格目录创建新栅格目录，则可选择添加相应栅格目录作为模板。这样，新建栅格目录的各个字段便与模板栅格目录的对应字段相同。

2. 栅格列坐标系

栅格目录可以管理不同坐标系的多个栅格数据集。如果所有栅格数据集的坐标系相同，此时栅格列坐标系应该与栅格数据集坐标系相同。否则，栅格列坐标系设置为未知(或无)。

3. 空间列坐标系

空间列坐标系一般应与栅格列坐标系一致。如果几何列的坐标系未知，则需要进一步设置空间域。如果两者均未设置，则数据集在显示中可能不可见。

4. 空间格网索引

空间索引用于在显示、编辑或查询数据时快速定位数据。数据源不同，空间索引的工作方式也不同。大多数数据库采用基于格网的空间索引。只有 Oracle Spatial、Informix 和 PostgreSQL 采用 R 树索引。使用 SQL Server 空间类型的要素类不使用 ESRI 空间格网索引。

在文件、企业级、工作组和桌面地理数据库中完成某些操作后，ArcGIS 会自动重建空间索引以确保索引处于最优状态。所以，用户极少需要手动重新创建空间索引。仅在添加大量与要素类中原有要素大小不同的要素后，需要手动重新计算空间索引。

5. 栅格管理类型

栅格目录中的栅格数据集可通过托管和非托管两种方式加以管理。托管表示栅格数据集存储在数据库内部，可随地理数据库一同复制迁移。如果某行从目录中删除，则该行也将从地理数据库中删除。非托管只会产生一个链接栅格目录行与基于文件的栅格数据集的指针，栅格数据集实际存储在数据库外部，不随记录的删除而删除。

在创建定义完成之后，除模板栅格目录包含的字段外，栅格目录会自动生成 ObjectID、Shape、Raster、Name 等字段。其中，Raster 字段(栅格列)用于以指定的管理类型来存储栅格数据集，Shape 字段(几何列)用于记录栅格数据集对应的空间覆盖区域，Name 字段用来存储栅格数据集的文件名。如果需要，可在栅格目录"属性"窗口的"字段"选项卡中添加其他相应字段，来进一步存储生产单位、生产时间、传感器类型等信息；也可进一步创建关系类使栅格目录与其他表或要素类相关联。

2.3.3　镶嵌数据集

镶嵌数据集也是以目录(表)形式存储的栅格数据集的集合，通过该目录可以存储、管理、查看以及查询各种类型的栅格数据，甚至激光雷达数据。镶嵌数据集具有高级栅格查询功能和处理函数，不仅能以镶嵌影像方式查看栅格数据集，还可用作提供影像服务的源。

1．组成

镶嵌数据集由以下几个部分组成。

(1) 一个用于存储栅格数据集及其范围轮廓的要素类(表)。

(2) 一个定义镶嵌数据集中所有栅格数据集整体边界的要素类。

(3) 一组用于动态镶嵌栅格数据集的镶嵌规则。

(4) 一组用于控制镶嵌和提取栅格数据集的属性。

(5) 一个用于在数据加载和其他操作期间记录日志的表格。

(6) 一个用于接缝线镶嵌的接缝线要素类(非必选部分)。

(7) 一个用于定义栅格目录中的各栅格色彩映射的色彩校正表(非必选部分)。

2．表字段

创建定义镶嵌数据集，需要指定名称、坐标系、产品定义与属性(所存栅格数据集的波段数、波长范围等)、像元属性等参数。在创建完成后，镶嵌数据集中将自动生成以下字段。

(1) ObjectID：由 ArcGIS 维护并保证表中每行都具有唯一 ID。

(2) Shape：存储栅格数据集的范围轮廓多边形。在镶嵌数据集对应的属性表中，系统关闭了该字段的显示状态。因为在显示形式上没有该字段，因此，要素类也被称为表。

(3) 栅格：存储栅格数据集及其属性、函数与元数据的链接等信息。在此字段中单击，然后再单击随即显示的箭头按钮，即可预览所存储的栅格数据。在弹出的窗口中，还可编辑函数及预览属性和元数据。

(4) 名称：栅格数据集文件的名称或元数据文件的名称。

(5) MinPS(最小像元大小)和 MaxPS(最大像元大小)：用来控制栅格数据集是否显示的

最小和最大像元大小，决定从镶嵌数据集中使用何种栅格来创建动态镶嵌图像。由于像元大小是栅格数据集的固有值，因此使用像元大小而不使用显示比例尺。像元越小，分辨率越高，显示比例尺越大；像元越大，分辨率越低，显示比例尺越小。

最小像元大小定义图像的下限，默认值为 0，对应显示比例尺为 1：0(无穷大)，意味着栅格数据集可无限放大。根据需要可将其设置为更大的值，当通过放大发出小于此值的请求，则请求失败，将不返回(显示)图像。最大像元大小定义图像的上限，默认值是数值较大的数。当通过缩小发出大于此值的请求，则请求失败，将不返回(显示)图像。

(6) LowPS 和 HighPS：描述栅格数据集或其影像金字塔的像元大小范围。低值表示基础像元大小，高值表示正在使用的顶级金字塔像元大小。对于不包含金字塔的栅格数据集，低像素大小和高像素大小可能为相同的值。这些值在栅格数据添加到镶嵌数据集时确定，并且不得更改。

例如，在使用所有金字塔等级的情况下，如果栅格数据集包含 1 米的像元，且包含像元大小为 2 米、4 米、8 米和 16 米的金字塔，则 LowPS 是 1，HighPS 是 16。如果在栅格金字塔选项中将最大像元大小设置为 8，则 HighPS 将是 8 而不是 16。

(7) Category：用于描述栅格数据集的类型及其在镶嵌数据集中的状态。不同的编码值代表不同的含义。其中，0 代表未知，1 代表主要(基础)数据，2 代表金字塔(overview)，3 代表未处理的金字塔，4 代表部分处理的金字塔，253 代表已上传，254 代表未完成且需要同步，255 代表自定义项目。

(8) Tag：用于识别将参与到在函数模板中定义的函数的栅格数据集。

(9) GroupName：栅格数据集所在组名。

(10) ProductName：此名称来自在栅格类型中定义的名称或产品类型。

(11) CenterX 和 CenterY：栅格数据集的质心或底点的 x 坐标和 y 坐标。

(12) ZOrder：存储确定栅格数据集的镶嵌或显示顺序。首先显示值较大的栅格数据集，而后其余栅格以降序显示在前面栅格的上方，因此数值最小的栅格将位于顶部。

3. 应用场景

相对于栅格目录，镶嵌数据集是更高级的栅格数据集存储容器，具有更多的功能、用途和作用，已逐渐取代栅格目录，但镶嵌数据集不能参与关系类。在以下情况中，一般使用镶嵌数据集管理多个栅格数据集，而不是将其镶嵌为一个更大的栅格数据集。

(1) 栅格数据集的范围部分或完全叠置，而又需要保留公共区域。

(2) 栅格数据集是在不同时间对同一区域的观察结果集合。

(3) 需要作为一个整体进行集中管理，但同时又需要保留它们独立的状态。

(4) 仅希望显示研究区域，而非整个影像集合。

(5) 需要记录和管理各栅格数据集的其他属性特征。

复习思考题

一、释义题

1. 属性域　2. 子类型　3. 关系类　4. 要素类　5. 要素数据集　6. 拓扑　7. 栅格目录　8. 空间分辨率　9. 影像金字塔　10. 尺寸注记

二、填空题

1. Geodatabase 三个最基本的建模元素是_____、_____和_____。

2. 除点、多点、线、面四种常用要素类外，Geodatabase 还支持_____要素类、_____要素类和_____要素类。

3. 属性域共有_____和_____两种类型。

4. 线性尺寸共有_____、_____和_____三种类型。

5. 栅格目录中的栅格数据管理方式有_____和_____两种。

三、辨析题

1. 范围域只能约束数值型字段的取值。　　　　　　　　　　　　　　（　　）

2. 只能依据数值型字段来为表或要素类划分子类型。　　　　　　　　（　　）

3. 复合型关系类的关系基数只能是 1∶1 或 1∶m。　　　　　　　　（　　）

4. 一个表中只能有一个栅格(Raster)类型的字段。　　　　　　　　　（　　）

5. 要素类既能存储要素的位置和属性，也能存储要素的制图形式。　　（　　）

6. 点要素类既能存储简单点要素，也能存储复合点要素。　　　　　　（　　）

7. 要素数据集所包含的要素类具有相同的空间坐标系。　　　　　　　（　　）

8. 一个要素数据集内的多个拓扑之间可共用同一个要素类。　　　　　（　　）

9. 栅格目录实质上就是一个具有 Raster 字段的特殊表。　　　　　　（　　）

10. 栅格金字塔所包含的栅格数据集的空间范围自底而上逐渐减少。　（　　）

四、操作题

1. 按照以下要求，创建一个文件地理数据库并定义相应的模式结构。

(1) 该数据库的名称为 "MyGDB"。

(2) 为该数据库定义一个名为 "Students" 的表，用来存储学生的学号、姓名、性别、出生年月、照片等信息，并将该表划分为 "本科生" "硕士生" "博士生" 三个子类型。

(3) 为该数据库定义一个名为 "Dormitoris" 的要素类，用来存储学生宿舍楼的位置形状、编号、类型、楼层数等信息，并保证楼层数在 1～20 之间取值。

(4) 为该数据库定义一个 "Dor2Stus" 的关系类，用来关联上述要素类和表。

2. 按照以下要求，创建另一个文件地理数据库并定义相应的模式结构。

(1) 该数据库的名称为"Planning"。

(2) 为该数据库定义一个名为"Parcles"的要素类，用来存储宗地地块要素。

(3) 为该数据库定义一个名为"Buildings"的要素类，用来存储建筑物要素。

(4) 为该数据库定义一个名为"Streets"的要素类，用来存储街道要素。

(5) 上述要素类所采用的坐标系，均为你所在地区的高斯 3°投影平面坐标系，投影所依赖的地理坐标系为 2000 国家大地坐标系(CGCS2000)。

(6) 为该数据库定义一个名为"Topologies"的拓扑，并添加三条拓扑规则：第一条约束宗地要素不能彼此重叠，第二条约束建筑物要素必须位于宗地要素内，第三条约束道路要素不能有悬挂点。

 微课视频

扫一扫：获取本章相关微课视频。

元素定义.wmv

第 3 章
Geodatabase 设计与实施

　　一个 Geodatabase 的典型生命周期主要包括数据库设计、数据库创建、初始数据加载、编辑和数据维护分析应用四个阶段。Geodatabase 设计就是在调查分析用户需求的基础上，决定数据库中存储哪些数据（专题层）来模拟真实世界，采用哪种方式（点、线、面、栅格等）来表示这些数据，并将这些数据组织到 Geodatabase 数据库中的过程。设计建立一个完善的数据库不能一蹴而就，往往要经过多个阶段的不断反复设计才能成功。

3.1　数据库设计概述

Geodatabase 是一种基于对象-关系数据库技术来表现地理信息的数据模型，它采用标准关系表及相应扩展来存储和管理空间及非空间信息。为了获得良好的设计、最大限度地满足各类用户在实际应用中的需要，地理数据库设计必须要与传统的关系型数据库设计方法相结合。因此，本节先概括性介绍关系数据库设计特点、方法与步骤等内容。

3.1.1　数据库设计特点

数据库设计是指对于一个给定的应用环境，构造优化的数据模式(有时又称模型)，并据此建立数据库及其应用系统，使之能够有效地存储和管理数据，满足各种用户的应用需求，包括信息管理需求和数据操作需求。数据库设计具有以下特点。

1. 兼顾性特点

通常来说，一个成功的信息管理与应用系统是由 50%的业务和 50%的软件所组成的，而成功的软件所占的 50%又由 25%的数据库和 25%的程序所组成。数据库设计应该和应用系统设计相结合，兼顾考虑数据库结构设计和数据库行为设计两方面的内容。

数据库的结构设计是指根据给定的应用环境，进行数据库的模式或子模式的设计。它包括数据库的概念设计、逻辑设计和物理设计。数据库模式是各应用程序共享的结构，是静态的、稳定的，一经形成后通常情况下是不容易改变的，所以结构设计又称静态模型设计。

数据库的行为设计是指确定数据库用户的行为和动作。而在数据库系统中，用户的行为和动作主要是指用户对数据库的操作，这些要通过应用程序来实现，所以数据库的行为设计就是应用程序的设计。用户的行为总是使数据库的内容发生变化，所以行为设计是动态的，行为设计又称动态模型设计。

在 20 世纪 70 年代末 80 年代初，人们为了研究数据库设计方法学的便利，曾主张将结构设计和行为设计两者分离，随着数据库设计方法学的成熟和结构化分析、设计方法的普遍使用，人们又主张将两者作一体化的考虑，这样可以缩短数据库的设计周期，提高数据库的设计效率。现代数据库设计强调结构设计与行为设计相结合，是一种"反复探寻，逐步求精"的过程。

2. 综合性特点

数据库设计涉及的范围很广，大型数据库设计与建设更是一项综合、复杂的系统工程。一个数据库系统设计与实施成功的主要因素可用"三分技术，七分管理，十二分数据"来简单概括。

在技术上，一方面要求采用的先进数据库系统软件能充分满足用户要求，并兼顾用户实际与未来业务扩展；另一方面要求设计人员不仅具有数据库、软件工程等专业知识，而且还要具有一定的设计经验和业务知识，不同人员采用同样的系统技术可能会产生不同的结果。

在管理上，一方面要求用户内部加强管理，积极参与配合数据库设计建库工作，建立健全数据库使用维护的各项规章制度，适时变革管理体制、调整组织结构，为数据库广泛、持续、高效运行提供良好的外部环境；另一方面要求设计人员加强项目实施管理，采用规范化设计方法，强化过程控制，确保各阶段及总体成果质量，在预定时间内保质保量地完成相应工作任务。

在数据上，要求加强质量评价与控制，确保数据的准确性、完整性、一致性和现势性。在建库阶段成立负责数据准备、检验、处理、入库工作的专门小组，在运行阶段指派负责评价、调整、维护工作的专职人员。

技术和管理好比一棵树的骨干，数据好比树所需要和养分，有了充足的养分，树才能枝繁叶茂，系统才能发挥它应有的作用。

总而言之，数据库设计就像一门艺术，数据库开发人员更像艺术家，设计结果更像艺术品。仁者见仁、智者见智。不同经验的设计开发人员，对同一个系统的设计结果往往不同。设计结果没有绝对的对错之分，但有优劣、好坏、适合与不适之分。只有不断地去实践、去领会、去感悟，才能设计出上好的艺术品。

3.1.2 数据库设计方法

随着数据库系统的发展出现了多种数据库设计方法，通常可分为直观设计法、规范设计法和计算机辅助设计法等。

1. 直观设计法

直观设计法，又称手工试凑法，是早期数据库设计采用的主要方法。这种方法与设计人员的经验和水平有直接关系，缺乏科学理论和工程方法的支持，设计质量难以保证，常常是数据库投入使用后才发现问题，不得不进行修改甚至重新设计，加大了系统的维护成本。

2. 规范设计法

自 20 世纪 40 年代电子数字计算机出现之后，软件开发一直约束着计算机的广泛应用。为缓解"软件危机"，20 世纪 60 年代末提出了"软件工程"的概念，要求人们采用工程的原则、方法和技术来开发、维护和管理软件，从此产生了一门新的学科——软件工程。

规范设计法是依据软件工程思想提出的、具有多项设计准则与设计规程的工程化方法。规范设计法基本思想是过程迭代和逐步求精，在本质上仍是手动设计法。1978 年 10

月提出的新奥尔良法是比较著名的规范设计法，随后在其基础上又提出了多种规范设计法。

不同设计方法在数据库设计步骤上存在一定的差异，各有各的特点与局限。例如：新奥尔良法把数据库设计分为需求分析、概念设计、逻辑设计和物理设计四个阶段，注重数据库的结构设计，而不太考虑行为设计。S.B.Yao 等人将数据库设计分为五个步骤，主张数据库设计应包括系统开发的全过程，并在每个阶段结束时进行评审，以便及早发现问题、及早纠正。I.R.Painler 等人把数据库设计看成一步接一步的过程，并采用一些辅助手段实现每一个过程的目标。

此外，规范设计法还包含一些在数据库不同设计阶段使用的具体技术与方法。例如，在数据库概念设计阶段所采用的基于 E-R 模型的数据库设计方法，在逻辑设计阶段所采用的基于 3NF(第三范式)的设计方法等。

3. 计算机辅助设计法

制造业、建筑业的发展告诉我们，当采用有力的工具辅助人工劳动时，可以极大地提高劳动生产率，并且可以有效地改善工作质量。在这些行业的影响与内部需求的驱动下，20 世纪 80 年代计算机领域开始了计算机辅助软件工程(Computer Aided Software Engineering，CASE)的研究，并涌现出许多支持软件开发的软件系统。随着各种工具及软件技术的发展、完善和不断集成，CASE 逐步由单纯的辅助开发工具环境转化为一种相对独立的方法。

计算机辅助设计法则是在数据库规范设计的某些阶段或整个过程中，以人的知识和经验为主导，结合相应的 CASE 工具，通过人机交互方式完成相应设计任务的一种方法。目前，一些可用于数据库辅助设计的 CASE 软件工具主要有 SysBase 公司的 PowerDesigner、Oracle 公司的 Design 2000、CA 公司的 ERWin、IBM 公司的 Rational Rose、Microsoft 公司的 Visio 等。计算机辅助数据库设计可以归档设计结果、减轻工作强度、加快设计速度、提高设计质量。

3.1.3　数据库设计步骤

按照规范设计的方法，同时考虑数据库及其应用系统开发的全过程，可将数据库设计分为需求分析、结构设计、行为设计、数据库实施、数据库运行与维护五个阶段，如图 3-1 所示。

这个设计步骤既是数据库设计的过程，也是数据库应用系统的设计过程。在设计过程中把数据库的设计和对数据库中数据处理的设计紧密结合起来，将这两个方面的需求分析、抽象、设计、实现在各个阶段同时进行，相互参照，相互补充，以完善两方面的设计。本节将以结构设计为主对相关内容进行阐述讨论。

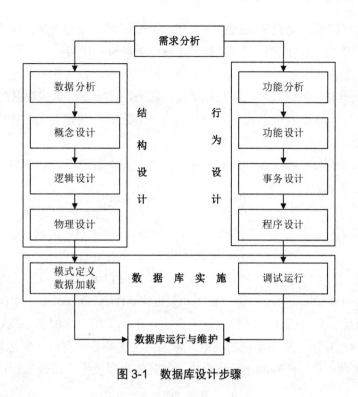

图 3-1　数据库设计步骤

1. 需求分析

需求分析就是分析用户的要求，确定系统必须完成哪些工作，对系统提出完整、准确、清晰、具体的要求。需求分析的结果是否能够准确地反映用户的实际要求，将直接影响后面各个阶段的设计，影响系统的设计是否合理和实用。

需求分析的主要任务是：通过详细调查要处理的对象，包括某个组织、某个部门、某个企业的业务管理等，充分了解原有系统或计算机系统的概况和发展前景；调查和分析用户的业务需求和数据的使用情况，确定用户对数据库系统的使用要求和各种约束条件，形成用户需求描述；明确所用数据的种类、范围、数量以及它们在业务活动中交流的情况，支持系统目标的基础数据及其处理方法；确定新系统的功能和边界。

1) 调查用户需求

在调查过程中，根据不同的问题和条件，可采用的调查方法很多，如开调查会、跟班作业、咨询业务权威、设计调查问卷、查阅历史记录等。但无论采用哪种方法，都必须有用户的积极参与和配合。强调用户参与是数据库设计的一大特点。

需求调查的重点是"数据"和"处理"，通过调查要从用户那里获得对数据内容、处理方式、安全性及完整性等方面的需求。需求调查具体包含以下内容。

(1) 系统目标与边界。首先需要了解整个系统所要求实现的宏观目标，包括业务范围、功能大小、外部环境以及接口等内容，最终确定整个系统的目标以及系统边界，为系统实现给出一个核心框架。

(2) 业务流程调查。调查系统的业务流程，全面了解各流程之间的关系。此外，还要了解各种信息的输入、输出、处理以及处理速度、处理量等内容。

(3) 单据、报表及台账等数据源调查。调查单据、报表及台账等信息载体，包括它们的基本结构、数据量及其处理方式和处理手段。此外，还要调查这些数据之间的关系。

(4) 约束条件调查。调查系统中各种业务自身的限制以及相互间的约束，如时间、地点、范围、速度、精度、安全性等约束要求。

(5) 薄弱环节调查。调查系统的薄弱环节，并注意在软件开发中予以重点关注，并在计算机系统中给予解决。

2) 分析用户需求

在调查了解用户的需求后，还需要进一步分析和抽象用户的需求，使之转换为后续各设计阶段可用的形式。在众多分析和表达用户需求的方法中，结构化分析(Structured Analysis，SA)法是一个常用的分析方法。SA 方法采用自顶向下，逐层分解的方式分析系统，用数据流图(Data Flow Diagram，DFD)和数据字典(Data Dictionary，DD)描述系统。

(1) 数据流图。数据流图，又称数据流程图，是便于用户理解的系统数据流程的图形表示，能在逻辑上精确地描述系统的功能、输入、输出和数据存储，表达数据和处理之间的关系。数据流图一般由四种基本元素组成，其具体内容及作用如表 3-1 所示。

表 3-1　数据流图的基本组成

元素名称	图形符号	等价符号	说　明
外部实体	▭	▭	数据输入的起点或数据输出的终点，要在矩形内注明起点、终点的名称。外部实体可以是某种人员、组织、系统、事物等
处理加工	⬭	◯	输出数据在此进行加工(增加组成或内容)产生输出数据，要注明加工处理的名称
数据存储	▭	▭	数据暂时或永久保存的地方，需用名词或名词性短语命名
数据流	→		被加工的数据与流向，可用名称或动词性短语命名

在较复杂的实际问题中，仅用一个数据流图很难表达数据处理过程和数据加工情况，通常采用自顶向下、逐层分解的方式，以分层的数据流图反映复杂的结构关系。首先，确定顶层数据流图，把整个数据处理过程暂且看成一个加工，它的输入数据和输出数据实际上反映了系统与外界环境的接口；其次，在顶层数据流图的基础上进一步细化，形成第一层数据流图；最后，继续分解，可得到第二层数据流图。如此细化，直到清晰地表达整个系统的数据加工真实情况。越高层次的数据流图表现的业务逻辑越抽象，越低层次的数据流图表现的业务逻辑越具体。

图 3-2 为高校教务管理工作的部分数据流程图，如果需要可以对其中的处理进行分解

以形成更具体的低层流程图。

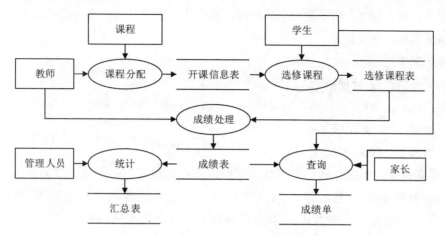

图 3-2　高校教务管理系统数据流程图

(2) 数据字典。数据字典是对数据流程图的注释和重要补充，是对数据流图的进一步说明。数据字典的内容包括数据项、数据结构、数据流、数据存储和处理过程五个部分。其中数据项是数据的最小组成单位，若干个数据项可以组成一个数据结构，数据字典通过对数据项和数据结构的定义来描述数据流、数据存储等内容。数据字典是关于数据库中数据的描述，即元数据，而不是数据本身。在数据库设计过程中，数据字典可以并应该不断地充实、修改、完善。

① 数据项。数据项是不可再分的数据单位。数据项描述等于{数据项名，数据项含义说明，别名，数据类型，长度，取值范围，取值含义，与其他数据项的逻辑关系，数据项之间的联系}。其中，取值范围、与其他数据项的逻辑关系定义了数据的完整性约束条件。对于图 3-2 所示的数据流程图，其中的成绩数据项可表示如下。

数据项名称：成绩

别名：分数

说明：课程考试的分数值

定义：数值型，带一位小数

取值范围：0～100

② 数据结构。数据结构反映了数据之间的组合关系。数据结构描述等于{数据结构名，含义说明，组成{数据项或数据结构}}。对于图 3-2 所示的数据流程图，其中的成绩单数据结构可表示如下。

数据结构名称：成绩单

别名：课程考试成绩

说明：学生每学期考试成绩单

组成：{学号，姓名，课程名，学期，成绩}

③ 数据流。数据流是数据结构在系统内传输的路径。数据流描述等于{数据流名，说明，数据流来源，数据流去向，组成{数据结构}，平均流量，高峰期流量}。其中，平均

流量是指在单位时间(每天、每周、每月等)里的传输次数，高峰期流量则是指在高峰时期的数据流量。对于图 3-2 所示的数据流程图，其中的学生信息数据流可表示如下。

数据流名称：学生信息

来源：学生

去向：选修课程(处理)

组成：{学号，姓名，性别，出生年月，班级，专业，院系}

平均流量：300 人次/天

高峰期流量：1000 人次/天

④ 数据存储。数据存储是数据结构停留或保存的地方，也是数据流的来源或去向之一。数据存储描述等于{数据存储名，说明，编号，流入的数据流，流出的数据流，组成{数据结构}，数据量，存取方式}。其中，存取方式包含批处理/联机处理、检索/更新、顺序检索/随机检索等方式。对于图 3-2 所示的数据流程图，其中的开课信息表数据存储可表示如下。

数据存储名：开课信息表

说明：用来记录每学期开设课程基本情况表

组成：{课程号，课程名称，教师工号，教师姓名，开设学期}

输入：课程信息、教师信息

输出：选修课程(处理)

存取方式：检索操作，提供各项开课信息的显示；写操作，对开课情况进行修改、增加或删除。

存取频率：40 人次/天

⑤ 处理过程。处理过程说明数据处理的逻辑关系，即输入与输出之间的逻辑关系。同时，也说明数据处理的触发条件、错误处理等问题。数据字典中只描述处理过程的说明性信息。处理过程描述等于{处理过程名，说明，输入{数据流}，输出{数据流}，处理{简要说明}}。其中，简要说明包含处理功能说明和处理要求说明。功能说明明确该处理过程用来做什么。处理要求说明包括处理频度要求(如单位时间里处理多少事务、多少数据量)、响应时间要求等方面的说明，是后续物理设计的输入及性能评价的标准。对于图 3-2 所示的数据流程图，其中的选课处理过程可具体表示如下。

处理过程名：选修课程

输入数据流：学生信息、开课信息

输出数据流：选课清单

处理说明：把选课者的学号、开课学期、所选课程号录入到数据库中。

处理频率：根据学校的学生人数而定，要充分考虑集中选课时的高峰期流量。

3) 撰写、评审需求说明书

在系统分析结束后须编写数据库系统分析说明书，它是需求分析阶段的最终成果，主要包括需求描述、数据流图及数据字典等内容，通常须按一定规范编写。撰写需求说明书的设计人员不仅要有良好的计算机专业知识,还要有用户业务领域的专业知识,以及良好的文字表达能力。用户应同设计人员一起反复检查、修改、确认说明书,不断完善需求定义。

为了确认数据库需求说明书内容的合理性、完整性、正确性,还必须要进行数据库需求评审。根据评审意见,认真修改数据库需求说明书直至用户方和开发方共同批准。共同批准的数据库需求说明书是数据库设计、数据库测试和验收的依据。

2. 概念结构设计

在需求分析阶段,设计人员充分调查并描述了用户的需求,但这些需求只是现实世界的具体要求,需要把这些需求抽象为信息或概念世界的结构(简称概念结构或概念模式),才能更好地满足用户的需求,而这个抽象过程就是概念结构设计,简称概念设计。

在早期的数据库设计中,概念设计并不是一个独立的设计阶段。当时的设计方式是在需求分析之后,就直接进行逻辑设计。在进行逻辑设计时,设计人员考虑的因素太多,既要考虑用户的信息,又要考虑具体 DBMS 的限制,使设计过程变得复杂而难以控制。

为了改善这种状况,台湾计算机科学家陈品山(Peter Chen)于 1976 年提出了基于实体联系(Entity-Relationship,E-R)模型的数据库设计方法。该方法在需求分析和逻辑设计之间增加了概念设计阶段。在这个阶段,设计人员仅从用户角度看待数据及处理要求和约束,产生一个反映用户观点的概念模型(整个模式的总称),然后再把概念模型转换成逻辑模型。

E-R 模型不依赖于具体的硬件环境和 DBMS,将现实世界的信息结构统一用属性、实体以及它们之间的联系来描述。与 E-R 模型相关的是 E-R 图,它为概念模型提供了图形化的表示方法,能直观地表示概念模式的内部联系。针对一些特殊应用需要,人们提出了多种扩展 E-R 模型或 E-R 图,如 GIS 领域的空间 E-R 模型、基于象形图(Pictogram)的 E-R 模型等。表 3-2 给出了一般数据库概念设计所使用的常规 E-R 图形符号及其所代表的模型元素与含义。

表 3-2　E-R 图组成元素及其含义

图形符号	模型元素与元素含义	其他说明
▭	实体:同一类别的多个事物	矩形内写上实体名
◇	联系:实体间的内在关联	菱形内写上联系名及两侧写上基数
◯	属性:实体或联系的性质	椭圆内写上属性名
▣	弱实体:依赖其他实体而存在	矩形内写上实体名
▭	超类实体:带有子类的实体	矩形内写上实体名
◈	弱联系:弱实体参与的联系	菱形内写上联系名及两侧写上基数
◯	码属性:区分实体个体的属性	椭圆内写上带下划线的属性名
◎	多值属性:一次取多个值的属性	椭圆内写上属性名
——	实体与属性之间、实体与联系之间、联系与属性之间用直线相连	
══	实体与弱联系之间、强制性参与的实体和联系之间用双直线	
•——	超类实体与子类实体用带小圆圈的直线	

在需求分析中，已经得到了有关各类实体、实体间的联系以及描述它们性质的数据元素，这些统称为数据对象。概念设计的核心就是对这些数据对象做进一步的抽象整理，形成更加明确具体的实体、联系及其属性。利用 E-R 模型进行概念设计，主要有以下三个步骤。

1) 设计局部 E-R 模式

设计局部 E-R 图的主要任务是将需求分析得到的数据流图分解，形成若干个以数据存储为基础、具有一定独立逻辑功能的局部应用，结合对数据字典相关描述内容的抽象分析，确定每个局部应用涉及的实体、联系及其属性，并给出相应的图形描述。

(1) 抽象分析方法。抽象是在分析、综合、比较的基础上，抽取同类事物共同的、本质的特征而舍弃非本质特征的思维过程。抽象是形成概念的必要过程和前提。概念是人脑对客观事物本质的反映，这种反映是以词语来标示和记载的。概念是思维活动的结果和产物，同时又是思维活动借以进行的单元。

在概念设计中，主要用到分类(classification)、聚集(aggregation)、概括(generalization)三种抽象方法。

① 分类。定义某一类概念作为现实世界中一组对象的类型，这些对象具有某些共同的特性和行为，它描述对象值和型之间的"is member of"(成员)的语义。通过分类得到 E-R 模型的实体。

② 聚集。定义某一类型的组成成分，其抽象为实体的属性。它抽象对象内部类型和成分之间"is part of"(组成)的语义。通过多个属性的聚集也可得到 E-R 模型的实体。

③ 概括。定义类型之间的一种子集联系，它抽象类型之间的"is subset of"(所属)的含义。通过概括可以得到子类实体和超类实体，子类继承超类上定义的所有抽象。

(2) 基本设计策略。在利用上述抽象方法设计局部 E-R 模式时，一般还需要结合以下策略来确定实体、联系及其属性。

① 数据流程图中的外部实体或数据存储一般可抽象为实体。

② 数据流程图中的数据处理一般可抽象为联系，但联系必须发生在实体之间。此外，还要防止出现冗余的联系，即可以从其他联系导出的联系；不用多个二元联系来代替一个多元联系。

③ 数据字典中的数据项一般可抽象为属性，但属性必须是不可分的数据项。另外，属性不能再具有需要描述的性质，属性不能与其他实体具有联系。对不符合这些要求的属性，将其抽象为实体。为简化 E-R 模型，现实世界的事物能作为属性的尽量作为属性。

对于图 3-2 所示的数据流程图，假设选择设计"课程分配""选修课程"两个局部应用的结构模式，将得到如图 3-3 和图 3-4 所示的局部 E-R 图。

2) 生成全局 E-R 模式

在各个局部视图建立好后，还需要对它们进行合并，集成为一个整体的数据概念结构，即全局 E-R 图。集成可以有两种方法：一种方法是多个局部 E-R 图一次集成；另一种方法是逐步集成，即用累加的方法一次集成两个分 E-R 图。第一种方法比较复杂，难度大；第二种方法逐步集成虽可降低难度，但耗费的时间要多些。到底采用哪种方法，要根据具体情况而定。但是无论采用哪种方法，在每次集成局部 E-R 图时，都要分两步进行。

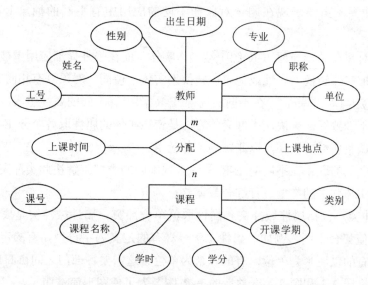

图 3-3　课程分配局部 E-R 图

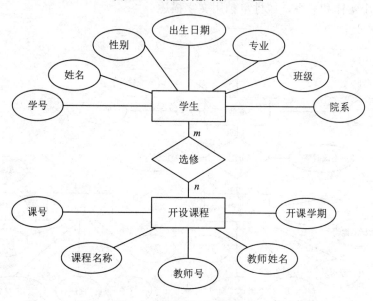

图 3-4　选修课程局部 E-R 图

(1) 合并分 E-R 图，生成初步 E-R 图。由于各个局部应用所面向的问题是不同的，而且通常是由不同的开发小组进行不同的局部 E-R 图设计，这样就会导致各个局部 E-R 图之间存在许多不一致的地方，即产生冲突问题。由于各个分 E-R 图存在冲突，所以不能简单地把它们合并到一起，必须先消除各个分 E-R 图之间的冲突，形成一个能被全系统所有用户共同理解和接受的统一的概念模型，再进行合并。

分 E-R 图之间的冲突主要有三类：命名冲突、结构冲突和属性冲突。

① 命名冲突。包括实体名、联系名、属性名之间的同名异义冲突和异名同义冲突两种。例如，"成绩"和"分数"属于异名同义。可通过讨论、协商解决此类冲突。

② 结构冲突。主要表现在同一对象在不同的应用中有不同的抽象上，有以下三种形式：

一是同一对象在某一局部 E-R 图中被当作实体，而在另外局部应用中被当作属性。解决这些冲突可把实体转换为属性或把属性转换为实体，使同一对象具有相同的抽象。

二是同一实体(如"课程")在不同的局部 E-R 图中有不同的属性组成，如属性个数不同、属性次序不一致等。解决这类冲突的方法是使该实体的属性取各个分 E-R 图中属性的并集，再适当调整属性的次序，以兼顾到各种应用。

三是实体之间的联系在不同的 E-R 图中呈现不同的类型。解决此类冲突的方法是根据应用的语义对实体联系的类型进行综合或调整。

③ 属性冲突。包括属性域冲突和属性取值单位冲突。属性域冲突是属性值的类型、取值范围或取值集合不同。例如，属性"学号"有的定义为字符型，有的定义为数值型；属性"身高"有的以厘米为单位，有的以米为单位。这需要各部门之间协商使之统一。

图 3-5 是将图 3-3 和图 3-4 合并后的 E-R 图。为了使图形简洁明了，在全局 E-R 图中有时可以只画出实体和联系，属性单独用文字描述。

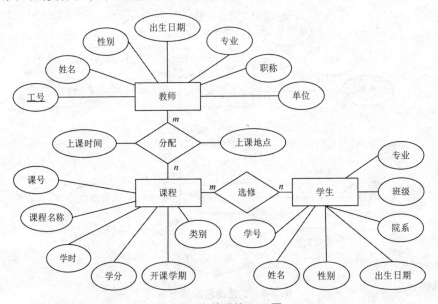

图 3-5　合并后的 E-R 图

(2) 修改与重构，生成全局 E-R 图。在初步 E-R 图中，可能存在一些冗余的数据和实体之间冗余的联系。所谓冗余的数据是指可由基本数据导出的数据，冗余的联系是指可由其他联系导出的联系。例如，"年龄"可有"出生日期"导出。冗余数据和冗余联系容易破坏数据库的完整性，给数据库的维护增加困难，应当予以消除。消除冗余后的初步 E-R

图称为全局 E-R 图。

消除冗余以数据流图和数据字典为依据，根据数据字典中关于数据项之间逻辑关系的说明来消除冗余。例如，课程实体有一个"学分"属性，用以说明每门课规定的学分数，现在假定"分配"联系也有一个"学分"属性，用以描述某教师担任的某门课的学分数，但根据分析这个学分可由课程的学分导出，故应予以消除。

在实际应用中，并不是所有的冗余数据与冗余联系都必须加以消除，有时为了提高数据查询效率，不得不以冗余信息作为代价。因此，在设计数据库概念结构时，哪些冗余信息必须消除，哪些冗余信息允许存在，需要根据用户的整体需求来确定。如果人为地保留了一些冗余数据，则应把数据字典中数据关联的说明作为完整性约束条件。除这一分析方法外，还可用规范化理论来消除冗余。

3) 评审、优化全局 E-R 模式

最终得到的全局 E-R 模式也是数据库的概念模型，它代表了用户的整体数据要求，是沟通"要求"和"设计"的桥梁，它决定数据库的总体逻辑结构，是成功创建数据库的关键。如果设计不好，就不能充分发挥数据库的功能，无法满足用户的处理要求。因此，用户和设计人员必须对其进行验证评审，确保它能够满足下列条件。

(1) 全局 E-R 模型内部必须具有一致性，即不能存在相互矛盾的表达。

(2) 全局 E-R 模型全面、准确地反映原来的局部视图和用户功能需求，包括属性、实体及实体之间的联系。

(3) 全局 E-R 模型能满足需求分析阶段所确定的所有要求。

(4) 全局 E-R 模型实体类型个数尽可能少；实体类型所含属性尽可能少；实体类型之间的联系无冗余。

从 E-R 模型中可以获得实体与实体之间的联系等信息，但不能得到约束实体处理的业务规则。例如，学生选课总学分必须达到 180 分；至少选修 2 门公共课；一门课程至少有 15 名学生选修，但又不能超过 120 名；等等。对模型中的每一个实体的数据所进行的添加、修改和删除，应该符合预定的规则。特别是删除，往往包含着一些重要的业务规则。这些规则需要反映在数据库逻辑模式或数据库应用程序中。

概念结构设计阶段所得到的成果，主要包括系统各子部门的局部概念结构描述、系统全局概念结构描述、修改后的数据字典、概念模型应具有的业务规则等内容。与本阶段同步，对数据处理的同步分析应产生应用系统说明书，包括新系统的要求、方案、概图和反映新系统信息流的数据流程图。

3. 逻辑结构设计

逻辑结构设计就是把在概念结构设计阶段设计好的 E-R 模型转换为具体的数据库管理系统支持的数据模型。然后，根据逻辑设计的准则、数据的语义约束、规范化理论等对数据模型进行适当的调整和优化，形成合理的全局逻辑结构——数据库模式，并设计出用户子模式。

由于关系模型是目前最重要、应用最广泛的一种数据模型，因此，本节主要讨论基于关系模型的逻辑设计，主要由以下三个步骤组成。

1) E-R 模型转换为关系模型

关系模型是用关系(表)来表示实体及其联系的数据模型。一个关系数据库由若干个表组成。E-R 模型向关系模型的转换就是将实体及其联系转换为关系，并确定这些关系的属性和码(主键)的过程。转换规则如下。

(1) 一个实体转换为一个关系，实体的属性就是关系的属性，实体的码就是关系的码。如图 3-5 中的"学生"实体，转换之后的关系模式为：学生{学号，姓名，性别，出生日期，院系，专业，班级}。

(2) 一个 1∶1 联系可以转换为一个独立的关系模式，也可以与任意一个实体所对应的关系模式合并。如果转换为一个独立的关系模式，则与该联系相连的各实体的码以及联系本身的属性转换为关系的属性，每个实体的码均可作为该关系的码。如果要与联系的任意一端实体所对应的关系模式合并，则需要在该关系模式的属性中加入另一个实体的码和联系本身的属性。一般情况下，1∶1 联系不转换为一个独立的关系模式。

(3) 一个 1∶n 联系可以转换为一个独立的关系模式，也可以与 n 端实体所对应的关系模式合并。如果转换为一个独立的关系模式，则与该联系相连的各实体的码以及联系本身的属性转换为关系的属性，n 端实体的主键为该关系的主键。一般情况下，1∶n 联系也不转换为一个独立的关系模式。

(4) 一个 m∶n 联系要转换为一个独立的关系模式，与该联系相连的各实体的码以及联系本身的属性转换为关系的属性，该关系的码为各实体码的组合。如图 3-5 中的"分配"联系，转换之后的关系模式为：授课表{教师号，课程号，上课时间，上课地点}。

(5) 三个或三个以上实体参与的多元联系转换为一个独立的关系模式，与该多元联系相连的各实体的主键以及联系本身的属性均转换为关系的属性，该关系的主键为各实体主键的组合。

(6) 实体中的多值属性转换为一个独立的关系，实体的主键与该多值属性转换为关系的属性，该关系的主键为实体主键与多值属性的组合。如图 3-5 中"教师"实体的"专业"属性，转换之后的关系模式为：专业表{工号，专业名}。

上述转换规则为一般原则，对于具体问题还要根据其特殊情况进行特殊处理。对于转换之后所得的关系模式元素，可以采用 E-R 模型中原来的名称，也可以另行命名。命名应有助于对数据的理解和记忆，同时应尽可能避免重名，一般用英文字母进行简写。

2) 关系模型的优化

数据库逻辑设计的结果不是唯一的。为了进一步提高数据库应用系统的性能，还应根据应用的需要对数据模型的结构进行适当的修改和调整，这就是数据模型的优化，主要包括以下内容：

(1) 关系规范化处理。为了减少或避免数据冗余以及删除、添加与修改操作异常等情况的出现，关系数据库中的关系应满足一定的要求和规范。若关系满足不同程度的要求，就称它属于不同的范式(Normal Form)。满足最低程度要求的范式属于第一范式，简称 1NF；在第一范式基础上进一步满足一些要求的关系属于第二范式，简称 2NF。依次类推，还有 3NF、BCNF(3NF 的改进)、4NF、5NF。范式越高、规范化程度越高，关系模式就越好。

关系模式的规范化就是把关系模式通过模式分解，转换为符合一定范式要求的多个关系模式的集合。在通常的数据库设计中，一般要求达到 3NF。一个关系是否符合 3NF，可采用"原子属性"和"一事一表"两个非形式化原则加以简单判别。

"原子属性"原则要求关系模式中的属性均为原子属性，即属性数据均为基本项，拥有非原子属性者必须进行分解。集合型非原子属性(如电话号码)可纵向分解，而元组型非原子属性(如坐标值)则横向分解。

"一事一表"原则要求一个关系表只能表达一种信息，不能多种信息混合存储。即一件事放一张表，不同事物放在不同表中。例如，学生、课程与选修是独立的三件事，因此必须放在三张不同表中，这样所构成的模式才满足 3NF，而任何两张表的组合都不满足 3NF。使用该原则要求对所关注数据体的语义有清楚的了解。

(2) 模式评价与性能调整。在关系的规范化中，很少注意数据库的性能问题。因此，为了进一步提高数据库应用系统的整体性能，还应从功能、性能上对规范化后产生的关系模式进行评价。根据评价的结果，对已生成的模式进行改进。这样经过反复多次的尝试和比较，最后得到优化的关系模式。

如果因为系统需求分析、概念结构设计的疏漏导致某些应用不能得到支持，则应该增加新的关系模式或属性。如果因为性能考虑而要求改进，则可以采用以下一些措施。

① 尽量减少连接运算。在数据库的操作中，连接运算的开销很大。参与连接的关系越多、越大，开销也越大。所以，对于一些常用的、性能要求比较高的数据查询，最好是单表操作。这又与规范化理论相矛盾。有时为了保证性能，不得不把规范化了的关系再连接起来，即反规范化。当然，这将带来数据的冗余和潜在更新异常的发生，需要在数据库的物理设计和应用程序中加以控制。

② 减少关系的大小和数量。关系的大小对查询的速度影响也很大。有时为了提高查询速度，可把一个大关系从纵向(垂直)或横向(水平)划分成多个小关系。例如，在一些学校的学生学籍成绩管理系统中，可以把全校学生的数据放在一个学生关系中，也可以按系建立若干学生关系。前者可以方便全校学生的查询，而后者可以提高按系查询的速度。另外，也可以按年份建立学生关系，分在校学生关系和已毕业学生关系。这些都属于对关系的横向分割。有时关系的属性太多，可对关系进行纵向分解，将常用和不常用的属性分别放在不同的关系中，以提高查询关系的速度。

③ 选择合适的属性数据类型。关系中的每一属性都要求有一定的数据类型。为属性选择合适的数据类型不但可以提高数据的完整性，还可提高数据库的性能，节省系统的存储空间。

a. 使用变长数据类型。当数据库设计人员和用户不能确定一个属性中数据的实际长度时，可使用变长的数据类型。现在很多 DBMS 都支持 Varbinary、Varchar 和 Nvarchar 等变长数据类型。使用这些数据类型，系统能够自动地根据数据的长度确定数据的存储空间，大大提高存储效率。

b. 预期属性值的最大长度。在关系的设计中，必须能预期属性值的最大长度，只有知道数据的最大长度，才能为数据制定最有效的数据类型。

c. 使用用户定义的数据类型。如果使用的 DBMS 支持用户定义数据类型，则利用它可以更好地提高系统性能。因为这些类型是专门为特定的数据设计的，能够更有效地提高存储效率，保证数据安全。

在设计数据库时，"时间"(效率或性能)和"空间"(外存或内存)好比天生的一对"矛盾体"。有时为了提升系统的检索性能、节省数据的查询时间，数据库开发人员不得不考虑使用冗余数据，不得不浪费一些存储空间；有时为了节省存储空间、避免数据冗余，又不得不考虑牺牲一点时间。这就要求数据库开发人员保持良好的数据库设计习惯，根据系统网络、硬件、软件等环境选择一种更为合适的方案，维持"时间"和"空间"之间的平衡关系。

3) 设计用户外模式

外模式，也叫子模式，是用户可直接访问的数据模式。在同一系统，不同用户可有不同的外模式。外模式来自逻辑模式，但在结构和形式上可以不同于逻辑模式，所以它不是逻辑模式的简单子集。通过外模式对逻辑模式变化的屏蔽，为应用程序提供了一定的逻辑独立性，可以更好地适应不同用户对数据的需求，为用户划定了访问数据的范围，有利于保证数据的安全性等。

目前，大多数关系数据库管理系统(RDBMS)都提供了视图的功能。利用这一功能设计更符合局部用户需要的视图，再加上与局部用户有关的基本表，就构成了用户的外模式。在设计外模式时，可参照局部 E-R 模式，因为 E-R 模式本来就是用户对数据需求的反映。

4. 物理结构设计

物理结构设计是逻辑模型在计算机中的具体实现过程。物理设计的主要任务就是根据 DBMS 提供的各种手段，为给定的逻辑模式选择合适的存储结构和存取路径，以提高数据库访问速度，并有效利用存储空间。简单地讲，物理设计就是设计数据库的内模式。内模式和逻辑模式不一样，它不直接面向用户，一般的用户不一定，也不需要了解内模式的设计细节，内模式的设计可以不考虑用户理解的方便。数据库设计各种模式之间的关系如图 3-6 所示。

在物理设计过程中需考虑的因素很多，包括时间和空间效率、维护代价和用户的要求等，对这些因素进行权衡后，在具体的 DBMS 系统下，对设计出的多个物理设计方案进行评价，并从中选择较好的物理结构设计。如果该结构设计不符合用户需求，则需要修改设计。往往需要经过反复测试才能优化物理设计，最终满足用户需求。

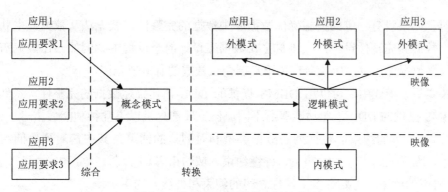

图 3-6　数据库各种模式之间的关系

在确定数据库的物理结构之前，设计人员必须详细了解所定 DBMS 的功能和特点，熟悉 DBMS 所提供的物理环境和应用环境，了解所设计的应用系统中各部分的重要程度、处理频率、对响应时间的要求，并把它们作为物理设计过程中平衡时间和空间效率的依据。经过对这些问题的全面了解，才可以进行物理结构的设计，一般包括存储结构设计、存取方法设计、存储位置设计、系统配置设计等内容。

随着数据库技术的不断发展和完善，现有关系数据库已大量屏蔽了内部物理结构，物理结构设计的大部分工作主要由 DBMS 自动实现，实际留给用户参与物理设计的余地并不多，因此，本节不再对相关内容进行讨论。

5. 数据库实施

在评价确认数据库设计之后，系统开发人员就要使用 DBMS 所提供的数据定义语言和程序来实现数据库系统。数据库实施(或实现)是指根据数据库的逻辑设计和物理设计的结果，在计算机系统上建立实际的数据库结构、装入数据、进行测试和试运行的过程。数据库实施主要包括以下工作。

1) 建立数据库结构

根据逻辑和物理设计结果，利用 DBMS 提供的数据定义语言(DDL)或图形化用户界面，在具体计算机上创建生成实际的数据库模式结构，主要包含以下内容。

(1) 数据库模式与子模式以及数据库空间的描述。模式与子模式的描述主要是对表和视图的定义，其中应包括索引的定义。索引在具体的 DBMS 中有聚簇与非聚簇、压缩与非压缩之分。

使用不同的 DBMS，对数据库空间描述的差别较大。例如，在 Oracle 系统中，数据库逻辑结果的描述包括表空间(Tablespace)、段(Segment)、区间(Extent)和数据块(Data Block)。DBA 或设计人员通过对数据库空间的管理和分配，可控制数据库中数据的磁盘分配，将确定的空间份额分配给数据库用户，控制数据的适用性，并将数据存储在多个设备上，以提高数据库性能等。而在 Microsoft SQL Server 中，数据库空间描述则简单得多，可以只定义数据库的大小、自动增长的比例以及数据库文件的存放位置。

(2) 数据库完整性描述。数据的完整性，指数据的有效性、正确性和一致性。在数据

库设计时，如果没有一定的措施确保数据库中数据的完整性，就无法从数据库中获得可信的数据。数据的完整性设计，应该贯穿在数据库设计的全过程中。例如，在数据需求分析阶段，收集数据信息时，应该向有关用户调查该数据的有效值范围。

在模式与子模式中，可以用 DBMS 提供的 DDL 语句描述数据的完整性。虽然每一种商业 DBMS 提供的 DDL 语句功能有所不同，但一般都提供以下几种功能。

① 对表中列的约束，包括列的数据类型和对列值的约束。其中，对列值的约束又有非空约束、唯一性约束、主键约束、外键约束、域约束等。

② 对表的约束，主要有多个属性之间的约束和外键的约束。

③ 多个表之间的数据一致性，主要是外部码的定义。现在有些商业 DBMS 产品提供了用来设计表间 1 对 1、1 对多关系的图表工具，如 Access 的 Edit Relationships 和 Microsoft SQL Server 的 Diagram 数据库组件、VFP 的数据库设计器等。

(3) 对复杂的业务规则的约束。一些简单的业务规则可以定义在列和表的约束中，但对于复杂的业务规则，不同的 DBMS 有不同的处理方法。对数据库设计人员来说，可以采用以下几种方法。

① 利用 DBMS 提供的触发器等工具，定义在数据库结构中。触发器是一个当预定事件在数据库中发生时，可被系统自动调用的 SQL 程序段。比如在学校学生成绩管理数据库中，如果一个学生退学，删除该学生记录时，应同时删除该学生在选课表中的记录，这时可以在学生表上定义一删除触发器来实现这一规则。

② 写入设计说明书，提示编程人员以代码的形式在应用程序中加以控制。在多数情况下，应尽可能让 DBMS 实现业务规则，因为 DBMS 对定义的规则只需编码一次。如果由应用程序实现，则应用程序的每一次应用都需编码，这将影响系统的运行效率，还可能存在施加规则的不一致性。

③ 写入用户使用手册，由用户来执行。如果由用户在操作时控制，是最不可靠的。

(4) 数据库安全性描述。使用数据库系统的目的之一，就是实现数据的共享。因此，应从数据库设计的角度确保数据库的安全性；否则，需要较高保密度的部门将会不愿意纳入数据库系统。数据安全性设计同数据完整性设计一样，也应在数据库设计的各个阶段加以考虑。

在设计数据库逻辑结构时，对于保密级别高的数据，可以单独进行设计。子模式是实现安全性要求的一个重要手段，可以为不同的应用设计不同的子模式。在数据操纵上，系统可以对用户的数据操纵进行两方面的控制：一是给合法用户授权，目前主要有身份验证和口令识别；二是给合法用户不同的存取权限。

(5) 数据库物理存储参数描述。物理存储参数因 DBMS 的不同而不同。一般可设置块大小、页面大小(字节数或块数)、数据库的页面数、缓冲区个数、缓冲区大小、用户数等参数。详细内容请参考各 DBMS 的用户手册。

2) 组织数据加载入库

在一般数据库系统中，数据量都很大，而且数据来源于不同单位或部门，数据的组织方式、结构和格式与新设计的数据库系统可能具有一定的差异。组织数据加载入库就是将各类源数据从各个局部应用中抽取出来，输入计算机，再分类转换，最后综合成新设计的数据库结构的形式，输入数据库。这样的数据转换、组织入库通常是一项相当费力费时的工作。

由于不同的应用环境差异很大，不可能有通用的转换器，DBMS 产品也不提供通用的转换工具，为提高数据输入工作的效率和质量，应该针对具体的应用环境设计一个数据录入子系统，由计算机来完成数据入库的任务。

由于要入库的数据在原系统中的格式结构与新系统中的不完全一样，有的差别可能比较大，不仅向计算机输入数据时会发生错误，而且在转换过程中也有可能出错。因此，在源数据入库之前要采用多种方法对其进行检查，以防止不正确的数据入库，这部分的工作在整个数据输入子系统中是非常重要的。

3) 应用程序编码调试

数据库应用程序的设计应该与数据库设计同时进行。当数据库结构建好之后，就可以开始编制与调试数据库的应用程序。由于数据入库尚未完成，调试应用程序可先使用模拟数据。

从理论上而言，任何程序设计语言都能作为数据库系统的程序设计语言，甚至对于一个数据库系统可采用多种语言以实现不同的功能。但因为各个语言特点不同，其适用范围也有所不同，其语言的选用就应针对数据库项目的具体要求而定。为了加快应用系统的开发速度，一般选择第四代语言开发环境，如 PowerBuilder、SQL Windows 等。在程序设计编写时，可利用自动生成技术和软件复用技术来帮助编写程序和文档。

这一阶段还要实际运行数据库应用程序，执行对数据库的各种操作，测试应用程序的功能是否满足设计要求。如果不满足，则要对应用程序进行修改、调整，直到达到设计要求为止。

4) 数据库试运行

在应用程序调试完成，并且已有一小部分数据入库后，就可以开始数据库的试运行。数据库试运行又称联合调试，其主要工作包括功能测试和性能测试。功能测试要实际运行应用程序，执行对数据库的各种操作，测试应用程序的各种功能；性能测试则要测量系统的性能指标，分析是否符合设计目标。

在数据库试运行过程中要实际测量系统的各种性能指标，如果试运行结果不符合设计目标，就需要返回物理设计阶段，调整物理结构，修改参数；有时甚至需要返回逻辑设计阶段，调整逻辑结构。在实际试运行阶段需要注意以下两点。

(1) 由于数据入库的工作量太大，费时又费力，如果试运行后需要修改物理结构甚至逻辑结构，会导致数据要重新入库。因此，应分期分批地组织数据入库，先输入小批量数据供调试使用，待试运行基本合格后，再大批量输入数据，逐步增加数据量，逐步完成运行评价。

(2) 在数据库试运行阶段，系统还不稳定，硬、软件故障随时都有可能发生，系统的操作人员对新系统还不熟悉，误操作也不可避免。因此，必须首先调试运行 DBMS 的恢复功能，做好数据库的转储和恢复工作。一旦发生故障，能将数据库尽快恢复，尽量减少对数据库的破坏。

6. 数据库运行与维护

数据库试运行结果符合设计目标后，数据库就可以真正投入运行。数据库投入运行标志着开发任务的基本完成和维护工作的开始。对数据库设计进行评价、调整、修改等维护工作是一个长期的任务，也是设计工作逐步提高和完善所要求的。在数据库运行阶段，对数据库经常性的维护工作一般由数据库系统管理员承担，主要包括以下内容。

1) 备份和恢复

备份和恢复是指数据库管理员要针对不同的应用要求制订不同的备份计划，定期对数据库和日志文件进行备份。一旦发生故障，能够及时地利用数据库备份及日志文件备份，将数据库恢复到尽可能正确的状态，以减少对数据库造成的损失。

2) 安全性、完整性控制

数据库管理员必须根据用户的实际需要授予不同的操作权限，当系统的应用环境发生变化时，对安全性的要求也随之改变。数据库管理员需要根据实际情况修改原有的安全性控制。同样，由于应用环境的变化，数据库的完整性约束条件也会变化，同样需要数据库管理员能够不断修正，以满足用户要求。

3) 监督、分析和改进数据库性能

在数据库运行过程中，数据库管理员必须监督系统运行，对监测数据进行分析，找出改进系统性能的方法。数据库管理员可以利用数据库管理系统提供的监测工具，获取系统运行过程中的性能参数，通过对这些数据的统计和分析，确定当前系统是否处于最佳运行状态。如果状态不佳，则通过调整某些参数来进一步改进和完善数据库性能。

4) 数据库的重组、重构

在数据库运行一段时间后，存储的数据必将改变。记录的增加、删除、修改等操作都会使数据库的物理存储情况发生变化，从而影响数据的存取效率，使数据库的性能下降。所以，数据库管理员应该制订周期性的重新组织计划，重新安排和整理数据的存储结构，从而保证数据的存储效率和存取性能。

数据库的重组是指在不改变数据库逻辑和物理结构的情况下，删除数据库存储文件中的废弃空间以及碎片空间中的指针链，使数据库记录在物理上紧连。大多 DBMS 都提供固有的重组功能。为了节省空间，有的 DBMS 每做一次删除操作后就进行自动重组，这会影响系统的运行速度。常用的方法是在后台或所有用户离线以后(例如夜间)进行系统重组。

数据库的重构是指当数据库的逻辑结构不能满足当前数据处理的要求时，对数据库模式和内模式进行的修改。由于数据库重构的困难性和复杂性，对数据库的重构一般都在迫不得已的情况下进行。例如，应用需求发生了变化，需要增加新的应用、实体或者取消某些应用、实体；表的增删、表中数据项的增删、数据项类型的变化；等等。

重构数据库后，还需要修改相应的应用程序。重构只能对部分数据库结构进行，一旦应用需求变化太大，就需要对全部数据库结构进行重构，说明该数据库系统的生命周期已经结束，需要设计新的数据库应用系统。

3.2　Geodatabase 设计

Geodatabase 设计与传统关系数据库设计基本一样，这是因为 Geodatabase 实质上就是关系数据库的一个特例，只是针对地理空间数据引入了一些专门的表达与建模元素。但 Geodatabase 设计又相对比较复杂、烦琐，因为 Geodatabase 设计涉及更多的数据类型、表达方式、关系约束和元素选择。

3.2.1　Geodatabase 设计原则

由于要同时考虑空间数据与属性数据，Geodatabase 设计更是一项复杂、烦琐、费时、精细的工作。为了使设计变得容易并促进设计成功，这里给出设计的一些基本原则或建议。

(1) 发挥用户的能动性。通过对设计过程做出贡献，用户将意识到自己的责任，同时设计者将获得对于 Geodatabase 设计非常有价值的信息。

(2) 每一时刻实施一个步骤。设计是一个交互的、往复的过程，没有必要一次就创建出一个极为详尽的设计，可根据机构的需求按阶段实施设计。

(3) 建立一个团队。在设计过程中，需要广泛的信息、技能并作出决策。在不同的阶段，团队中要包括各方面的专家。

(4) 设计要有创造性。新工程的开展是一个考察新的技术和新的流程的好机会。如何使 Geodatabase 更好地服务于机构的宗旨和目的，这是一个富有挑战性和创造性的过程，有着巨大的潜力。

(5) 创建可付诸实施的设计。最好把一个大的工程分割成独立的和明确的工作单元。工程阶段性成果汇报应该保证每两个月至少一次，以确保项目能赢得管理层的关注与支持。

(6) 以单位宗旨和目标为中心。设计和实现过程始终要着眼于机构日常工作和用户的实际需求。

(7) 不要过早地添加细节。应当在合适的步骤添加细节，例如，在 Geodatabase 建成之前，不要试图去定义用于要素类的所有验证规则。在工程实施过程中，要有选择地引入实施细节，以使项目设计团队可以进行下一步工作。

(8) 认真地做好文档。环境越是复杂，就越是有必要用文档来表现设计工作。商业图表软件的使用对于表现设计思想非常有用。

(9) 设计要有灵活性。初始的设计并不是最终实施的设计，设计将根据机构的变化、新技术的引进以及工作人员对新技术的熟悉程度进行改进。

(10) 根据模型制订计划。要根据机构事务的轻重缓急有所侧重地创建一个实施计划。例如，要创建新的数据集，则先要建立数据管理应用程序。

3.2.2　Geodatabase 设计步骤

Geodatabase 具有高度的智能性，可根据所设计的逻辑结构自动为其选择合适的物理结构。因此，设计人员一般不需进行过多的物理设计，只需重点进行需求分析、概念设计和逻辑设计。根据 Geodatabase 及空间数据特点，Michael(2004)将这三个步骤详细划分为建立用户数据视图、定义实体和联系、选择地理表达方式、匹配转换为 Geodatabase 元素和优化组织形成 Geodatabase 五个步骤。其中，前三步形成概念模型，后两步形成逻辑模型。

1. 建立用户数据视图

该步骤相当于传统数据库设计的需求分析，目标是确保在设计团队和应用机构之间达成数据库设计与建设共识。在本步骤中将完成确认设计目标及职责、确认机构的职能、确认机构行使职能所需数据、对数据进行分组、制订初步实施计划等任务。

1) 确认机构职能

一个机构为实现其自身的宗旨而履行其业务职能，这些职能是数据库设计的起点。GIS 设计更多地依赖于机构的业务职能而不是业务部门，因为职能比部门更稳定。这也就是说，今年由一个部门负责的职能可能明年要由另一个部门实行。

除用户本身外，文档和地图是反映机构职能的直接信息源，应查找一般出版物、战略规划和信息系统规划等资料。对每一个确认的职能，要给出关于这一职能的行为的大致描述。

2) 明确数据来源

一旦厘清了机构的职能，我们应确定支持履行这些职能的数据、数据类型与数据来源。确定各个职能进行数据处理时是"创建"新的数据，还是只简单地"使用"数据。数据通常可分为两种类型，即专业领域的兴趣数据和背景数据。其中，兴趣数据应当被详细分析建模。

通过检查与其他职能以及外部用户的交互，我们可以分析每一个职能的范围。通常来说，从某个职能中流出的数据是由该职能创建的。这表明职能范围的分析可用于界定数据定义、数据采集、数据存储和数据分发。

虽然从外部接收的数据可能在内部进行存储和管理，但流入某一职能的数据通常是另一项职能的职责。信息交换有多种形式，包括数据、指导方针、请求和响应等。

3) 将数据组织成逻辑组

根据应用机构涉及的数据类型清单，确定一种适度的数据分组，如"居民地""水系""道路""土地"等。每一个分组都由一项职能来完成，或者是接收信息，或者是传送信息。每一个分组都应当有公共的坐标系统、相同的拓扑类型(网络、平面拓扑或没有拓扑)，并且通常各组之间要进行交互。

2. 定义实体和联系

该步骤相当于传统数据库的概念设计，是在上述步骤所确定的职能、数据及关系的大致分类基础上，进一步分析确定实体及其联系，并采用一定的方式加以表达。

1) 确定实体和联系

根据机构职能描述或其他业务解释语句，可确定实体和联系。其中，名称趋向于成为实体，动词趋向于成为实体间的联系。例如，"阀门控制煤气气流"，这个语句描述了一个实体；"煤气设备与一个或多个煤气管道相连"，这个语句描述了实体之间的结构关系。

2) 表述实体和联系

ESRI 推荐使用 UML(Unified Modeling Language，统一或标准建模语言)来表示实体和联系。UML 是一种图形表示方法，而不是一种设计方法。在 UML 图中用方框表示实体，用带箭头的线表示联系。UML 图将方便与该领域的专家进行讨论，来提高模型精确度。相对于 E-R 图，UML 图用途更广、语义表达能力更强，而且不仅仅局限于概念设计，适用于系统开发的多个阶段。

3. 选择地理表达方式

该步骤是概念设计中为准确描述实体空间特性而增加的步骤，主要任务是确定实体的地理(或空间)表达方式。有一些实体需要同时用几何图形和文字属性信息来表示，有一些实体只需用文字或数字信息来表示，还有一些实体可用影像、照片或图片来表示。为此，必须考虑以下因素来最终确定实体的表达方式。

(1) 实体是否可以或需要在地图上表示出来。

(2) 在进行地理分析时，实体的形状是否有意义。

(3) 实体是否可以通过与其他实体的关系来获得可视化的数据。

(4) 实体是否需在不同的地图比例尺下有不同的表达方式。

(5) 实体的文字属性是否需要显示在屏幕或地图上。

通过考虑以上因素后，可用以下名词表示实体的不同表达类型。

(1) 点：在设定比例尺上因形状太小以至于不能用线或面绘出的实体。

(2) 线：在设定比例尺上因形状太窄以至于不能用面绘出的长形实体。

(3) 面：在设定比例尺上有长度和宽度的实体。

(4) 文本：需要加以显示的文字标注实体。

(5) 对象：不具有位置和几何图形信息的非空间实体。

(6) 栅格：用一组像元描述的连续实体(区域)，用于分析。

(7) 图片：不参与分析的栅格。

(8) 表面：在其范围内的每个点都具有值的连续实体，如河谷。具体可使用等值线、点的阵列、TIN 和栅格等形式加以表示。

4. 匹配转换为 Geodatabase 元素

本步骤的目标是确定数据在 Geodatabase 的表达形式，对于在前述步骤中确定的实体及其联系，根据表达方式、含义的不同，为其分派与之相对应的 Geodatabase 元素。至此，设计的焦点已从理解用户需求转移到发展一个快速有效的(efficient and effective)数据库模式(database schema)，它要求设计人员既能理解分析 Geodatabase 数据模型及其性能，又能灵活运用其他数据管理技术。

1) 实体转换规则

对于各种实体，可采用以下规则将其转换为 Geodatabase 的要素类、栅格数据集、表等元素。

(1) 点实体：对于不相连的独立点，如历史纪念碑，转换为点要素类；对于连接点，如道路交叉口，转换为简单接合点(Junction)要素类；对于有内在拓扑的连接点，如自来水厂，转换为复杂接合点(Junction)要素类。

(2) 线实体：对于单独的线，如栅栏，转换为线要素类；对于加入到路网系统中的线性实体，转换为简单边要素类；对于有多处连接点的线性实体，如公用设施管道，转换为复杂边要素类。

(3) 面实体：对于单独的面，如公园，转换为多边形要素类；对于空间连续填充的(Space-filling)面，如土地利用/覆盖，转换为多边形要素类，再添加平面拓扑。

(4) 影像实体：包括像片、扫描地图、卫星影像以及其他类型的应用，转换为栅格数据集。

(5) 表面实体：如果表面细节重要，转换为 Terrain；如果表面覆盖区域面积较大，或者为了利用已有的数字高程模型，转换为栅格数据集。

(6) 对象实体：对象用于表示那些没有直接的地理表达方式，但与地理要素相关的实体，则转换为表。

(7) 文本实体：转换为注记要素类。

2) 联系转换规则

对于实体之间的联系，可采用以下规则将其转换为 Geodatabase 的关系类、拓扑、几何网络、网络数据集等。

(1) 对于一般联系，通常将其转换为关系类，转换前需先定义参与表的主键或外键。一般联系是实体间的一种比较广泛的语义联系，它反映实体之间的内在逻辑关联，主要有三种：存在性联系，如学校有教师、所有者拥有宗地、宗地上有建筑物等；功能性联系，如建筑公司承建房屋、宿管员管理宿舍、教师授课等；事件性联系，如房东出租房屋、学生借书、学生打网球等。

(2) 对于空间联系，如包含、邻接、重叠、相交等，可以将其转换为拓扑以方便后期对这种联系的检查与修改，也可以不作处理在后期使用中动态计算这种联系。空间联系主要存在于两个要素类之间。

(3) 对于网络联系，如连通、相接等，可根据需要将其转换为几何网络、网络数据集，以支持后期的网络分析。

3) 属性转换规则

对于实体及联系的属性，可将其转换为相应要素类、表、关系类中的字段，并根据需要为其分配合适的数据类型及属性域。其中，数据类型主要包含短整型、长整型、浮点型、双精度、文本、日期、BLOB、Raster 等类型，属性域有编码域和范围域两种。

5. 优化组织形成 Geodatabase

本步骤的目标是对前一步的设计结果进行优化调整，并组织形成 Geodatabase 的最终模式结构，主要包括以下工作。

1) 合并数据集

一般而言，数据集的数量越少，Geodatabase 的性能越高。为此，最好依据以下规则对要素类、表或栅格数据集进行合并。

(1) 将含义相近的多个要素类或表，如办公楼、宿舍楼、教学楼，专科生、本科生等，合并为一个要素类或表，并通过定义子类型区分不同的要素或对象。

(2) 将含义相近的多个栅格数据集，如不同时期的栅格数据序列、不同区域的栅格数据，合并为栅格目录或镶嵌数据集，并添加相应字段扩展栅格数据集的相应信息内容。

当然，数据集合并也存在例外。当多个含义相近的要素类或表具有不同的自定义行为、不同的属性字段设置、不同的访问权限、不同的版本管理方式时，则不能对其进行合并。

2) 分配要素数据集

根据 Geodatabase 语法要求，对于参与拓扑、几何网络、网络数据集的要素类，必须为其指派相同的要素数据集，使它们具有一个公共的空间参考系统。另外，也可以为一些相关的简单要素类指派相同的要素数据集，此时，要素数据集相当于一个容器，可使 Geodatabase 模式结构更清晰。

3) 组织形成 Geodatabase

根据上述设计结果，一般情况下可在单个 Geodatabase 中组织生成相应完整的模式结构。但有时则需根据不同情况，选择相应的要素数据集、要素类、表、关系类等元素，在多个 Geodatabase 中组织生成相应的模式结构。例如，一个大的机构，不同的部门负责不同的数据集，则可以按照机构的组织结构组织配置多个相应的 Geodatabase，并且每个 Geodatabase 可自由选用 SQL Sever、Oracle 等不同的商用关系数据库，整体形成一个分布式系统；如果使用的是个人版 Geodatabase，限于数据处理的实际能力，则需要按专题或空间进行划分组织形成多个 Geodatabase。

3.3 Geodatabase 实施

Geodatabase 实施主要是运用 ArcGIS Desktop 系统的 ArcMap 或 ArcCatalog 模块提供的相关功能，根据文档或图纸描述的设计结果，在计算机系统上建立实际的数据库模式结构、装入数据并进行测试和试运行的过程。

3.3.1 模式结构创建

ArcMap 或 ArcCatalog 提供了人工手动、现有模式导入、CASE 工具辅助三种方式创建实际的 Geodatabase 模式结构。其中，人工手动方式要求低，但人机交互频繁，效率低，易出错；现有模式导入方式可利用现有数据模式结构信息，效率有所提高；CASE 工具辅助方式要求设计结果具有严格、规范的表达形式，前期工作量大，支持模式结构的自动创建，效率高，方便设计结果的交流、核对与修改。

1. 人工手动方式

该方式主要包含以下环节和步骤。在实际实施过程中，有些步骤需多次执行，并且没有严格的先后顺序限制。

1) 创建数据库

在 ArcMap 或 ArcCatalog 目录窗口的相应文件夹上，单击右键菜单中的"新建\文件地理数据库"菜单项，自动创建一个名为"新建文件地理数据库"的 Geodatabase，将其修改为符合实际情况的名称。文件地理数据库具有".gbd"的扩展名，它实际上是一个文件夹。(注：也可以单击"新建\个人地理数据库"菜单项，创建个人地理数据库。由于个人地理数据库的处理能力有限，本书主要介绍文件地理数据库。)

2) 定义属性域

在所建数据库上，单击右键菜单中的"属性(I)…"菜单项，弹出"数据库属性"对话框。在对话框的"属性域"选项卡中，根据设计结果定义相应的属性域，以备在不同要素类或表的相应字段上使用。

3) 创建要素类或表

在所建数据库上，单击右键菜单中的"新建\要素类"或"新建\表"菜单项，弹出"新建要素类"或"新建表"向导对话框。根据设计结果，在向导对话框中依次输入、选择、设置要素类或表的相应参数，完成要素类或表的创建。

4) 创建要素数据集

在所建数据库上，单击右键菜单中的"新建\要素数据集"菜单项，弹出"新建要素数据集"向导对话框。根据设计结果，在向导对话框中依次输入、选择、设置要素数据集的相应参数，完成要素数据集的创建。在所建要素数据集上，单击右键菜单中的"新建\要素类"菜单项，可在该要素数据集中进一步创建要素类。

5) 创建拓扑、几何网络、网络数据集

在所建要素数据集上，单击右键菜单中的"新建\拓扑""新建\几何网络""新建\网络数据集"菜单项，分别出现相应的向导对话框。根据设计结果，在向导对话框中依次输入、选择、设置相应的参数，完成拓扑、几何网络、网络数据集的创建。在其上单击右键菜单中的"属性(I)…"菜单项，在弹出的相应对话框中，完成相关参数的进一步设置。

6) 创建关系类

在所建数据库或要素数据集上，单击右键菜单中的"新建\关系类"菜单项，弹出"新建关系类"向导对话框。根据设计结果，在向导对话框中依次输入、选择、设置关系类的相应参数，完成关系类的创建。在所建关系类上，单击右键菜单中的"属性(I)…"菜单项，在弹出的属性对话框中，进一步完成"关系规则"等相关参数设置。

7) 创建栅格数据集、栅格目录、栅格数据集

在所建数据库上，单击右键菜单中的"新建\栅格数据集""新建\栅格目录""新建\镶嵌数据集"菜单项，分别弹出相应的向导对话框。根据设计结果，在向导对话框中依次输入、选择、设置相应的参数，完成相应元素的创建。为方便后期的数据加载，一般不直接手动创建栅格数据集，而是采用现有模式导入方式。

2. 现有模式导入方式

如果设计时，已有相关的数据文件，如 Shape 文件、Coverage 文件、INFO 表、dBASE 表、Excel 表、栅格数据集、栅格目录等，可直接将这些数据及其模式导入到地理数据库中，具体有以下两种方式：

(1) 在所建数据库上，单击右键菜单中的"导入\要素类(单个)…""导入\要素类(多个)…""导入\表(单个)…""导入\表(多个)…""导入\栅格数据集…"菜单项，可将单个或多个外面数据文件导入转换为 Geodatabase 的要素类、表或栅格数据集。

(2) 在所建要素数据集上，单击右键菜单中的"导入\要素类(单个)…""导入\要素类(多个)…"菜单项，可将单个或多个外部矢量空间数据集导入转换为所选要素数据集内的要素类。需要说明的是，拟导入的数据集与所选要素数据集必须具有相同的空间参考系统。

上述方式只能导入创建部分 Geodatabase 元素，导入后还需要修改调整要素类、表的属性字段。在使用单个表、单个要素类导入工具时，也可根据需要在导入前，通过设置字段映射(如图 3-7 所示)，在源数据表基础上以重命名、改类型、合并、筛选等方式派生导入符合要求的新模式及新数据，此时并不改变源数据表的结构和内容。

除上述先选定数据库或要素数据集、后导入外部数据的方式外，也可通过先选外部数据源、后导出至所建数据库的方式创建数据库模式，二者参数设置基本相同，在此不再赘述。

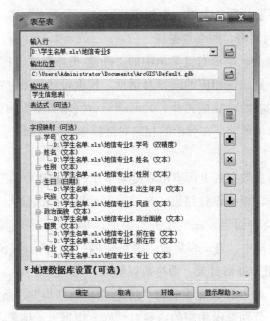

图 3-7　单个表导入工具及字段映射设置示例

3. CASE 工具辅助方式

为方便数据库的设计与创建，ESRI 公司开发了两个 CASE 工具，一个称为 CaseTools，另一个称为 Diagrammer。

1) CaseTools

CaseTools 是基于 UML 的 Geodatabase 辅助设计工具，它需要设计者在 Visio 或 Rose 软件中将设计结果表示为 UML 图的形式，然后将其导入到指定数据库中。下面以 Visio 软件为例，说明创建 Geodatabase 模式的基本过程。

(1) 首先安装 Visio 软件和 CaseTools(该工具包含在 ArcGIS Desktop 安装文件包内，默认情况下没有安装)。

(2) 利用 Visio 打开"…\ArcGIS\Desktop\Casetools\Uml Models"目录中的相应模板，根据 Geodatabase 设计结果，绘制 UML 图，确认 UML 图完整、无误后，将其导出转换为 XMI 文件。

(3) 右键单击 ArcCatalog 工具栏的空白处，在出现的右键上下文菜单中，选中"CASE Tools"菜单项，在系统界面中显示 CASE 工具栏。

(4) 在 ArcCatalog 目录树窗口中选中已建的相应 Geodatabase，单击 CASE 工具栏上的"Schema Generation Wizard"按钮，弹出"Schema Wizard"对话框。根据该对话框提示，选择已导出的 XMI 文件，多次单击"Next"按钮，直至单击"Finish"后，完成根据 XMI 文件自动创建 GDB 模式结构的过程。

有关在 Visio、Rose 软件中绘制 UML 图的方法与步骤，请参阅 ESRI 公司提供的"Introduction to ArcGIS CASETools for Desktop""Designing Geodatabases with Visio"

"Designing Geodatabases with Rational Rose"等帮助文档，这里不再叙述。基于 Visio 或 Rose 工具的 Geodatabase 设计过程烦琐，对象创建及操作也不太方便。为此，ESRI 公司研发了另一个辅助设计工具——Diagrammer。

2) Diagrammer

Diagrammer 是 GIS 专业人员用来以可编辑图形形式创建、编辑、分析地理数据库结构的工具。实际上，ArcGIS Diagrammer 也是一个 ESRI XML 工作空间文档的可视化编辑器，使用 ArcCatalog 或 ArcMap 提供的相应工具，可将这些文档导入或导出到地理数据库中。ArcGIS Diagrammer 是一款免费软件工具，可从 ESRI 公司网站上搜索下载不同版本的安装文件包，版本号必须与本地计算机上的 ArcGIS Desktop 一致才能安装使用。

ArcGIS Diagrammer 直接列出了所支持的对象，可通过拖拉及属性窗口快捷创建对象并输入相应设置参数，不需要添加额外的标记来制定。该软件具有预览界面，可以实时刷新预览所创建的对象，表现直观，对象一目了然，操作简单方便，还支持逆向工程。

利用 ArcGIS Diagrammer 创建 Geodatabase 模式，主要包含以下步骤：

(1) 新建一个 ArcGIS Diagrammer 文档。

(2) 根据设计结果，逐个添加要素类、表、栅格数据集等相应元素，设置名称、类型等参数，并通过拖曳连线建立对象之间的联系。

(3) 执行验证操作，发现并纠正所存在的错误。

(4) 确认内容完整无误后，将文档导出(Publish)为 XML 工作空间文档。

(5) 在 ArcMap 或 ArcCatalog 目录窗口中，选择已创建的数据库，单击右键菜单中的"导入 XML 工作空间文档"菜单项，选择已导出的 XML 文档文件，以创建或补充所建数据库的结构。

有关 ArcGIS Diagrammer 的详细使用说明，请参阅"ESRI ArcGIS Diagrammer User Guide"帮助文档，这里不再叙述。

3.3.2　数据批量加载入库

数据库结构建立好后，就可以向数据库中加载数据了。数据加载入库是数据库实施阶段最主要的工作。在 3.3.1 节的第 2 条，已经介绍了同时加载已有数据及其模式的入库方法，该方法具备模式创建与数据入库的双重功能，但只能在数据库或要素数据集层次上使用，不能很好地适应新建模式结构要求。

为此，ArcGIS 桌面系统中还提供了面向不同数据集的批量加载入库工具以及人工手动编辑入库工具。本节主要介绍数据批量加载入库工具，人工手动编辑入库工具将在第 4 章详细介绍。面向数据集的数据批量加载入库工具主要包括以下几种。

1. 表数据加载工具

在数据库中选定一个表(视为目标表)，单击右键菜单中的"加载\加载数据…"菜单

项，弹出"简单数据加载程序"向导对话框。在该对话框中，设置选择源数据、字段对应关系(见图 3-8)、查询表达式等参数，确认无误后单击"确定"按钮，开始按参数设置要求从源数据表中提取相关数据，并加载到目标表中。

在默认情况下，将按照所设字段对应关系提取加载源数据表的所有记录及相应字段信息。如果只需从源数据表提取部分记录，可通过设置查询表达式，筛选提取满足条件的相应记录。

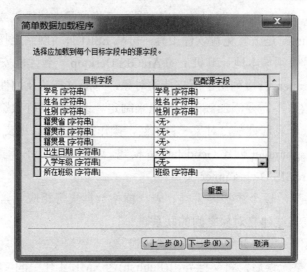

图 3-8　"简单数据加载程序"对话框

2. 要素类数据加载工具

要素类数据加载工具与表数据加载工具操作步骤相同，这里不再赘述。

3. 栅格数据集数据加载工具

在数据库中选定一个栅格数据集(目标数据集)，单击右键菜单中的"加载\加载数据…"菜单项，弹出"镶嵌"对话框。在该对话框中，选择设置源栅格数据、镶嵌运算符等参数，确认无误后单击"确定"按钮，开始按参数设置对所选源栅格数据进行镶嵌拼接处理，并把处理结果加载到目标栅格数据集中。

该工具要求所选的源栅格数据与目标栅格数据集具有相同的特征参数(如波段数，像素深度等)，如果不同则会出现错误提示，不能运行使用。因此，为避免错误发生，通常不采用先创建、后加载的方式，而是采用直接导入的方式在 Geodatabase 中存储管理栅格数据集。

4. 栅格目录数据加载工具

在数据库中选定一个栅格目录(目标栅格目录)，单击右键菜单中的"加载\加载栅格数据集…"菜单项，弹出"栅格数据至地理数据库(批量)"对话框，如图 3-9(a)所示。在该对话框中，选择添加相应的源栅格数据，确认无误后单击"确定"按钮，开始将所选源栅格数据集依次添加到目标栅格目录中，每个源栅格数据集对应一条数据记录，并在记录中自动添加数据集的名称及其空间覆盖区域的面积、周长等信息。

5. 镶嵌数据集数据加载工具

在数据库中选定一个镶嵌数据集(目标数据集)，单击右键菜单中的"添加栅格数据..."菜单项，弹出"添加栅格至镶嵌数据集"对话框，如图 3-9(b)所示。在该对话框中，选择设置栅格类型、栅格数据文件夹、栅格数据集等参数，确认无误后单击"确定"按钮，开始将所选源栅格数据集依次添加到目标数据集中，每个源栅格数据集对应一条数据记录，并在记录中自动添加数据集的名称及其空间覆盖区域的面积、周长等信息。最后，对所添加栅格数据进行镶嵌拼接处理。

(a) 栅格目录数据加载工具

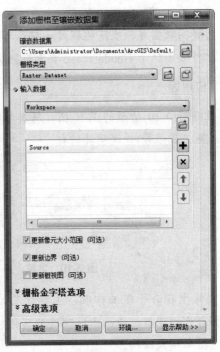

(b) 镶嵌数据集数据加载工具

图 3-9 栅格目录与镶嵌数据集数据加载工具

复习思考题

一、解释题

1. 数据库设计   2. 数据字典   3. E-R 模型   4. 关系规范化   5. 数据库实施

二、填空题

1. 从广义上讲，传统关系数据库设计主要包括_____、_____、_____、_____、_____五个方面的内容。

2. 关系数据库设计方法主要有_____、_____和_____三种。

3. 在 E-R 模型中，实体、联系和多值属性分别用_____、_____和_____表示。

4. Geodatabase 设计主要包括_____、_____、_____、_____和_____五个步骤。

5. 创建定义 Geodatabase 模式结构的方式主要有_____、_____和_____三种。

三、辨析题

1. 作为分析用户需求的常用工具，数据流图用来补充说明数据字典。 （　）

2. 概念模型不依赖于具体的硬件环境和 DBMS。 （　）

3. 根据关系模型法则，表中一个单元格只能取一个值。 （　）

4. 为提高数据库的规范化程度，应尽可能将关系表分解为多个表。 （　）

5. 拓扑必须位于 Geodatabase 要素数据集中。 （　）

四、应用题

1. 根据图 3-10 所示的 E-R 图，将其转换为 Geodatabase 中的相应数据类型(要素类、表、关系类、属性等)并说明其特征。

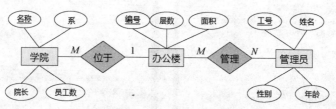

图 3-10　学院、办公楼与管理员 E-R 图

2. 在学生宿舍管理工作中，主要涉及学生、宿管员、班级、宿舍楼、宿舍等多种实体。根据自己的理解，请画出反映这些实体特征及其联系的 E-R 图，并据此设计创建具体的地理数据库模式结构。

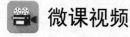 微课视频

扫一扫：获取本章相关微课视频。

系统示例.wmv

第 4 章
数据编辑、检查与处理

  Geodatabase 的建立往往涉及多种不同的数据源，入库的方式也各有不同。但不论哪种数据源，采用何种入库方式，都会或多或少地存在着数据缺失、重复、错误、冲突、过时、变形等问题。因此，为了保证数据库的数据质量，必须进行数据编辑、检查与处理。这是一项必不可少、至关重要的工作，直接关系到后期数据分析及应用的质量。

  如图 4-1 所示，该项工作贯穿于数据入库前与入库后的各个阶段。本章主要讨论利用 ArcMap 编辑、处理与检查已入库数据的相关方法。其中，有些入库数据可以是中间临时数据，派生出 Geodatabase 真正需要的数据后，应将其删除。当然，本章中的有些方法也可在数据入库前使用，应融会贯通、灵活运用。

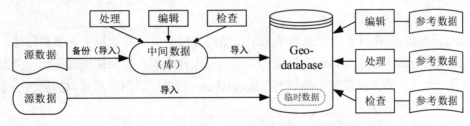

图 4-1　数据编辑、处理、检查基本流程示意

4.1 Geodatabase 数据编辑

Geodatabase 数据编辑是由添加、修改、删除三种基本操作组成的一个交互式数据处理过程，可用于外部数据的采集入库以及入库数据的完善、修正、更新等工作。本节以要素(空间对象)为例，主要介绍 ArcMap 提供的 Geodatabase 矢量数据编辑方法，它同时涉及几何图形以及属性表格两种数据的编辑，其中的一些属性数据编辑方法同样适用于不含几何图形信息的非空间对象。

4.1.1 数据编辑基本流程

ArcMap 可以编辑存储在 shapefile 和地理数据库中的要素数据，也可以编辑各种表格形式的数据。ArcMap 编辑界面主要由如图 4-2 所示"编辑器"工具条，以及通过该工具条打开的多个窗口和对话框组成。用户利用这些工具及窗口进行 Geodatabase 数据编辑，一般应遵循以下基本流程。

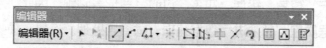

图 4-2 ArcMap 编辑器工具条

1. 准备要编辑的地图

ArcMap 通过地图(文档)来浏览、编辑 Geodatabase 中的数据。在编辑前，应综合考虑多种因素、认真组织准备好要编辑的数据及地图文档，以最大限度地满足数据编辑的基本原则与要求，更好地简化与支持后续操作，确保轻松快捷精准地完成数据编辑任务。准备要编辑的地图主要涉及以下内容。

1) 准备数据框及图层

ArcMap 编辑操作只作用于来自单个工作空间且位于单个数据框中的要素图层。如果要编辑的图层分散于多个数据框，即使都来自同一工作空间，也只能同时编辑一个数据框中的图层。为此，所有需要集中编辑的 Geodatabase 数据应以图层形式添加到同一个数据框中。

工作空间指的是地理数据库或存放 shapefile、Coverage 等空间数据文件的文件夹。数据框是按一定顺序显示的多个地图图层的集合或容器。在数据视图中，显示窗口即为数据框。数据框坐标系统与首次添加的图层坐标系统保持一致。创建地图时，系统会自动生成一个名为"图层"的默认数据框。

在许多地图中，通常仅需要一个数据框。可以通过单击主菜单中的"插入\数据框"菜单项添加更多的数据框。附加的数据框可作为主图的补充，用来组织一幅地图的插图或附图，以提供更加全面的资料，促进对主图内容的理解和分析。例如，显示主图在大区域内的位置与四邻，放大显示重要细部等。

如果地图中含有多个数据框，要编辑一个数据框中的图层，必须将其设为"活动"数据框。在内容列表中先选中该数据框，然后单击右键菜单中的"激活"菜单项，将该数据框转为"活动"数据框，此时其名称用粗体字表示。

在 ArcMap 内容列表窗口中，通过单击右键菜单中的"移除"菜单项，可移除选定的数据框。一幅地图至少要有一个数据框，无法删除地图中的最后一个数据框。

为了后期便于理解和使用要素模板，需要清楚准确地为要编辑数据框中的图层命名。因为在默认情况下，要素模板使用图层名称进行分组。所有图层的坐标系统应一致，并且应与数据框的坐标系统一致。如果图层坐标系统与数据框坐标系统不一致，ArcMap 会将这些图层中的要素(动态)投影至数据框的坐标系。此时，进行编辑可能会发生意外的对齐问题。

2) 准备图层符号系统

要素模板符号基于图层中使用的符号。在首次开始编辑图层(此时 ArcMap 自动创建模板)或者自行创建要素模板之前，应对图层进行相应的符号化设置。"图层属性"对话框中的"符号系统"选项卡(见图 4-3)可用于设置所需的图层符号。在内容列表中，双击相应图层可弹出对应的"图层属性"对话框。如果在创建要素模板后更改图层渲染器(符号)类型，其结果将不会反映到对应的要素模板中。

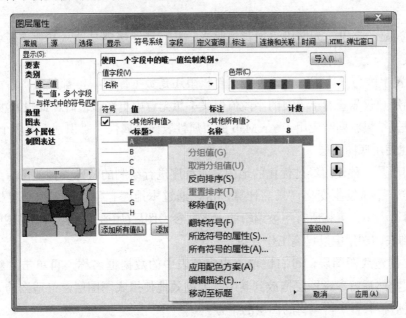

图 4-3 "图层属性"对话框中的"符号系统"选项卡

在创建编辑要素时，图层一般应使用"单个符号"或"唯一值"渲染器。如果使用唯一值符号化，则需要使符号的标注有意义，因为符号标注将成为要素模板的名称。例如，有一个宗地图层使用原始的属性值 AGR、COM、IND、RES 和 UNK 作为类别标注，应将

这些简化的土地利用类型扩展为 Agricultural、Commercial、Industrial、Residential 和 Unknown，这样会减少创建模板后执行的清理工作量，并帮助编辑人员了解正在创建的要素。

3) 简化图层属性字段

属性编辑是数据编辑的重要组成部分。在默认情况下，所有字段都按照在数据源中的原始顺序和名称进行显示。如果字段较多，常常会发生难于阅读、理解和查找的情况。因此，当进行属性编辑时，应事先进行一定的分类整理工作，通过简化属性字段使图层结构更清晰，编辑过程更轻松。这项工作可在"图层属性"对话框中的"字段"选项卡中进行，主要包含以下内容：

(1) 隐藏不编辑的字段。取消选中不编辑的用户字段或者不允许编辑的系统字段，如 ObjectID、Shape、Shape_Length 和 Shape_Area 等。这样操作不会删除这些字段，只是关闭了它们，从而可以更轻松地访问需要的字段。

(2) 更改字段的顺序。将最常用的字段移动到列表的顶部。可在列表中单击该字段，然后将其拖动到理想位置，或单击箭头按钮在列表中对其进行上移或下移。还可以同时选择多个字段并为其重新排序。

(3) 更改字段的别名。用更具描述性且简明易懂的别名替代字段名称。字段别名不必遵循地理数据库命名约定，可以有空格，没有长度限制，能够比源字段名更易于阅读和理解。

(4) 高亮显示字段。为字段添加背景阴影，从而能够更容易地从其他字段中区分、查找这些字段。

(5) 设置字段为只读。即无论拥有文件权限还是数据库权限，都只能查看而无法编辑该字段。当用户仅需查看上下文的字段值但又不想无意中更新该值时，此设置很有用。

上述设置结果将同时应用于 ArcMap 的"属性表""属性""识别"等多个窗口中。

4) 创建使用底图图层

底图图层是一种使用经过优化的地图显示程序进行绘制的特殊类型的图层组。底图图层相对稳定，不常发生变化，只需计算一次，通过本地缓存便可以多次重复快速显示使用。在编辑过程中，可将所有不被编辑的上下文参考图层(如遥感影像、扫描图纸、新测地图等)添加到底图图层中以提高工作效率。

如果要创建底图图层，可右键单击内容列表中的数据框名称，再单击"新建底图图层"菜单项，然后将参考图层拖放到其中。要高效地使用底图图层，最适当的方法就是创建底图图层后将其置于待编辑的图层的下方。

为了确保连续平滑的快速显示刷新性能，底图图层所能执行的操作有一些限制。例如，无法编辑底图图层的图层或更改图层符号系统。如果需要进行编辑或更改图层，则要首先将该图层拖出底图，然后进行更改，最后再将更改后的图层拖回底图图层。

底图组中的图层有时会出现警告或错误图标，提示底层图层存在一些性能或不兼容问题。此时，可在内容列表中右键单击底图图层，然后单击"分析底图图层"菜单项，来生成潜在问题的详细诊断报告，并据此做出解决。拓扑、参与拓扑的要素类、几何网络要素类、CAD 要素类等不能充当底图图层。

2. 启动编辑，选择工作空间

ArcMap 编辑操作需要在编辑会话中进行。在编辑会话期间，可以创建、修改矢量要素或表格属性信息。启动编辑会话有两种方法：一种是单击"编辑器"工具条上"编辑器"菜单中的"开始编辑"菜单项；另一种是单击内容列表中的所选图层右键菜单中的"编辑要素\开始编辑"菜单项。

在启动编辑时，如果要编辑的数据框包含来自多个工作空间的数据，系统会自动弹出"开始编辑"对话框，以便选择要编辑的图层或工作空间。"开始编辑"对话框的顶部将列出活动数据框中的所有图层，而底部则将显示包含这些图层的工作空间。单击某图层或工作空间时，对应工作空间中的所有其他图层也会高亮显示。在选择要编辑的图层和工作空间之后，单击"确定"关闭对话框，则在该工作空间中启动编辑会话，也可双击图层或工作空间以启动编辑会话。

如果要编辑的数据框只有一个文件夹或数据库，将不会弹出"开始编辑"对话框，因为 ArcMap 将直接在该文件夹或数据库上启动编辑会话。如果右键单击内容列表中的某一图层，则会自动在包含该图层的整个工作空间上启动编辑会话，不会出现"开始编辑"对话框。

当在所选数据上启动编辑会话遇到问题时，ArcMap 将弹出一个消息对话框以给出错误(❌)、警告(⚠)与提示(ⓘ)三种类型的消息。

(1) 在出现错误时，用户不可以启动任何编辑会话。只有解决了问题，才能编辑数据。如果没有可编辑的数据源、许可授权方面出现问题(例如，在使用 ArcGIS for Desktop Basic 时尝试编辑某些类型的地理数据库要素)或某些图层存在于底图图层内，就会收到错误消息。

(2) 在出现警告时，用户仍然可以启动编辑会话，但无法编辑地图中的某些项。此时，需要先解决该图层或表所存在的问题，然后才能进行编辑。

(3) 在出现提示时，用户不需要解决问题就可以继续编辑图层或表，但强烈建议先解决相关问题。例如，如果要编辑的数据和数据框使用的是不同的坐标系，则会显示一条提示信息，通知这一情况。虽然可以编辑不同坐标系中的数据，但通常情况下，还是要使准备一起编辑的所有数据都与数据框采用相同的坐标系。否则，在执行某些编辑任务时，可能会产生不可预料的对齐或准确性问题。提示信息主要提供在编辑时如何提高性能的有关建议。

如果开始编辑启动成功，系统会按照当前符号设置自动为所选工作空间的图层创建相应要素模板。

3. 设置其他编辑参数或选项

为了使数据编辑过程中的各种操作更准确、更便捷、更高效，在实施数据编辑时，通常还需要设置捕捉、要素缓存、测量系统与单位等编辑选项。

1) 捕捉

捕捉功能可以创建彼此连接的要素，以使编辑内容更加精确、错误更少。当开启捕捉后，鼠标指针在靠近边、折点和其他几何元素并且位于特定容差范围时，便会跳转或捕捉到这些元素，这样便可以很轻松地根据其他要素的位置定位新要素。捕捉功能不仅可用于编辑会话中，还可用于 ArcGIS 的其他方面。例如，地理配准、"基础工具"工具条上"测量"工具等。捕捉所需的所有设置均位于图 4-4 所示"捕捉"工具条上。

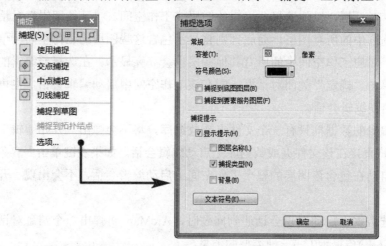

图 4-4 捕捉工具条、菜单及捕捉选项窗口

在默认情况下，捕捉处于启用状态，此时活动的捕捉类型包括点、端点、折点和边。通过"捕捉"工具条可以打开或关闭各个捕捉类型。要完全关闭捕捉功能，请单击"捕捉"菜单，然后移除"使用捕捉"旁边的复选标记。

捕捉是在地图级别进行管理的，只要开启捕捉类型，便可捕捉到任何可见的要素图层，还包括无法编辑的图层类型，如底图图层或 CAD 文件。由于可以捕捉到图层中的任何可见要素，因此，可能需要花一些时间来设置地图。为更高效地使用"捕捉"工具条，可采取关闭不需要的图层、禁用某些捕捉类型、设置图层比例范围等措施。

捕捉工具通过一些视觉提示，如弹出的"捕捉提示"和指针图标，来说明捕捉到的图层及其捕捉类型。每个捕捉类型(折点、边、端点、交点等)都有其自身的反馈方式，与"捕捉"工具条上的图标相匹配。例如，当捕捉到某个折点时光标会变为方形，而当捕捉到某个边时光标会变为一个带有对角线的框。为了区分"捕捉"工具条上的图标，可将指针放到按钮上一小段时间，指针附近会弹出一条说明该按钮名称及功能的文本提示。此提示适用于 ArcGIS 中的所有工具条。

如果要进一步设置捕捉功能选项，可单击工具条上的"捕捉\选项"菜单项，弹出"捕捉选项"窗口。在此窗口，可以像素为单位设置捕捉容差，更改图标的颜色以及"捕捉提示"的内容、字体和颜色。捕捉容差指的是指针与要捕捉到的要素之间的必要距离。在处理影像时，向"捕捉提示"添加背景以在文本后面添加实心填充背景，可使文本更易读取。

除上述捕捉工具条外，ArcMap 还保留了 ArcGIS 9 以及更早版本中使用的捕捉功能——经典捕捉。经典捕捉的相关设置是在如图 4-5 所示的"捕捉环境"窗口中指定的，可以在该窗口中管理各个捕捉类型、图层和优先级。在窗口中选中某些框后，才会执行相应类型的捕捉操作。可通过在列表中向上和向下拖放图层来更改捕捉顺序，首先捕捉到位于列表顶部的图层，然后依次捕捉到列表中位置靠后的其他图层。

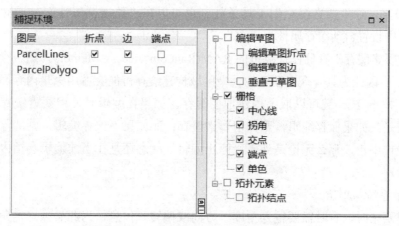

图 4-5　经典捕捉使用的捕捉环境窗口

在默认情况下，经典捕捉功能为关闭状态，并且代之以"捕捉"工具条。与经典捕捉相比，"捕捉"工具条提供了灵活且易于使用的捕捉环境，包含更多的捕捉类型、更多的选项以及更好的反馈。但在某些情况下，经典捕捉却更有效，如处理包含大量叠置图层的复杂地图、利用 ArcScan 进行栅格矢量化时，应通过以下方法将"捕捉"工具条切换到经典"捕捉环境"窗口。

首先，单击"编辑器\选项…"菜单项，弹出"编辑选项"对话框，在该对话框的"常规"选项卡中勾选"使用经典捕捉"；然后，单击"编辑器\捕捉\捕捉窗口…"菜单项，弹出"捕捉环境"窗口。启用经典捕捉后，仅编辑工具使用经典捕捉环境。但地理配准工具、"测量"工具和其他非编辑工具将继续使用"捕捉"工具条上的捕捉设置。

2) 要素缓存

要素缓存(Cache)可以将 ArcMap 当前地图显示中的要素临时存储到本地计算机的内存中。要素缓存仅存储地理数据库中的要素。由于从本地内存中检索要素是一个非常高效的操作，因此，在地图的某个特定区域内进行操作时，通常使用要素缓存来提高性能。这些操作主要包括：编辑、标注和选择要素，绘制较大或复杂的数据集，使用定义查询来绘制要素，为地图上的多个图层检索相同的要素等。当数据源是 ArcSDE 地理数据库时，要素

缓存的优势最为显著。

ArcMap 通过"要素缓存"工具条提供了创建、清空、显示等多种设置要素缓存的工具。可以通过单击"构建要素缓存"按钮()构建要素缓存，也可以使用"自动缓存"功能(⊡)在移动到当前缓存范围之外时自动更新要素缓存。在一系列不同的地理区域内进行操作，且不想为每个区域都重新构建缓存时，自动缓存功能会非常方便。当不了解要缓存区域的确切边界时，自动缓存功能也十分方便。

由于自动缓存可能影响性能，因此应当设置自动缓存的最小比例。当地图缩小超过最小比例，将停止自动创建要素缓存。例如，假设将 1∶50 000 设置为最小比例。当地图放大至 1∶14 500 时，将会自动创建要素缓存，而当地图缩小至 1∶75 000 时，将不会重新构建要素缓存。除"要素缓存"工具条外，也可以在"数据框属性"对话框的"要素缓存"选项卡中设置自动缓存属性。

由于"要素缓存"存储在计算机的 RAM(Random Access Memory，随机存取存储器，也称内存)中，因此为具有众多要素的大型区域构建缓存可能会占用大量内存，并且会花费一些时间。按下 Esc 键可以取消构建地图缓存。如果在编辑时使用要素缓存，"停止编辑"的规则是：如果保存编辑，则保留要素缓存；而如果不保存编辑，则清除要素缓存。如果编辑操作中止，那么无论是处于"停止编辑"状态还是在当前编辑会话内，要素缓存均会被清除。

3) 测量系统与单位

在创建要素时，有时需要输入角度、方向或偏转等信息，为此必须确定角度的方向测量系统及单位。在默认情况下，ArcMap 使用极坐标方向测量系统中的角度测量方法，使用十进制度作为角度测量的默认单位。

根据需要可以在"编辑选项"对话框的"单位"选项卡中，更改 ArcMap 所使用的方向测量系统和单位。当更改方向测量系统和单位时，编辑工具将会以新的系统和单位来识别所有输入。

目前，ArcMap 支持以下四种方向测量系统。

(1) 极坐标角，从 x 轴正方向按逆时针方向进行角度测量。

(2) 北方位角，从北方向开始按顺时针方向进行角度测量。

(3) 南方位角，从南方向开始按顺时针方向进行角度测量。

(4) 象限方位角，以参考子午线(南北方向)为基准方向、以东西方向为目标方向进行角度测量。象限方位角系统中的方位角可以子午线、角度和方向的形式写入。例如，N25W 的方位角表示角度为 25 度、按照从北到西方向进行测量的方位角；S18E 表示角度为 18 度、按照从南到东方向进行测量的方位角。

在选择确定方向测量系统后，可根据需要选择输入角度值所使用的具体单位，共有以下五种形式。

(1) 十进制度，是角度测量的标准单位，其中一度表示圆的 1/360，小于一度的度数以小数形式表示。

(2) 度/分/秒，度的小数部分以分和秒表示。其中，1 分等于 1/60 度，1 秒等于 1/60 分。度/分/秒值的有效输入格式有 dd-mm-ss.ss、dd.mmssss 和 dd^mm'ss.ss"三种形式。

(3) 弧度，属于平面角度测量的国际计量单位制(SI)单位。一个圆的弧度为 2pi，大约为 6.28318。一弧度约等于 57.296 度。角度为一弧度的圆弧长度等于该圆弧的半径。

(4) 百分度，将直角分为 100 等份的角度测量单位。一百分度等于圆的 1/400。

(5) 哥恩，与百分度相同。一哥恩等于圆的 1/400。哥恩这种单位形式主要在德语、瑞典与以及其他北欧语言中使用，在这些语言中，单词 grad 就是度的意思，也常写成 gon、grade、gradian。常用于建筑或土木工程的角度测量。

4. 选择要素模板和构造工具

在 ArcMap 中，要素的创建通常需要要素模板和构造工具的支持。要素模板(简称模板)定义创建要素所需的全部信息，主要包括存储要素的图层(要素类)、创建要素所具有的默认属性以及创建要素所使用的默认工具等内容。另外，模板也具有名称、描述和标签，这有助于对模板进行组织和查找。

要素模板和构造工具组织在图 4-6 所示的"创建要素"窗口中，可通过单击"编辑器"工具条上的"创建要素"按钮(📝)打开该窗口。窗口的顶部面板(左侧)列出地图中的要素模板；窗口的底部面板(右侧)列出所选模板对应的可用构造工具(也称要素创建工具)。构造工具随着所选模板类型的不同而不同。如果线模板处于活动状态，则会显示一组创建线要素的工具。如果注记模被选中，则构造工具将变为可用于创建注记的工具。

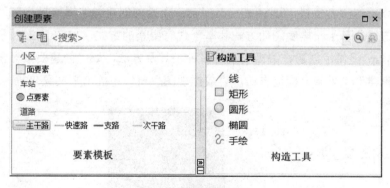

图 4-6　创建要素窗口

一个图层可关联多个模板，其中每个模板都可有不同的默认设置。例如，图 4-6 中的道路图层包含快速路、主干路、次干路和支路四个类别，可以采用四个不同的模板，每个模板可为每种类型的道路设置不同的默认属性。这样，就可以轻松地创建指定类型的道路要素。如果要创建主干路要素，只需单击主干路模板，随后便会以主干路来创建新要素，同时会指定适当的属性并进行符号化。在要素创建结束后，还需添加其他非默认的属性值。如果需要创建的要素具有不同的属性值，即使使用"单个符号"，也可以为该图层创

建多个模板。

为避免混乱，要素模板与图层可见性保持一致。当图层不可见时，要素模板也将自动隐藏。如果要隐藏或仅显示一些模板，可单击"创建要素"窗口左上角的"通过分组和过滤排列模板"按钮(▼)，然后在"过滤依据"菜单中选择设置相应的过滤条件；也可以只搜索显示包含相应输入文本的要素模板。如果要清除过滤器，可单击选中"显示所有模板"菜单项。

要素模板创建有以下两种方式：

(1) 一种是单击"创建要素"窗口上的"组织模板"按钮()，打开"组织要素模板"对话框，然后单击"新建模板"按钮()启动"创建新模板"向导。该向导会逐步引导用户快速完成创建模板过程：首先，选择图层；然后，选择图层中的任一类或所有类生成要素模板。

(2) 另一种是通过复制并粘贴现有模板，然后再更改模板属性的方式创建新模板。该方式无须逐步设置创建模板向导，只需对模板稍微进行更改，但只能用于增加图层要素模板，不能为图层首创模板。

为便于查找使用模板，可删除不需要的要素模板。如果自模板创建以来已经更改了图层的符号渲染设置，较好的办法是删除所有模板，重新创建新模板，以便使模板与当前图层符号系统同步。最好的做法是在实际开始编辑和创建模板之前，花一些时间准备地图及其符号系统。

5. 创建添加与编辑修改要素

根据所依据的参考资料，可将 Geodatabase 要素的创建与编辑概括为三种方式，即基于测量值的方式、基于栅格底图的方式和基于现有要素的方式，如图 4-7 所示。针对这三种方式 ArcMap 提供了创建、编辑要素的多种工具及方法，如"创建要素"窗口中的构造工具，"编辑器"工具条上构造方法，"数据视图"窗口中的上下文菜单等。

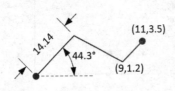

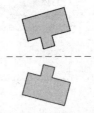

图 4-7　要素创建与编辑方式示意

4.1.2 节将对这些工具与方法进行详细介绍，以帮助编辑人员根据拟创建编辑的要素类型、所依据的参考资料，灵活地从中做出最为适宜、高效的选择。这里先讨论一下依据野外测量值(坐标、距离、角度等)创建、编辑要素时，面临的一个常见问题——距离(或长度)测量值的输入问题。

在 ArcMap 中，距离测量值的报告或输入都使用数据框的地图单位。地图单位是在数

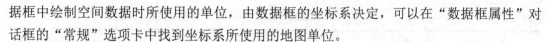
据框中绘制空间数据时所使用的单位，由数据框的坐标系决定，可以在"数据框属性"对话框的"常规"选项卡中找到坐标系所使用的地图单位。

在创建编辑要素过程中，有时需要输入的距离测量值不同于地图单位。如果由编辑人员转换后再输入，会降低编辑效率。为此，ArcMap 提供了在距离输入值后注明单位缩写的自动转换方法。例如，假设数据使用的是美国国家平面坐标系，地图单位为美国测量英尺(ftUS)，而提供的测量值以米为单位。这时只需在测量值的后面输入米的缩写"m"，工具便会对距离进行自动转换。需要说明的是：仅当数据框使用投影坐标系，而非地理坐标系时，单位缩写才会起作用。

6. 保存编辑内容并停止编辑

在选择保存数据之前，编辑内容为临时存储状态，容易因错误异常而丢失。在编辑过程中，应定期将所做更改保存到数据源或数据库，以便在软件发生错误时能够将其恢复。经检查确认编辑无误后，可以结束编辑会话，停止并保存编辑。

保存或停止编辑，需要单击"编辑器"菜单上的"保存编辑内容"或"停止编辑"菜单项。如果有需要保存的编辑内容，停止编辑时会弹出是否保存提示窗口。选择"是"，将保存并停止编辑；选择"否"，将会放弃这些编辑内容并停止编辑。

需要指出的是：ArcMap"文件"主菜单中的"保存""另存为""保存副本"三个菜单项，只用来保存地图文档(*.mxd)，并不能用来保存编辑内容。为避免数据源位置变化引起的图层引用错误，在保存地图之前时，建议先在"地图文档属性"对话框中选中"存储数据源的存储路径名"选项，然后再保存文档。这样只要数据源和地图文档在同一目录位置就不会出现引用错误。单击 ArcMap"文件"主菜单中"地图文档属性…"菜单项可弹出"地图文档属性"对话框。

4.1.2　创建编辑基本要素

ArcMap 支持点、线、面、注记和尺寸 5 种要素的创建与编辑。作为最常见的基本要素，点、线、面创建、编辑方法多且具体过程差异大。因此，本节先着重介绍这 3 种基本要素的创建与编辑，然后在随后的章节中再分别介绍注记要素和尺寸要素的创建与编辑。

1. 创建添加新基本要素

针对点、线、面 3 种基本要素，ArcMap 分别提供了多种创建工具与方法。为方便查找和使用，下面对分散在不同界面元素之中的工具与方法进行逐一介绍。

1) 创建要素窗口中的构造工具

在创建要素窗口中，ArcMap 为点、线、面 3 种基本类型的要素模板，分别提供了 2 种、5 种和 7 种构造工具。由于线和面要素模板之间存在 4 种操作类似的构造工具，因此，概括之后共有 10 种构造工具，其基本信息如表 4-1 所示。

表 4-1　创建要素窗口中的基本构造工具

工具名称	图标	功能简要描述	模板类型
点		通过相应构造方法创建点要素	点
线		通过相应构造方法创建线要素	线
面		通过相应构造方法创建面要素	面
线末端的点		在符合一定要求的临时线端点处创建点	点
矩形		创建矩形线要素或面要素，双击完成	线、面
圆形		创建图形线要素或面要素，双击完成	线、面
椭圆		创建椭圆线要素或面要素，双击完成	线、面
手绘		随鼠标的移动创建线或面，单击完成	线、面
自动完成面		添加与现有边界线闭合的线自动创建面	面
自动完成手绘		手绘与现有边界线闭合的线自动创建面	面

在上述构造工具中，点、线、面、线末端的点、自动完成面 5 种构造工具，还需要选择结合相应的构造方法来完成要素的创建；而矩形、圆形、椭圆、手绘和自动完成手绘 5 种工具，则不需要选择构造方法即可直接用来创建要素，有时需要辅助专用的右键菜单。手绘构造工具是流模式的一个替代选项，该工具在红线标注或设计时很有用。手绘可自动创建平滑的贝塞尔曲线。

2) 编辑器工具条上的构造方法

对于点、线、面、线末端的点、自动完成面 5 种构造工具，编辑器工具条提供了多种相应的构造方法。这些方法主要通过单击参考底图位置或输入测量值的方式来创建点、线、面要素，其基本信息如表 4-2 所示。

表 4-2　编辑器工具条上的构造方法

方法名称	图标	功能简要描述	适用构造工具
直线段		单击创建组成线或面要素的直线段	点之外的四种
端点弧段		单击确定起、止点并输入半径创建弧线段	点之外的四种
追踪		根据所设选项创建与捕捉要素平行的要素	点之外的四种
直角		创建与前一条线段成直角的线段	点之外的四种
中点		在两个点的中点处创建点或折点	点之外的四种
距离-距离		在距其他两点的特定距离处创建点或折点	全部五种
方向-距离		过一点方向和距另一点距离创建点或折点	全部五种
交叉点		在两条线段的交叉点处创建点或折点	全部五种
弧段		通过起点、通过位置和终点创建圆弧段	点之外的四种
正切曲线段		创建与前一段线段相切的圆弧段	点之外的四种
贝塞尔曲线		创建一条平滑的贝塞尔曲线段	点之外的四种
点		单击地图创建点	仅点工具

3) 右键上下文菜单中的构造方法

在使用上述方法创建要素的过程中，可在地图窗口单击右键以弹出相应的上下文菜单。该菜单提供了其他相关的构造方法和辅助工具，以进一步补充、完善工具栏上的构造方法。这些方法和工具的可用性随着所选构造工具及创建阶段的不同而变化，其基本信息如表 4-3 所示。

表 4-3　右键上下文菜单中的构造方法与辅助工具

方法名称	功能简要描述	适用构造工具
方向	在精确的方向或角度上创建直线段(Ctrl+A 组合键)	点之外的 4 种
偏转	以相对于前一线段的角度创建直线段	点之外的 4 种
长度	创建指定长度的直线段(Ctrl+L 组合键)	点之外的 4 种
更改长度	更改所创直线段的长度	点之外的 4 种
绝对 X、Y	根据输入的确切坐标位置创建点或折点(按 F6 键)	全部 5 种
增量 X、Y	以相对于前一点的坐标增量创建折点(Ctrl+D 组合键)	点之外的 4 种
方向/长度	以确定的方向和长度创建直线段(Ctrl+G 组合键)	点之外的 4 种
平行	创建与右键点击捕捉线平行的直线段(Ctrl+P 组合键)	点之外的 4 种
垂直	创建与右键点击捕捉线垂直的直线段(Ctrl+E 组合键)	点之外的 4 种
线段偏转	创建与右键点击线成输入角度的偏转线(按 F7 键)	点之外的 4 种
正切曲线	根据输入参数在前一线段的一侧创建曲线段	点之外的 4 种
流	打开/关闭流方式(按 F8 键)	点之外的 4 种
删除草图	删除已创建的草图(Ctrl+Delete 组合键)	点之外的 4 种
完成草图	完成要素的创建(双击或按 F2 键)	点之外的 4 种
添加直角并完成	添加两条成 90 度的直线段并完成要素创建	点之外的 4 种
完成部分	完成要素一个部分的创建(按住 Shift 键双击)	点之外的 4 种

针对上述列表中的一些方法，下面做进一步的补充说明。

(1) 流模式创建线或面要素。在选中菜单中的"流"或按 F8 键后，将开始以流模式创建线或面要素。随着鼠标在地图上的移动，该模式将以一定的间隔为线或面自动添加折点。在使用流模式之前，应在"编辑选项"对话框的"常规"选项卡中设置"流容差"和"集合点数"两个参数。流容差以地图单位决定点的创建间隔；集合点数限定在单击"撤销"按钮时所删除的最近折点数量。

在流模式下，添加第一个折点后，移动鼠标开始按流容差创建折点。如果单击地图，将暂停流模式，这样可以在其他构造方法(如弧段、平行、长度等)之间进行切换，还可以单击按钮、菜单和其他用户界面元素。再次单击地图可重新开始以流模式来绘制要素的形状。如果要完全退出流模式，应先暂停流模式，然后取消"流"菜单项或按 F8 键。

(2) 多部件要素创建。多部件(Multipart)要素是由多个几何类型相同的部件组成、只引用数据库一组属性的要素。例如，被河流断开的道路、带洞的多边形等都可表达为多部件

要素。这类要素应逐个部件地进行创建，在创建完成一个部件后，应单击"完成部件"(也可按住 Shift 键的同时双击最后一个折点)菜单项以重新开始下一部分的创建；在创建完成最后一部件时，应单击"完成草图"菜单项(也可双击或按 F2 键)。对于带洞多边形的创建，一般应先创建其中的"洞"，最后输入外部的多边形。

对点而言，这类要素被称为多点要素。多点要素存储在特别定义的多点要素类中，通过多点要素可以减少要素类中的记录数量。例如，激光雷达测量数据常采用多点要素组织多个离散的观测点信息。多点要素的创建应先选择多点要素模板及点工具，然后多次单击地图创建组成多点要素的各部件，最后双击完成。

4) 其他界面元素上的构造方法

除上述工具和方法外，ArcMap 在标准工具条、编辑器菜单、高级编辑工具条上也提供了一些构造方法。这些方法主要通过现有要素来创建派生新要素，不需要事先选择要素模板和构造工具，但需要利用编辑器工具条上的"编辑工具"(▸)事先选中现有要素。这些构成方法的基本信息如表 4-4 所示。

表 4-4　其他界面元素上的构造方法

方法名称	图标	功能描述	所在位置
复制/粘贴		复制/粘贴所选要素到同类图层(面可到线)	标准工具条
分割		以指定选项分割所选线要素创建新要素	编辑器菜单
构造点		沿所选线按一定参数创建点要素	编辑器菜单
平行复制		按预定参数平行复制所选线要素到另一图层	编辑器菜单
合并		将线、面图层中的所选要素合并为一个要素	编辑器菜单
缓冲区		以指定半径在所选要素周围创建缓冲线或面	编辑器菜单
联合		将相同几何类型的所选要素创建一个新要素	编辑器菜单
复制要素		复制所选要素到指定位置或矩形框内	高级编辑工具条
拆分		将一个多部分要素分解为多个简单要素	高级编辑工具条
构造面		根据所选线或面创建新的面要素	高级编辑工具条
分割面		用所选线或面分割另一图层中的面	高级编辑工具条
打断相交线		在相交的地方分割所选线并删除重叠部分	高级编辑工具条
镜像要素		复制所选要素到输入线的另一侧	自定义

针对上述列表中的一些方法，下面作进一步的补充说明。

(1) 复制要素。要素的复制直接保证了要素的同一性，也可以避免烦琐的重复绘制工作。可以在同一图层内复制，也可以从其他图层复制。要素可进行原样复制操作，也可以进行平行复制、缓冲区复制、缩放复制、镜面复制等操作。

① 原样复制。"复制/粘贴"可将所选要素复制到另一个图层中，该图层必须与复制要素的源图层具有相同的几何类型，但可以将面复制到线图层中。复制的新要素与原要素在同一位置。如果两个图层具有相同的属性字段设置，则属性也将随几何一同复制和粘

贴。如果使用剪切/粘贴，即使字段设置相同也只传递几何。

②　平行复制。"平行复制"在指定距离处创建所选线的副本，可以选择将新线复制到所选线的左侧、右侧或两侧。例如，可以使用"平行复制"命令来创建与道路边平行的街道中心线，也可以使用"平行复制"来根据街道中心线创建道路的路面边缘线。使用"平行复制"时，需要选择要素模板，该模板指定了将存储新要素的图层以及将应用到要素的默认属性值。

③　缩放复制。"复制要素"通过单击或拖出一个矩形框的方式，将所选要素原样或缩放复制到指定位置或矩形框内。如果目标图层和源图层具有相同的字段，则相同字段的取值也将随几何一同复制和粘贴。

④　镜像复制。"镜像要素"可在所创建的线的另一侧创建所选要素的镜像副本。要使用"镜像要素"工具，必须先通过自定义将该工具添加到相应工具条上。具体步骤是：单击 ArcMap"自定义\自定义模式…"菜单项，弹出"自定义"对话框，在该对话框"命令"选项卡中找到"编辑器"类别下的"镜像要素"命令，将其拖放到相应工具栏上。

(2)　合并与联合。合并(Merge)与联合(Union)的要素必须是同一种类型的要素，否则无法执行。合并只能应用于同一图层的多个所选要素，合并后所选要素被删除，需选择要保留的要素属性；联合可应用于不同图层的多个所选要素，联合后所选要素仍然保留，新要素采用所选模板和默认属性值进行创建。在按住 Shift 键的同时，使用"编辑工具"或"选择要素"单击要素可选择多个要素。

除上述交互式要素创建方法外，ArcMap 在"系统工具箱\数据管理工具\要素"工具集下还提供了多种批量要素创建工具，如"XY 转线""表转椭圆""点集转线"等。这里不再一一介绍，请自行学习。

2. 编辑修改现有基本要素

要素编辑修改(简称要素编辑)包括图形数据编辑和属性数据编辑两部分，要执行这两部分的编辑操作都必须先选择要素。

1) 选择要素

虽然"编辑工具"和"按矩形选择""按套索选择"等选择工具一样，都可以按照预设的"选择"选项(如选择颜色、选择容差等)，从当前可选图层中选择要素。但在编辑时建议使用"编辑工具"，因为"编辑工具"所具有的附加功能更有助于执行编辑操作，而其他选择工具则不提供类似的附加功能。

在使用"编辑"工具选择要素时，如果在单击位置处存在多个可选要素，将显示一个被称为"选项卡"的小图标。此图标可用于优化选择内容和准确选择所需要素。单击选择卡上的按钮或按 N 键可循环选择叠置要素中的下一个要素。

单击图标右侧的箭头可显示所选要素的列表。这些要素按图层进行分组，并按显示表达式和符号进行排序。当鼠标指针停留在要素上或使用键盘方向键导航此列表时，活动要素将会闪烁显示，这样即可在地图上方便地确定此要素的位置。当找到所需要素后，在列

表中单击该要素即可在地图上选中它。

为避免从不需要的图层中选择要素，可在内容列表中将这些图层设置为不可选。为防止在选择时意外移动要素，可在"编辑选项"对话框的"常规"选项卡中设置粘滞移动容差。这是一个以像素为单位的距离值，只有当鼠标指针移动超过这一距离时，所选要素才会实际发生移动。

当要素被选中时，该要素的中心点将用作选择锚点，并以叉号"×"加以标识。选择锚点是旋转、移动和缩放要素的参考点。如果要改变选择锚点的位置，可将鼠标指针停留在选择锚点上方并按住 Ctrl 键，当鼠标指针变成移动指针时，单击选择锚点即可将其拖动到新位置。这种改变只是临时改变，只有改变要素形状才能真正改变选择锚点的位置，因为其与要素中心保持重合一致。

2) 要素图形数据编辑

要素图形数据编辑就是对要素的位置、角度和几何形状进行修改，主要包含要素图形的整体编辑、组成要素的折点和线段编辑以及多个要素间共享几何元素的编辑三种方式。

(1) 整体编辑。ArcMap 提供了多种要素图形整体编辑工具，这些工具主要分散在编辑器工具条、高级编辑工具条等界面元素上，其具体内容如表 4-5 所示。

表 4-5 要素图形数据整体编辑工具

工具名称	图标	功能描述	所在位置
移动		按坐标增量将所选要素移动到指定位置	编辑器菜单
裁剪		裁剪所选要素缓存区内的可编辑且可见要素	编辑器菜单
整形要素		在所选线或面要素上创建草图以修改其形状	编辑器工具条
分割面		根据绘制的线分割一个或多个所选面要素	编辑器工具条
分割线	✕	在所选线的单击位置处将其断开	编辑器工具条
旋转		旋转所选要素，按 A 键输入精确角度值	编辑器工具条
内圆角		将捕捉到的直线夹角改为内圆角(按 R 键)	高级编辑工具条
延伸		将捕捉到的线延长到所选的线要素	高级编辑工具条
修剪		将单击的线要素修剪到与所选线要素相交处	高级编辑工具条
线相交		在明显或隐含相交处分割、延长两条线要素	高级编辑工具条
对齐至形状		将要素对齐到所追踪的形状	高级编辑工具条
几何替换		用全新形状替换所选要素的形状，保留属性	高级编辑工具条
概化/简化		简化所选线或面要素的形状	高级编辑工具条
平滑		平滑所选线或面要素的直线边和拐角	高级编辑工具条
比例/缩放		按住鼠标移动缩放所选要素(按 F 键)	自定义

针对上述列表中的一些方法，下面做进一步的补充说明：

① 移动要素。除编辑器菜单中的精确"移动"方法外，还可通过按住鼠标拖动的方式来移动所选要素。在移动过程中，可通过选择锚点捕捉到准确的放置位置。

② 整形要素。该工具通过在所选要素上构建线草图的方式来修整线或面要素，要素获得与之相交的草图中间部分的形状，如图 4-8 所示。在修整面时，如果草图的端点均在面内，形状将被添加至要素；如果端点在面的外部，要素将被切掉。

图 4-8　整型要素示意

如果要将某要素修整为与另一要素匹配对齐，可将"修整要素"工具与"追踪"构造方法结合使用。先选择要素，单击"整形要素"工具，再单击"编辑器"工具条的选项板中的"追踪"，然后沿边执行修整。

③ 线相交。在使用该工具时，首先应单击捕捉到两条线要素，然后在交点处单击，对相应线进行分割或延长以使其真正相交。如图 4-9 所示，这些交点可能位于这两条线中间的明显位置，也可能是位于延长线上的隐含位置。当情况复杂时，也可能存在多个隐含交叉点，此时可通过移动鼠标或按 Tab 键在不同解决方案中切换，最后单击采用所选方案。当需要将要素延伸至隐含位置时，既可延伸现有要素也可添加新要素，按 O 键可设置该选项。

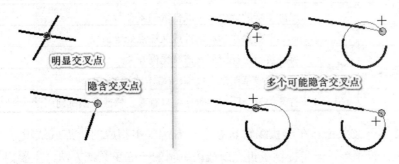

图 4-9　线相交工具示意

在处理多部件线要素时，一次只能分割一个部件。即使多个部件与同一线要素相交，也只会分割与单击的交叉点解决方案相对应的那个部件。在分割完第一部件后，只需再次使用"线相交"工具在第二个交叉点处分割其他部件即可。

④ 对齐至形状。该工具可将所选的或指定图层中的、且在容差范围内的要素对齐至所追踪的形状。在具体执行时，一般由六个步骤组成：选择要素；单击该工具弹出"对齐至形状"对话框；单击对话框中的" "按钮在地图窗口中追踪将与之对齐的形状；选择要对齐图层；设置、调整容差值至最佳效果；单击"对齐"按钮执行对齐。其中，"选择要素"和"选择要对齐图层"为二选一的步骤。

(2) 折点和线段编辑。线与面要素都是由线段(Segment)组成的，而线段又是由折点或节点(Vertex)组成的，因此，通过折点或线段可以更灵活、准确地编辑修改要素的几何图

形。要编辑要素折点或线段，必须通过双击要素或单击编辑器工具条上的"编辑折点"按钮(⊠)，使"编辑"工具处于要素形状编辑状态。此时，"编辑"工具的鼠标指针为白色箭头，表示可以直接选择折点和修改线段。如果当前处理的是整个要素而不是组成要素的单个折点和线段，将显示黑色箭头指针。

在折点编辑状态下，要素将以绿色显示其组成折点和线段，其中线或面要素的末端折点(端点，Node)用红色的方框表示。当被编辑工具选中时，相应折点方框的填充色将变为白色。在"编辑选项"对话框的"常规"选项卡中，用户可通过"编辑草图符号系统"设置所需的显示符号。

ArcMap 提供了"编辑折点"工具条、右键上下文菜单、"编辑草图属性"窗口来具体实现折点的移动、删除、添加以及线段的修改等操作。

① "编辑折点"工具条。在处理要素的折点时，会自动显示"编辑折点"工具条。要临时隐藏"编辑折点"工具条，可单击右上角的关闭按钮或同时按 Shift 键与 Tab 键。要再次显示此工具条，则按 Tab 键。表 4-6 为该工具条上的主要编辑工具。

表 4-6　编辑折点工具条上的编辑工具

工具名称	图标	功能描述
修改草图折点	▷	选择折点或线段，移动所选折点
添加折点	▷⁺	在线段上的单击位置处插入折点
删除折点	▷⁻	删除单击的一个节点或框选的多个节点
延续要素	∠	向当前要素添加新部件或从端点处延长线
按比例拉伸	🖽	移动折点时保留要素形状比例开关
完成草图	⚟	通过完成草图来完成编辑(双击或按 F2 键)
草图属性	∧	打开编辑草图属性对话框以查看、修改草图几何属性

② 右键上下文菜单。在形状编辑状态下，右键单击相应的折点或线段，可弹出相应的上下文菜单。该菜单进一步提供了折点或线段编辑的一些工具或方法，主要内容如表 4-7 所示。

表 4-7　右键上下文菜单中的编辑工具

工具名称	功能描述
删除折点	删除当前折点(或按住 D 键单击)
移动	按输入的增量坐标移动所选折点
移动至	按输入的绝对坐标移动所选折点
插入折点	在当前线段位置处插入折点(或按住 A 键单击)
更改线段	将线段转换为直线段、弧或贝塞尔曲线线段 (注：当前线段类型对应的子菜单不可用)
翻转	通过置换起、止端点，改变线要素的数字化方向

续表

工具名称	功能描述
修剪到长度	从末端点起将线要素修剪为指定长度
部件	选择部件上的所有折点或者删除多部件要素的当前部件

对于所选的圆弧曲线段，可通过按住鼠标拖动、按 R 键输入指定半径的方式来编辑其形状和高度。在按住 Ctrl 键的同时进行拖动，可改变弧线段的位置而不修改其形状。

贝塞尔曲线是两折点之间的平滑过渡线，其形状由折点位置和从每个折点辐射出的蓝色附加控制点的位置定义。可通过单击并拖动贝塞尔控制点的方式更改贝塞尔曲线的形状和高度。在按住 Ctrl 键的同时移动共享折点对应的控制点，仅会改变两条相邻贝塞尔曲线中的一条。

③ 编辑草图属性窗口。在折点编辑状态下，单击编辑器工具条或编辑折点工具条上的"草图属性"按钮()，或者按 P 键可打开"编辑草图属性"窗口。该窗口可被用来查看、编辑所选要素折点的$(x，y)$坐标值、m 值和 z 值，还可被用来按选择排序折点以及折点的添加、删除、导航定位(需结合右键菜单)等操作。如果要素具有多个部件，折点将分组到其所属的部件下。需要指出的是，如果要将 m 值或 z 值添加到折点，必须在创建要素类时指定要素类包含这些值。

(3) 共享几何元素编辑。许多要素之间都包含着共有(享)的点或线几何元素。例如，多条道路要素相交于同一交叉点，湖泊面要素、土地覆被面要素和湖岸线要素共享一条边界线等。当这些共享几何元素需要编辑时，如果使用上述常规编辑工具，往往需要对涉及的多个要素分别执行相应的处理，以确保彼此间具有正确的拓扑关系，如连通、相邻、重合等。

为减少人机交互次数、提高编辑效率，ArcMap 基于拓扑理论开发了面向共享几何元素同步级联编辑的多种工具，可在编辑点或线元素的同时，级联更新共享该元素的所有要素。这些工具统称为拓扑编辑工具，被集中封装在如图 4-10 所示的"拓扑"工具条上。

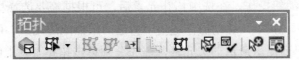

图 4-10　"拓扑"工具条

通过该工具条可按以下一般步骤执行拓扑编辑操作。

① 选择、创建拓扑。在使用拓扑编辑工具编辑共享几何元素之前，必须先创建拓扑。ArcGIS 中有两种拓扑，即地理数据库拓扑与地图拓扑。地理数据库拓扑通过规则来定义有关要素在一个或多个要素类中如何共享几何的复杂关系，其创建过程需要较多的设置和修改。除拓扑编辑外，地理数据库拓扑还可以用于拓扑错误检查。地图拓扑是一种只能用于拓扑编辑的拓扑，且只允许编辑相互连接的要素，其创建比较容易，只需选择要参与的图层并设置拓扑容差即可。

单击拓扑工具条上的"选择拓扑"按钮(），将弹出"选择拓扑"对话框。如果在内容列表中已添加事先定义的地理数据库拓扑，可选择该拓扑来编辑所含要素类中的共享几何要素。否则，需通过选定将一起编辑的图层来创建地图拓扑。

单击对话框中的选项按钮，可查看、设置地图拓扑的拓扑容差，此距离定义了边和折点必须接近到何种程度才能被视为重合。一般情况下，不应更改默认拓扑容差，因为默认值是可能的最小值。增大拓扑容差可能会导致多个要素被捕捉在一起而成为重叠要素，进而降低数据的空间精度并导致要素折叠或变形。

② 选择共享几何元素。单击拓扑工具条上的"拓扑编辑工具"按钮(），在地图窗口中通过单击、按住 Shift 键单击、拖动方框等方式选择要编辑的单个或多个边共享几何元素(也称拓扑元素)。如果要选择多条相互连接的边(线)元素，可按住鼠标左键沿线追踪相应边，也可以利用"拓扑编辑追踪工具"( )来追踪相应边(单击开始追踪，再次单击结束追踪)。

在默认情况下，被选中的拓扑元素将以洋红色显示，可在"编辑选项"对话框的"拓扑"选项卡中设置改变拓扑元素的符号系统。单击拓扑工具条或右键菜单上的"共享要素"按钮( )，可弹出"共享要素"窗口，以查看哪些要素共享了所选的拓扑边或节点。一个指定的拓扑元素可由多个图层中的要素共享，因此可能会列出多个图层。

此外，"共享要素"窗口还可以控制指定边或结点所做的编辑对共享要素的影响。如果在该窗口中取消选中某个要素，则编辑拓扑元素时不会对该要素进行修改。按住 Ctrl 键并单击任意复选框可选中或取消选中所有复选框。单击窗口列表中的某个要素可使其在地图上闪烁。

在使用"拓扑编辑"工具选择拓扑元素时，ArcMap 将创建拓扑缓存。拓扑缓存用来存储当前显示范围内、组成要素的边与结点之间的拓扑关系。当做出改变要素间拓扑关系的编辑后，应单击右键菜单中的"构建拓扑缓存"菜单项，以重新构建当前显示范围中所有要素的边和结点之间的拓扑关系。

③ 执行相应的编辑操作。在选中拓扑元素后，可根据需要选择执行移动、修改、整形、概化等编辑操作。其中，移动操作适用于所选的结点或边元素，可通过拖动鼠标直接实现。后三者操作只适用于所选的边元素，需先分别单击拓扑工具上的"修改边"( )、"整形边"( )、"概化边缘"( )按钮。这三种操作与前面叙述的折点编辑、整形要素、概化/简化操作类似，只是处理的对象和结果不同，故这里不再详细介绍。

除上述编辑工具外，拓扑工具条还提供了一个名为"对齐边"的编辑工具( )，利用该工具通过先后单击可将一条边与另一条边匹配对齐以保持二者重合一致。该工具与其他拓扑编辑工具最明显的区别是不需要事先选中拓扑边。

3) 要素属性数据编辑

要素属性数据编辑主要包括要素自身属性值以及要素间关系的添加、修改与删除三种基本操作，可通过"属性"窗口和"表"窗口来具体执行属性数据的编辑操作。其中，属性窗口主要用来查看和编辑所选要素的属性；表窗口则可查看和编辑指定图层(或表)中所有或所选要素(或对象)的属性。

(1) 属性窗口中的属性编辑。单击编辑器工具条上的"属性"按钮(▤)，即可打开"属性"窗口。在默认情况下，属性窗口显示为上下垂直的两部分，也可通过单击中间的小按钮将其调整为如图 4-11 所示的左右两部分。窗口的左侧(或顶部)会列出所选中的要素。要素按图层进行分组，并按照图层属性对话框"显示"选项卡中设定的显示字段或表达式列出。窗口右侧(或底部)列出正在查看的图层的属性字段和所选要素的属性值。字段的显示方式依赖"图层属性"对话框"字段"选项卡中的相关设置，出现的属性值取决于在左侧所选中的要素。

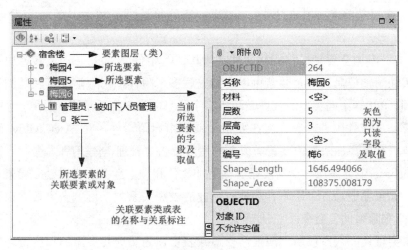

图 4-11　属性窗口及其功能组成

为快捷地执行相关操作，可使用键盘快捷键导航"属性"窗口和属性格网。在窗口左侧，可用向上键(↑)和向下键(↓)浏览切换选中的要素；向右键(→)和向左键(←)展开和折叠所选节点。在属性格网中，可按向上键和向下键移动到上一行和下一行；按 Enter 键开始编辑当前行，输入属性值，然后再按 Enter 键提交编辑，并前进到下一行；对于包含下拉菜单的字段(如编码值属性域或子类型)，可按 Enter 键打开菜单，通过输入列表项的第一个字母或使用向上键和向下键来移动列表项，然后按 Enter 键选择值。

除了上述基本编辑方式之外，属性窗口还提供了以下几种高效的编辑方式：

① 将相同属性值应用到图层中的多个要素。如果单击图层名称并修改属性值，则会更新该图层中所选全部要素的相应属性；也可按住 Shift 键单击选中多个要素后，同时更新某一属性值。

② 将多个属性值从一个要素复制并粘贴到另一个要素或整个图层。在属性窗口中，先点击某一要素右键菜单中"复制属性"命令，然后再单击另一个要素或图层右键菜单中的"粘贴属性"命名，可将第一个要素的多个属性值复制到另一个要素或图层中所选要素的同名属性字段上。

③ 创建新要素后立即输入属性。在"编辑选项"对话框的"属性"选项卡中，选中"存储新要素前显示属性对话框"，并指定为所有图层还是仅对某些图层。经这样设置之后，在相应图层执行任何创建新要素的编辑操作时，会立刻弹出"属性"窗口以便输入属性，且必须先关闭该窗口才能在 ArcMap 中执行其他操作。

④ 为栅格字段加载图像数据。Geodatabase 要素类或表可具有一个存储栅格数据集的属性字段。与仅将要素的属性字段链接到某图像的存储位置或超链接不同，栅格类型的属性字段可在地理数据库中存储栅格数据。

在属性窗口中，先单击栅格属性字段旁的下拉箭头，再单击"加载"命名，按照对话框的提示可选择外部栅格数据并将其赋给所选要素。当栅格字段赋值后，单击栅格字段的下拉箭头，通过选择菜单中的视图、加载、清除等选项，可对其执行查看或其他编辑操作。

⑤ 将文件附加至要素。与栅格属性字段相比，附件(Attachment)能够更加灵活地管理与要素相关的附加信息。一个要素可以附加关联多个附件，每个附件可以是图像、音频、视频、word、pdf 等不同类型的文件，而栅格字段只能为一个要素附加存储一副图像。

如果要添加文件附件，首先应在要素类或表中启用附件。在 ArcCatalog 或目录窗口中，右键单击想要添加附件的要素类或表，然后单击"管理\创建附件"命令。在启用附件后，Geodatabase 中会添加一个新表以存储附加文件和一个新关系类以建立要素与附加文件间的关联。如果要删除在启用附件功能时创建的表和关系类，可单击要素类或表右键菜单中的"管理\删除附件"命令。

在编辑会话期间，可使用"属性"窗口或表窗口为所选要素添加和更新附件。在属性窗口中，单击位于属性格网左上角的"打开附件管理器"按钮(⬚▾)，根据对话框提示选择添加相应的文件附件。当要素具有关联附件时，可执行打开、另存为、全部保存、移除等操作。

⑥ 编辑关系和相关要素或对象。如果所选要素的要素类已与其他要素类或表建立了关系类，可利用属性窗口来查看、编辑与所选要素相关的其他要素或对象，或者建立更新彼此之间的关联关系。

如果关联要素类或表的名称与关系类所指定的标注相同，则属性窗口树结构的相应节点只会选择二者中的一个作为名称。如果关联的要素类或表不在当前地图中，则该节点旁的图标将以灰色显示。此时，可通过该节点右键菜单中的"添加至地图"命令，将关联的要素类或表添加到当前地图文档中。

如图 4-12 所示，对于无属性的 $1:1$、$1:m$ 关系类，其关系通过源要素或表的主键及目标表的外键来管理。如果要建立两个对象间的关系，只需使用源对象的主键值填充目标对象的外键。如果两个对象间的关系被删除，目标对象的外键值会被设为空。对于有属性的或者基数为 $m:n$ 的关系类，其关系通过中间表来管理。在向两个对象创建新关系时，中间表中将添加一个新行。该行使用源对象和目标对象的主键值进行填充。如果删除两个对象间的关系，该关系对应的行会从中间表中删除。

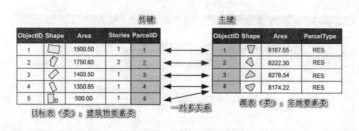

图 4-12   不同关系类的关系管理方式示意

从上述描述中不难发现：只需对目标表或中间表的外键值进行删除、修改、赋值等编辑操作，就可以删除、更新、建立要素或对象之间的联系。根据这一基本策略，属性窗口通过不同的节点右键上下文菜单提供了多种便捷直观的关系编辑方法，其中主要有以下方法与步骤。

a. 建立关系的方法与步骤。同时选中源要素和将与之关联的目标要素或对象，在属性窗口中双击源要素类或表以展开其结点，右键单击在源要素下列出的相关要素类或表、弹出右键菜单，然后选择 "添加所选内容" 菜单项，系统会自动将源要素的主键值赋予相应的外键，完成关系的建立。

b. 移除关系的方法与步骤。在属性窗口中右键单击已关联的目标要素或对象，然后单击 "从关系中移除" 菜单项，删除该要素或对象与源之间的关系，其对应的外键值为空。这样操作只会移除关系，并不会真正删除目标要素或对象。如果要从关系中移除所有关联要素或对象，可单击右键菜单中的 "全部移除"。

c. 创建新关联对象的方法与步骤。如果所选要素关联的是非空间对象，可右键单击其下的关联表，然后单击 "添加新对象" 菜单项，在关联表中创建添加一个新对象，系统自动将所选要素的主键值赋给新对象的外键，用户可在属性窗口进一步输入完善新对象的其他属性值。当关联表的主键为用户自定义字段，并且通过中间表管理关联关系时，由于系统不会为新对象的主键赋值，使用该方法将导致中间表的对应外键值为空，因此将出现 "外键值无效" 错误。

(2) 表窗口中的属性编辑。单击内容列表窗口中要素图层或独立表右键菜单中的 "打开属性表" 或 "打开" 命令，可弹出如图 4-13 所示的表窗口。在开始编辑会话后，表窗口的底部将显示一个铅笔图标，表示正在对此表进行编辑。此时，可编辑字段的列标题背景

将变为白色。单击单元格并输入新属性值便可按需要更改相应属性。

OBJECTID *	Property ID *	Landuse Code	Parcel ID	Residential	Zoning Simple
1542	2542	1	3899	Non-Residential	Commercial
1543	2543	1	3900	Residential	Residential
1545	2545	1	3902	Non-Residential	Commercial
1546	2546	1	3903	Residential	Residential
1547	2547	1	3904	Non-Residential	Commercial
1548	2548	1	3905	Non-Residential	Commercial
1549	2549	1	3906	Non-Residential	Commercial
1550	2550	1	3907	Residential	Residential
1551	2551	1	3908	Non-Residential	Commercial
1552	2552	1	3909	Residential	Residential
1553	6553	0	7910	Non-Residential	<Null>
1555	2555	1	3912	Non-Residential	Institutional
1556	2556	1	3913	Residential	Residential
1557	2557	1	3914	Non-Residential	Commercial

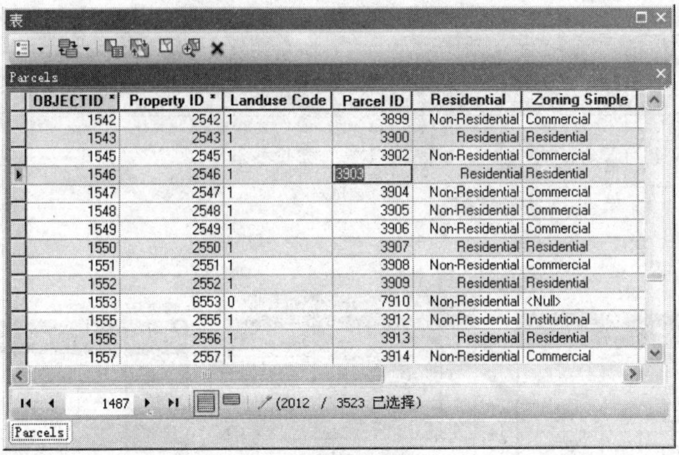

图 4-13　表窗口界面

除基本的添加、修改和删除操作外，表窗口还支持以下方式的编辑操作。

① 自动检验具有范围域属性值。单击表窗口中“表选项”按钮，然后选择“外观”命令。在弹出的对话框中，选中“编辑时自动验证记录”。这样在输入超出属性域范围的数据值时，系统会自动弹出一个提示窗口。此设置不适用于属性窗口。

② 一次性更改多条记录的指定字段值。右键单击相应字段列的顶部，再单击菜单中的“字段计算器”或“计算几何”命令，可根据现有字段值或要素几何数据来一次性批量更新表窗口中所选或全部记录的指定字段值。如果当前选择了一条或多条记录，则仅计算所选记录。在编辑会话之外，也可以进行字段计算，但此时无法撤销计算结果。

“字段计算器”可作用于文本、数值及日期字段，可选择使用 VBScript 或 Python 脚本语言创建由相应“字段”或“函数”组成的计算表达式。计算表达式所遵循的语法，因数据源和脚本语言的不同而有所不同。对于 VBScript，字段名始终用“[ ]”括起来。VBScript 只有 Variant 一种基本数据类型，它根据上下文来判断是数值还是字符串。在计算文本字段时，必须对字符串数据添加英文双引号，以区分数值型数据。

“计算几何”只用于要素图层的属性表，可计算点要素的坐标，线要素的起点坐标、中点坐标、终点坐标、长度，面要素的质心坐标、周长、面积，注记要素的质心坐标等信息。“计算几何”是平面的，仅当所使用的坐标系为投影平面坐标系时，才能计算要素的面积、长度或周长。为了得到最精确的结果，可使用双精度字段类型(小数位数根据需要自行定义)。如果使用整型字段，则结果小数会四舍五入为一个整数。如果使用文本字段，则可以执行一些自定义操作，如包含单位缩写、选择格式等。

③ 查看访问关联记录并编辑关系。如果表窗口对应的要素类或表参与了地理数据库的关系类，可单击“关联表”按钮()选择打开与之关联的另一个表。在默认情况下，新打开的表窗口仅显示与前一个表窗口中所选记录关联的记录，并处于选中状态。单击表窗

口下的"显示所有记录"按钮(▤),可查看全部记录。在表窗口中,通过修改目标表外键值可以建立记录之间的关联关系。由于在中间表中不能添加新记录,因此不能在表窗口中创建多对多的关联关系。

4.1.3　创建编辑注记要素

注记是 Geodatabase 中的一个可选项,用来描述特定要素或向地图添加文本信息。注记将文本的字符串、位置和显示属性等信息集中储存在一起并可单独编辑。相对于标注(Label)文本,注记文本在外观、位置等方面具有更高的灵活性。在创建注记要素之前,需要在 Geodatabase 中定义相应的注记要素类。注记要素类有标准注记要素类和关联注记要素类两种。

关联注记要素类与其所关联的点、线或面要素类一同存储在地理数据库中。一个要素类可以有任意多个相关联的注记要素类,但一个注记要素类只能关联一个要素类。关联注记要素类通过复合型"关系类"与相应的要素类相关联。

与标准注记相比,关联注记可以显著提高注记编辑与维护的效率。当要素被移动、编辑或删除后,注记将自动进行更新。在创建一个新的要素时,新的注记会根据要素属性自动生成。在移动或整形要素时,关联注记也会重新定位。在改变要素的属性时,基于该要素属性的注记文本也会随之改变。在删除要素时,关联的注记也会被删除。

1. 创建新注记要素

在 ArcMap 中,可利用注记构造工具、通过标注转换注记、根据所选要素生成关联注记等方式创建新注记要素。

1) 利用构造工具创建注记要素

在创建定义了注记要素类之后,便可利用 "创建要素"窗口(见图 4-14)提供的注记构造工具以交互方式来为其创建添加新注记要素,其基本步骤如下:

(1) 选择注记要素模板。在创建要素窗口中单击要创建添加注记要素的注记要素模板。如果不存在注记要素模板,请检查相应的注记要素类是否已添加到当前数据框,对应图层是否可见、是否已经创建相应的注记模板。

(2) 选择注记构造工具。根据需要在"创建要素"窗口中选择相应的注记构造工具。其中, "水平对齐"构造工具用来在单击点处创建水平放置的注记要素;"沿直线"构造工具用来创建沿直线方向放置的注记要素,该直线方向通过两次单击确定;"随沿要素"构造工具用来创建沿单击选中的线或面要素的边的注记要素;"牵引线"构造工具用来创建带牵引线或注释的注记要素,需通过两次单击来确定牵引线起始点位置和注记放置位置;"弯曲"构造工具用来创建以手动输入的草图曲线为基线的弯曲型注记要素。

(3) 输入并设置注记文本。一旦选择了注记要素构造工具,便会出现如图 4-14 右侧所示的"注记构造"窗口。该窗口用来输入新注记的文本、控制文本的位置以及覆盖注记要

素模板定义的默认注记属性。所输入的注记文本格式和大小与地图上显示的效果保持一致。

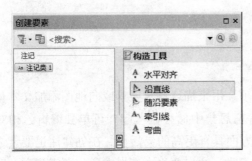

图 4-14　创建注记要素窗口和注记构造窗口

　　如果要使用现有要素的属性作为注记文本，可将光标移到要素上后同时按 Ctrl+W 组合键，或单击窗口上的"查找文本"按钮(🐾)后再单击相应要素，来查找要素的属性值。所返回的文本字符串，可以是单击要素的单个属性值，也可以是多个属性值的组合，具体内容取决于相应要素图层的标注表达式设置。在默认情况下，返回的文本字符串来自最上方可见图层中的要素。如果在单击处有多个要素，可按 N 键来循环显示、选择确定所需的文本字符串。如果在单击处没有找到合适的要素，字符串将恢复为默认值——"文本"。对于关联要素的注记，文本字符串仅来源于关联要素类中的要素。

　　如果要更改文本格式，可单击长窗口上的"切换格式选项"按钮(🔄)，来扩展显示该窗口工具栏上的字体名称、大小、粗体、斜体、下划线、对齐、属性等选择框或按钮，并根据需要进行选择设置。如果要隐藏这些按钮，可再次单击🔄按钮。

　　(4) 单击相应位置创建注记。根据所选注记构造工具的输入要求，依次单击地图的相应位置即可完成新注记的创建。在创建过程中，可开启捕捉功能或选择使用相应的右键上下文菜单命令来输入精确的位置或几何信息。

　　如果使用的是"随沿要素"构造工具，可按 O 键或单击"注记构造"窗口上的"跟随要素选项"按钮(📇)，在弹出的"跟随要素选项"对话框中，设置所有跟随要素注记的以下选项：

　　① 关联注记要素选项。对于关联要素的注记，需确定是否使用在注记类中定义的放置属性。如果未选中此选项，将使用在跟随要素选项对话框中指定的各个设置。此复选框只适用于关联要素的注记，不适用于标准注记。

　　② 调整注记选项。确定注记是以直线、还是以曲线形式来跟随要素。

　　③ 角度选项。在上一项选中笔直选项时，进一步确定注记跟随的角度是与要素平行还是与其垂直。

　　④ 约束放置选项。确定注记沿要素的放置方式。其中，与光标同侧可将注记约束为与光标位于同一侧；左侧或右侧约束注记与要素数字化方向的相对位置；在线上可将注记放置在线要素或面要素边界线之上。

⑤ 相对要素偏移选项。以输入的数值，确定注记沿要素放置的偏移量。

在构建随沿要素注记的过程中，如果需要覆盖上述已设置的跟随要素选项，可以单击注记构造窗口上的 ⚒、✎、🖱 按钮来翻转、更改注记的方向、角度与位置。在使用其他构成工具期间，单击窗口上的 📐 按钮可将其切换为"随沿要素"构造工具。

2) 通过标注转换创建注记要素

该方法可将要素图层的标注文本批量转换为注记要素，主要包括两个基本步骤：首先，在要素图层"属性"对话框的"标注"选项卡中设置并显示图层标注；然后，在内容列表中单击要素图层右键菜单中的"将标注转换为注记"命令，在弹出的对话框中设置存储类型、注记类型、要素类名称等参数，确认无误后单击"转换"按钮。

3) 根据所选要素生成关联注记要素

对于已定义关联注记要素类的要素类(点、线或面图层)，也可先在其中选择想要生成注记的要素，然后在内容列表中单击右键菜单中的"选择\注记所选要素"，批量为所选要素创建关联注记。

在将标注转换为注记后，无法放置在地图上的标注将成为未放置的注记要素。此外，使用注记所选要素时无法显示的注记要素也属于未放置的注记。未放置的注记要素将在"未放置的注记"窗口中列出，这样便可交互地查看这些注记要素并将其添加到地图中。在将注记放置到地图上之后，便可对其重新编辑定位。

放置未放置的注记要素主要包括以下步骤：①单击编辑器工具条上的编辑器菜单，指向编辑窗口，然后单击"未放置的注记"命令；②在弹出的"未放置的注记"窗口中，单击显示下拉箭头选择包含未放置注记的注记要素类；③如果只想处理特定范围内的注记，应先缩放范围，选中"可见范围"复选框，然后单击"立即搜索"按钮查找当前可见范围内或全部的未放置注记要素；④单击选中窗口上的"绘制"复选框，在右键单击列表中列出的未放置注记文本，然后单击"放置注记"菜单项将注记放置在地图上。在地图上放置注记要素后，该要素将呈选中状态。用户可以使用"编辑注记"工具将其拖动到更准确的位置。

2. 编辑现有注记要素

在对已有的注记要素进行编辑修改前，应先利用编辑器工具条上的编辑注记工具(📐)选中注记，然后通过移动鼠标或单击右键单来执行相应的编辑操作。注记要素编辑主要包括以下操作：

1) 移动注记

除基本的鼠标拖动外，还可以沿线或面要素的边移动注记。选中注记后，右键单击注记要跟随的线或面要素，然后单击菜单中的"跟随此要素"命令。注记要跟随的要素会在屏幕上闪烁，同时注记发生移动。单击并按住鼠标拖动注记要素将其移动到指定位置。

2) 旋转注记

ArcMap 提供了两种旋转注记要素的方式。一种是先单击注记要素的一个旋转控点，

然后通过拖动以另一个旋转控点为枢轴点旋转注记。该方式只能适用于水平、直线线型注记要素。

另一种是先按 R 键或单击右键菜单中的"旋转模式"，然后拖动鼠标围绕选择锚点旋转注记，按 A 键可按不同选项为旋转输入特定角度。在"地理"选项下，如果旋转角度为正数，则按顺时针方向旋转注记；如果旋转角度为负数，则按逆时针方向旋转注记。在"绝对"选项下，输入正数可使注记要素按逆时针方向旋转，输入负数可使注记要素按顺时针方向旋转。当注记被旋转定位到所需位置后，应再次按 R 键或单击右键菜单中的"完成旋转模式"来结束旋转。

3) 调整注记大小

在选择注记要素后，将鼠标移动到红色的调整注记大小控点上，按住鼠标拖动即可调整注记大小。如果想要关闭旋转控点和调整大小控点，可取消选中"编辑选项"对话框"注记"选项卡中的"显示调整大小和旋转控点"复选框。

4) 更改注记方向

在选择注记要素后，按 L 键或单击右键菜单中的"翻转"命令，可翻转注记要素的方向。单击右键菜单"曲率"菜单项下的"水平对齐""沿直线""弯曲"命令，可将所选注记改变为水平、沿直线、弯曲类型的注记。

5) 更改注记形状

在选中弯曲注记后，单击右键菜单中的"编辑基线草图"，然后通过移动、删除、添加折点或移动贝塞尔控制点的方式改变注记所参考的基线草图，进而更改注记形状。

6) 添加或删除牵引线

在选中注记后，单击右键菜单中的"添加牵引线"命令，然后将指针移动到折点上，待光标形状改变后可通过拖动来改变牵引线起点的位置。如果要移除牵引线，可单击右键菜单中的"删除牵引线"命令。

7) 转换注记为多部件

当需要改变注记要素的其中一部分(如其中一个单词)时，可单击右键菜单中的"转换为多部件"将其转为多部件注记要素，然后单击要编辑的部件将其拖动到所需位置，或通过右键菜单执行其他操作。在默认情况下，被选中的部件以洋红色条带高亮显示。在"编辑选项"对话框的"注记"选项卡中，可更改部件在被选中时的显示方式。要将多部件注记转换为单部件，可单击右键菜单中的"转换为单部件"命令。

8) 堆叠和取消堆叠注记

对于包含很多文字的非弯曲注记，可单击右键菜单中的"堆叠"(Stacking)命令，系统将以空格为换行符将注记文本放置到多个行上。如果要进一步堆叠注记，可再次单击"堆叠"命令。要完全取消堆叠注记，可单击右键菜单中的"取消堆叠"命令。

9) 编辑注记属性、格式及符号

在选中注记要素后，单击编辑器工具条上的"属性"按钮，或直接双击注记要素，将弹出注记要素对应的属性窗口。此时，属性窗口中包含"注记"和"属性"两个选项卡，都可用于注记属性、格式及符号系统的编辑修改。

"注记"选项卡可用于对注记文本、格式及符号进行多次更改并在应用前对这些更改进行预览，而"属性"选项卡则以格网形式列出注记的属性字段及相应值。如果使用"注记"选项卡编辑注记，需单击"应用"按钮提交更改。如果使用"属性"选项卡，需在偏离字段的位置进行单击以提交更改。

如果要一次更改多个注记要素的属性，应先选择要更改的所有注记要素，单击所选要素列表中的注记图层名称，然后设置新属性。如果要更新关联要素的注记的文本，应直接更新派生该注记的源要素的属性，更新会立刻反映到注记要素的文本中。如果直接编辑该注记要素本身的文本字符串属性，那么当关联要素的属性被修改时将覆盖已做的更改。

4.1.4 创建编辑尺寸要素

尺寸要素是 Geodatabase 中的另一个可选项，是一种特殊类型的注记要素，用于标注地图上的长度或距离。尺寸要素存储在尺寸要素类中，并且该要素类必须使用投影后的平面坐标系。尺寸要素所使用的样式不仅决定着自身的绘制和符号化方式，而且还控制着几何图形和属性数据的编辑与修改。用户可以在地图上直接创建尺寸要素，也可以根据现有尺寸要素来创建新尺寸要素。创建尺寸要素后，可使用编辑工具以及"属性"窗口修改此要素的几何和属性。

1. 创建新尺寸要素

在当前数据框添加尺寸要素类之后，单击编辑器菜单的"开始编辑"命令即可启动尺寸要素的创建与编辑工作。在"创建要素"窗口中，可选择用来保存尺寸要素的模板和用来创建尺寸要素的构造工具。除自由构造工具外，其他构成工具在输入所需数目的点后可自动完成尺寸要素的创建。在创建过程中，移动鼠标可实时显示即将生成的尺寸文本和形状信息，可启用捕捉功能来获取更精确的测量值。

针对尺寸要素，ArcMap 共提供了 10 种构造工具。其中，3 种用来创建对齐尺寸要素，3 种用来创建线性尺寸要素，4 种用来根据现有要素创建尺寸要素。

1) 创建对齐尺寸要素

对齐尺寸要素与基线平行，并且表示起始尺寸点和终止尺寸点之间的真实距离。创建对齐尺寸要素的构造工具有对齐、简单对齐、自由对齐三种。

(1) 对齐工具。该工具需要三个输入点：起始尺寸点、终止尺寸点和描述尺寸线高度的第三个点。输入第三个点后，系统自动完成对齐尺寸要素的创建。

(2) 简单对齐工具。该工具需要两个输入点：起始尺寸点和尺寸注记点。输入第二个点后，系统自动完成简单对齐尺寸要素的创建。

(3) 自由对齐工具。该工具需要两个或三个输入点。如果输入两个点完成草图，则会

创建简单对齐尺寸要素。如果输入三个点完成草图，则会创建对齐尺寸要素。自由对齐工具不会自动完成对齐尺寸要素的创建，需要通过双击输入第二个或第三个点才能自动完成尺寸要素的创建。如果在编辑草图中利用两个以下或三个以上点完成草图，编辑操作将失败。

2) 创建线性尺寸要素

线性尺寸要素与基线不平行，表示的是尺寸线的长度而不是基线的长度。线性尺寸要素又分为垂直尺寸要素、水平尺寸要素与旋转尺寸要素三种类型。创建线性尺寸要素的构造工具有线性函数、旋转线性和自由线性三种。

(1) 线性函数工具。该工具需要输入三个点：起始尺寸点、终止尺寸点和描述尺寸注记线高度的第三个点。第三个点相对于起始和终止尺寸点的位置将决定尺寸要素是水平的还是垂直的：在基线的左侧或右侧时，会创建一个垂直线性尺寸要素；在基线的上方或下方时，会创建一个水平线性尺寸要素。在输入第三个点后，尺寸要素自动创建完成。

(2) 旋转线性工具。该工具需要输入四个点：起始尺寸点、终止尺寸点、描述尺寸线高度的第三个点和描述延伸线角度的第四个点。

(3) 自由线性工具。该工具需要三个或四个输入点。如果输入三个点完成草图，则会创建水平或垂直线性尺寸要素。如果输入四个点完成草图，则会创建旋转线性尺寸要素。自由线性工具不会自动完成线性尺寸要素的创建，需要通过双击输入第三个或第四个点才能自动完成尺寸要素的创建。如果在编辑草图中利用三个以下或四个以上的点完成草图，编辑操作将失败。

3) 根据现有要素创建尺寸要素

ArcMap 提供的"连续注记""基线注记""垂直注记""尺寸注记边"四种构造工具，可用于根据现有尺寸要素以及线或面要素创建新的尺寸要素。

(1) 连续注记工具。该工具可以创建起止尺寸点与现有尺寸要素终止尺寸点重合、高度相同、类型相同的新尺寸要素。在"创建要素"窗口中选中该工具后，单击现有尺寸要素，然后移动鼠标到所需位置再次单击即可完成新尺寸要素的创建。

(2) 基线注记工具。该工具可以创建起止尺寸点与现有尺寸要素起止尺寸点重合、类型相同的新尺寸要素，其尺寸线高度为所选尺寸要素的高度加上所用样式中定义的基线高度值。在"创建要素"窗口中选中该工具后，单击现有尺寸要素，然后移动鼠标到所需位置再次单击即可完成新尺寸要素的创建。

(3) 垂直注记工具。该工具可以创建两个相互垂直的简单对齐尺寸要素，需要输入三个点。在"创建要素"窗口中选中该工具后，单击确定第一个尺寸要素的起始点，然后移动鼠标到所需位置单击确定第一个尺寸要素的方向，最后移动鼠标到所需位置确定第二个尺寸要素的起始点。两个尺寸要素的垂直相交点是其共同的终止点。

(4) 尺寸注记边工具。该工具基于现有线或面要素中的某一线段(边)来创建垂直或水平线性尺寸要素。在"创建要素"窗口中选中该工具后，单击想要用作尺寸注记要素基线的线或面的边，移动调整鼠标到所需位置再次单击即可完成尺寸要素的创建。

2. 编辑现有尺寸要素

尺寸要素必须在其原生投影下进行编辑。如果在尺寸要素类进行动态投影时开始编辑，则会显示无法对图层进行编辑的警告。此时，必须更改数据框的投影以使其与尺寸要素图层相匹配。对于现有尺寸要素，可根据需要使用"编辑"工具和"属性"窗口来编辑修改其几何和属性。

1) 编辑尺寸要素的几何

一般情况下，用户可利用编辑工具双击现有尺寸要素，然后通过选择并移动相应折点来执行不同的尺寸要素几何编辑任务，主要包括调整文本位置、起始尺寸点位置、终止尺寸点位置与更改尺寸线高度等操作。在鼠标指针移动的过程中，尺寸要素自身会动态更新，以便能够查看几何修改完成后尺寸要素的外观。在双击地图以完成尺寸要素几何编辑之前，原始尺寸要素一直可见。

另外，在"属性"窗口中，通过修改所选尺寸要素的一些属性字段值也可实现对几何图形的编辑。表 4-8 列出了尺寸要素所包含的几何相关属性字段。

表 4-8　尺寸要素所包含的几何相关属性字段

字段名称	含义说明	
BEGINX	起始尺寸点的 X 坐标	
BEGINY	起始尺寸点的 Y 坐标	
ENDX	终止尺寸点的 X 坐标	
ENDY	终止尺寸点的 Y 坐标	
DIMX	尺寸线高度的 X 坐标	
DIMY	尺寸线高度的 Y 坐标	
TEXTX	文本点的 X 坐标	如果未相对于尺寸注记要素移动文本，这两个字段的取值为空
TEXTY	文本点的 Y 坐标	
EXTANGLE	以弧度为单位指定延伸线与尺寸线之间的角度	

2) 编辑现有尺寸要素的属性

所有尺寸要素均与尺寸样式相关联。在创建一个新的尺寸要素时，必须为其指定尺寸样式，尺寸要素类中必须存在所指定的尺寸样式。在创建尺寸要素后，自动应用所选样式的所有属性，可使用"属性"窗口修改其中的部分属性，但有一些属性无法修改，如尺寸要素元素的符号系统。

尺寸要素的"属性"窗口有"维度"(Dimension，应为"尺寸"更准确)和"属性"两个选项卡。"维度"选项卡可以直观地修改尺寸样式，单击"提交"按钮后将更改内容应用于尺寸要素；"属性"选择卡使用标准属性列表来修改尺寸要素的字段属性值，表 4-9 列出了可编辑修改的属性字段。

表 4-9　尺寸要素包含的可修改属性字段

字段名称	含义说明
STYLEID	尺寸注记样式的 ID
USECUSTOMLENGTH	0：表示将要素长度用作尺寸文本； 1：表示将自定义值用作尺寸文本
CUSTOMLENGTH	USECUSTOMLENGTH 为 1 时，用作尺寸注记文本的值
DIMDISPLAY	空值：表示显示两条尺寸线； 1：表示只显示起始尺寸线； 2：表示只显示终止尺寸线； 3：表示不显示任何尺寸线
EXTDISPLAY	空值：表示显示两条延伸线； 1：表示只显示起始延伸线； 2：表示只显示终止延伸线； 3：表示不显示任何延伸线
MARKERDISPLAY	空值：表示显示两个尺寸线终止箭头标记； 1：表示只显示起始尺寸线终止箭头标记； 2：表示只显示终止尺寸线终止箭头标记； 3：表示不显示任何尺寸线终止箭头标记
TEXTANGLE	以弧度为单位指定的文本的旋转角度。只有在定义了将文本设置为不平行于尺寸注记线的尺寸注记样式时，才可以单独旋转文本

4.2　Geodatabase 数据检查

数据是 GIS 的血液，质量则是数据的生命。GIS 空间数据库设计与建设还应制定严格的数据质量标准与控制体系，并提供高效的数据检查与验证机制，以确保数据符合数据库的要求与规定。

4.2.1　数据检查主要内容

Geodatabase 数据检查主要包括完整性(Integrity)检查、完备性(Completeness)检查、冗余性(Redundancy)检查、准确性(Accuracy)检查、现势性(Concurrency)检查等内容。

1. 完整性检查

数据完整性是指数据库中的数据在逻辑上的一致性、正确性、有效性和相容性。传统关系数据库主要有以下三种完整性约束：

(1) 实体完整性：要求每个关系表有且仅有一个主键(单个属性字段或多个属性字段的集合)，每一个主键的取值必须唯一，并且不能为空。

(2) 参照完整性：要求一个关系表的外键取值必须在与之关联表的主键的取值范围内，或者为空值，否则将发生引用错误。

(3) 用户定义完整性：也称域完整性，是对关系表中字段属性的约束，包括字段的值域、字段的数据类型、字段的有效规则(如小数位数)等内容，是由用户确定关系结构时所定义的字段的属性决定的。

在上述完整性的基础上，Geodatabase 扩展引入了属性域、关系规则、拓扑规则等约束。因此，完整性检查的主要任务是检测和验证数据的内容是否与完整性约束条件存在矛盾或冲突，主要包括属性值是否在预定义的取值范围内，要素(或对象)彼此之间是否满足预定义的关系规则、拓扑规则等。

2. 完备性检查

数据完备性是指数据库包含所需的全部数据，数据是完全的，不存在遗漏、缺失等情况。Geodatabase 数据完备性检查主要包括遗漏要素、对象以及缺失属性值和关联关系的检查。其中，遗漏要素或对象的检查至关重要，而且比较困难，应尽可能多地收集利用相关资料进行完善补充。

在各种数据库中，由于数据暂时无法得到、采集设备故障、输入人员遗忘、确实不存在等原因，属性值缺失的情况经常发生甚至不可避免。总的来说，可把属性值缺失(也称属性空值)分为以下三类：

(1) 不存在型空值。即无法填入的值，要素或对象在该属性上无法取值，如一位未婚者的配偶姓名等。

(2) 存在型空值。即要素或对象在该属性上取值是存在的，只是暂时无法知道。一旦在该属性上的实际值被确知，人们就可以用相应的实际值来取代原来的空值，使信息趋于完全。存在型空值是不确定性的一种表征，该类空值的实际值在当前是未知的。但它又有确定性的一面，诸如它的实际值确实存在，总是落在一个人们可以确定的区间内。

(3) 占位型空值。即无法确定是不存在型空值还是存在型空值，这要随着时间的推移才能够清楚，是最不确定的一类。这种空值除填充空位外，并不代表任何其他信息。

相对而言，属性值缺失比较容易检查发现，如果资料准备充分也比较容易填充弥补。在资料有限情况下，如何对空缺的属性值进行推导、估算、填充，是目前许多领域面临的共性问题，目前已有不少研究成果。

3. 冗余性检查

数据冗余主要是指数据库中同一信息数据的多次重复存储。数据库有些数据冗余是必需的，据此可实现一些特殊功能和用途，如两表间通过共同属性建立联系、建立备份文件以备正式文件被破坏时恢复、通过冗余方便数据的高效使用和直观查看、在分布式数据库的不同节点上重复存储数据可减少通信开销等。

Geodatabase 冗余性检查主要是识别发现非必需的数据冗余，主要包括同一数据集内的

重复要素或对象、组成线或面要素的非必要冗余节点等情况的检查。当不同来源的数据内容交叉重叠时，在加载入库后很容易出现要素或对象重复的情况，应及时检查消除。

4. 准确性检查

数据准确性，也称数据真实性或事实性，是指数据库中的数据值与其真值的接近程度，即符合客观存在的事实的程度，通常用误差来衡量。误差越大，准确性越低；误差越小，准确性越高。准确性是数据最基本、最核心的要求，误差超限或不符合事实的数据不具有价值，甚至可能给接受者带来负面的价值。

准确性比正确性更宽泛，正确性只说明数据值与真值是否相同，相同则正确，不同则错误。准确性比完整性更严格，完整性只是对数据有效性、结构和内容的基本约束要求，完整的数据可能不准确。例如，一个建筑物的高度为"32.6 米"，其数据类型、取值范围都符合数据完整性要求，但却与其真值"30.4 米"相差较大，因此是不准确的。

数据准确性需要将数据与它们要描述的事物(权威性参考源)进行比较，这一检查过程通常由人工完成。

5. 现势性检查

数据现势性，也称数据时效性或合时性，是指数据库的数据与当前现实情况的符合程度，即数据的新旧程度。一般来说，数据越及时，其价值越高。Geodatabase 现势性检查主要发生在数据库运行维护阶段，如果检查发现数据变化超出规定指标，则应及时进行更新。否则，过去曾经完备、准确的数据，则会因未及时更新而过时，变得残缺、错误，致使数据质量随着时间演进而快速退化。

GIS 空间数据库更新是通过 GIS 信息服务平台，用现势性强的现状数据或变更数据更新数据库中的非现势数据，同时将被更新的数据存入历史数据库，以确保 GIS 数据库具有更好现势性或更高准确性的过程。空间数据库更新不仅仅是原有数据的简单删除、替换，还涉及更新策略制定、数据变化检测、变化信息采集、变化信息融合、新旧数据关系协调、更新信息传播等多方面的问题，是 GIS 空间数据库发展中亟待解决的问题之一。

4.2.2 数据检查基本方法

数据检查主要有人工手动检查和自动批量检查两种方法。其中，自动批量检查又分为主动检查和被动检查两种方法。

1. 人工手动检查法

该方法也称目视检查法，它由操作员利用 GIS 软件的数据浏览查看功能，在计算机屏幕上以适宜的显示方式，通过目视判别对比逐屏逐项地对数据的完整性、完备性、冗余性、准确性等内容进行检验。该方法人机交互频繁、效率低、容易遗漏，但通用性强，几乎在所有 GIS 软件上都能实施。

2. 自动批量检查法

该方法通过数据库管理系统提供的相应功能模块或独立开发的应用程序，自动对数据的不同侧面与特征进行检验，并以醒目突出的形式显示标注所发现的问题，方便用户的核对、确认与纠正。该方法效率高，但检验内容有限，现有 GIS 软件提供的自动检验功能主要用于完整性检验，又可将其划分为主动式和被动式两种检验方法。

1) 主动式检验法

该方法在数据入库或编辑时，实时判断所输入的数据是否满足相应要求或条件，对于不满足条件的数据自动采取相应的措施(如操作回滚、出错提示、级联处理等)及时地做出补救或处理，以保证数据符合应有的要求或条件。ArcMap 的范围域属性编辑、共享几何元素编辑就属于该类方法。

2) 被动式检验法

该方法在数据入库或编辑时，暂时忽略对数据的相应要求或约束条件，而是等到入库或编辑结束时，再调用相应的模块或程序进行检验，以判断数据是否满足要求或条件。ArcMap 的要素属性检验与拓扑错误检验就属于该类方法。

4.2.3　自动检查方法及步骤

除了基本的人工手动检查方法外，ArcMap 还提供了范围域属性编辑、共享几何元素编辑两种主动检查方法，以及要素属性检验、要素拓扑检验两种被动检查方法。

1. 要素属性检查方法

Geodatabase 通过子类型、属性域、默认值、关系类等元素的定义提供了保持属性数据质量的约束机制。当数据加载入库或修改编辑后，可通过执行"编辑器"菜单上的"验证要素"命令，来检查发现所选要素属性及关系是否有效。

"验证要素"按照"子类型→属性规则→网络连通规则→关系规则→用户自定规则"的顺序对要素进行检验，一旦发现要素无效，验证过程会立即停止。例如，如果在执行检查属性域时，发现要素无效，那么将不再执行后续的网络连通规则等内容的检查。这种低成本检验优先的策略，可有效提高检验效率。"验证要素"的具体执行步骤如下：

(1) 启动编辑。添加 Geodatabase 中相应要素类至地图文档；单击"编辑器"工具条上的"开始编辑"命令，启动要素编辑。

(2) 选择验证要素。在地图窗口中选择要验证的要素。单击编辑器菜单，然后单击"验证要素"命令。如果在所选要素中发现无效要素，则会显示一个含有无效要素数的消息框。单击确定，关闭无效要素提示消息框后，只有那些无效要素仍会保持选中状态。

(3) 再次选择验证。单击选中其中的一个无效要素，并再次验证这个要素，将出现一个提示要素无效原因的消息框。单击确定，关闭该消息框。

(4) 修改错误。根据所提示的要素无效原因，对要素进行编辑。如果为属性无效，可

在"属性"窗口中更正属性值。如果关系无效，可能需要添加或删除关联的对象。

(5) 重复上述 3～4 步，直至所有要素均有效。注意，"验证要素"工具只能验证地理数据库中的要素。

2. 要素拓扑检查方法

要素拓扑检查有两种方式：一种是在启动编辑状态下，通过交互方式验证、查看、修复相应区域范围内的拓扑错误；另一种是在未启动编辑状态下，选定 Geodatabase 中拟检查的拓扑，单击右键菜单中的"验证"菜单项，对其进行批量验证。后者只能发现拓扑错误，还需要参考第一种方式来查看、修复拓扑错误。因此，这里主要介绍第一种拓扑检查方式，其主要步骤如下：

(1) 添加拓扑及要素类。向当前地图文档添加 Geodatabase 中的拓扑以及参与该拓扑的要素类。为方便错误及要素的查看，可在"图层属性"对话框的"符号系统"选项卡中，根据需要设置拓扑图层及要素图层的显示参数。在默认情况下，拓扑在内容列表中显示为包含区域、线和点错误的复合图层，符号化颜色为珊瑚红，异常将不会被绘制显示。

(2) 启动编辑。单击"编辑器"工具栏上的"开始编辑"菜单项，启动要素类的编辑。

(3) 显示拓扑工具条。选中"编辑器"工具栏上"更多编辑工具\拓扑"菜单项，在 ArcMap 中显"拓扑"工具栏。

(4) 验证拓扑。单击工具条上的"$\boxed{\checkmark}$"(验证指定区域中的拓扑)工具，然后在地图窗口中拖出一个框，框选要验证的区域；或者单击工具条上的"$\boxed{\checkmark}$"(验证当前范围中的拓扑)命令，开始在指定区域或当前显示范围内，检测、显示违背相应拓扑规则的错误要素。

(5) 查看修复错误。单击工具条上的"$\mathscr{F}$"(修复拓扑错误)工具，然后在地图窗口中单击选中一个错误要素之后右键单击，从出现的上下文菜单中选择完成错误定位、要素选择、规则查看、错误修复、标为异常等任务。另外，也可以单击工具条上的"$\boxed{\small\square}$"(错误检查器)"命令，在出现的对话框中选中错误，并通过右键菜单完成相应任务，如图 4-15 所示。

针对不同类型的拓扑错误，ArcMap 提供了不同的预定义修复工具。对于图 4-15 中已选中的黑色"不能有悬挂点"错误，可被修剪、延伸或捕捉到另一条线上。对于检查发现的拓扑错误，如果情况确实存在，可以将其标记为异常。例如，一条死胡同的末端就应该是悬挂点。错误查看器还可按规则类别分别查看不同类型的拓扑错误。

(6) 保存编辑内容。在查看、修复错误期间，应适时单击"编辑器"上的"保存编辑内容"命令，以避免出现异常导致修复数据的丢失。每次保存编辑内容都会清除"错误检查器"窗口中的内容。这时，必须在"错误检查器"中单击"立即搜索"按钮才可以使这些内容重新显示出来。这样可以确保"错误检查器"始终显示最新的地理数据库错误和异常。

当需要停止错误查看、修复工作时，可单击"编辑器"上的"停止编辑"命令。如果再次启动拓扑验证与修复，将把所做编辑、更新的区域标记为"脏区"(Dirty Areas)。当需要重新验证拓扑时，只对脏区进行处理，而不是整个数据集，这将节省时间并提高性能。在拓扑图层"属性"对话框的"符号系统"选项卡中，可打开/关闭脏区的显示，并设置相应的符号化参数。

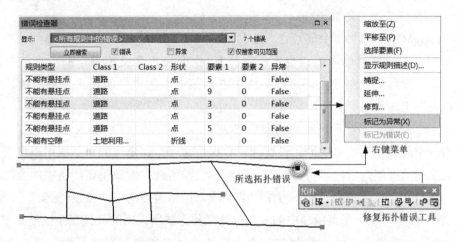

图 4-15　拓扑错误查看及修复示例

4.3　Geodatabase 数据处理

Geodatabase 的设计与建立往往需要收集不同来源的数据，它们可能具有不同的数据格式、数据结构、坐标系统、地图投影、表达尺度、图幅范围等。因此，除编辑与检查两种处理外，还需要对它们作进一步的处理，从而形成一个连续统一、协调一致、有效支持后续分析应用的综合性空间数据库。

空间数据处理又称数据形式的操作，它侧重数据表达形式的改变，按照不同的方式方法对数据形式进行运算与编辑，一般不涉及数据内容的分析。空间数据处理涉及的内容很广，主要取决于原始数据的特点和用户的具体需求，一般包括格式变换、矢栅转换、坐标转换、变形纠正、数据裁剪、图幅拼接、数据压缩、数据插值等内容。本节结合 ArcMap 中的空间校正、地理配准、投影变换、ArcScan 等工具或模块，对常用的数据处理方法及步骤进行叙述。

4.3.1　矢量数据空间校正

ArcMap 空间校正(Spatial Adjustment)工具条提供了在编辑环境中对矢量数据进行对齐(Align)和整合(Integrate)的交互式方法，可用于执行平面坐标转换、几何变形纠正、边匹配(要素拼接)以及属性传递四种处理任务。

1. 平面坐标转换

GIS 空间数据涉及地理、投影、数字化仪、图像等多种类型的坐标系。其中，地理坐

标系是球面坐标系，而后几种则是平面坐标系。空间校正中提供了相似(Similarity)、仿射(Affine)与投影(Projective)三种模型来近似地将矢量要素数据从一种平面坐标转换为另一种平面坐标，具体包括以下基本步骤。

1) 向数据框添加矢量数据并启动编辑

2) 向 ArcMap 中添加"空间校正"工具条

单击选中编辑器菜单中的"更多编辑工具\空间校正"菜单项，或者直接右键单击 ArcMap 界面顶部的空白处，然后单击选中右键菜单中的"空间校正"菜单项，以显示"空间校正"工具条。

3) 选择拟转换的数据和所采用的转换方法

单击"空间校正"菜单中的"设置校正数据"命令，在出现的对话框中根据需要选中所选要素或相应图层选项，以将转换对象限制为当前所选要素或指定图层中的全部要素。单击"空间校正"菜单中的"校正方法"菜单项，根据需要选中"变换-相似""变换-仿射""变换-投影"三个子菜单项中的一项。这三种方法所采用的具体变换模型如下。

(1) 相似变换模型。该模型的数学表达式如式(4-1)所示，需要至少创建两个位移链接，可以缩放、旋转和平移数据，变换后的要素保持原有的横纵比，与原要素相似。

$$\left.\begin{array}{l} X = Ax + By + C \\ Y = -Bx + Ay + F \end{array}\right\} \tag{4-1}$$

式中，(x, y)为变换前的源坐标，(X, Y)为变换后的目标坐标。A、B、C、F 为待定系数，下同。

(2) 仿射变换模型。该模型的数据表达式如式(4-2)所示，需要至少创建三个位移链接，可以缩放、旋转、平移、倾斜数据。对于大多数变换，均推荐选择此模型。

$$\left.\begin{array}{l} X = Ax + By + C \\ Y = Dx + Ey + F \end{array}\right\} \tag{4-2}$$

(3) 投影变换模型。该模型的数据表达式如式(4-3)所示，需要至少创建四个位移链接，可以更复杂地转换数据。

$$\left.\begin{array}{l} X = \dfrac{Ax + By + C}{Gx + Hy + 1} \\[2mm] Y = \dfrac{Dx + Ey + F}{Gx + Hy + 1} \end{array}\right\} \tag{4-3}$$

4) 为所选变换方法添加足够数目的位移链接

综上可知，空间校正所提供的坐标转换方法属于待定系数法，必须先通过位移链接(Displacement Links)来输入定义已知同一/同名(Corresponding)点的源坐标和目标坐标(也称同名控制点)，再根据最小二乘原理计算出所用转换模型中的未知系数/参数，才能真正用于坐标转换。

如图 4-16 所示，位移链接是一种表示为箭头(指向目标位置)的图形元素。位移链接不一定要以要素作为起点或终点。通常情况下，位移链接的起始位置和终止位置之间的距离可能非常远。用户可通过人工交互、链接文件或控制点文件三种方式来创建链接。

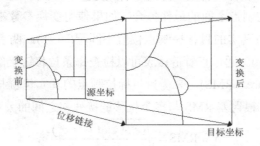

图 4-16   坐标转换中位移链接示意

(1) 通过人工交互创建链接。单击"空间校正"工具条上的"新建位移链接"(✦)工具，然后依次将鼠标移动到源与目标位置上并单击，则完成一个位移链接的创建。为保证输入的准确性，创建过程中可开启捕捉或使用放大镜窗口。另外，为节省时间可单击"空间校正"工具条上的"多位移链接"(✧)工具，然后依次单击源与目标线要素，并输入链接数目，则自动在两条线之间创建指定数目的多条位移链接。

在位移链接创建完成后，单击"空间校正"条上的"修改链接"(✦)工具，可移动调整已选位移链接的源点或目标点；也可以单击"空间校正"工具条上的"查看链接表"(☷)命令，来打开以表格形式显示的位移链接窗口，通过该窗口选择、编辑、删除、闪烁、平移、缩放相应链接。

在校正的目标位置不存在数据，或者源点与目标点相距很远，无法通过交互直接创建位移链接的情况下(被称为盲变换，Blind Transformations)，可以通过创建以已知位置为起点、以中间临时位置为终点的位移链接，然后使用链接表将这些链接的目标坐标编辑为已知的实际准确位置。

(2) 通过链接文件创建链接。单击"空间校正"菜单中的"链接\打开链接文件"命令，在弹出的对话框中导航到链接文件所在的文件夹，单击打开相应的链接线文件，可根据链接文件中的源点及目标点位置自动创建位移链接。

(3) 通过控制点文件创建链接。控制点文件是一种包含空间校正目标点坐标的文本文件，该文件通过制表符将点坐标分割为两列或三列。两列控制点文件由一对目标坐标值组成。三列控制点文件首列为点 ID 列，后面两列是目标点坐标值。与链接文件不同，打开控制点文件不会自动创建位移链接，必须通过控制点手动创建链接，其具体步骤如下。

首先，单击"空间校正"菜单中的"链接\打开控制点文件"，在弹出的对话框中定位并单击打开相应的控制点文件，将弹出"控制点"窗口。

然后，双击"控制点"窗口中的某一行，在目标位置创建一个链接，将链接的另一端点拖动到源位置并单击以完成链接的创建。该行将从"控制点"窗口中移除。

接着，重复第二步骤，直到"控制点"窗口中的所有行都被移除，且被转换为位移链接为止。

5) 检查转换残差，预览、执行并保存转换

当添加的位移链接超出转换模型所选的最少数目时，根据最小二乘原理求出的变换参数是源控制点和目标控制点之间的最佳拟合。如果使用变换参数来变换实际的源控制点，则变换后的目标位置与真实的目标控制点位置不匹配(重合)，两者之间的距离被称为残差(Residual Error，记作 e)。通过查看链接表可以检查每条位移链接的残差及转换的总体均方根误差(Root-mean-square，RMS)，来衡量目标控制点的真实位置与变换后位置的拟合程度与转换精度。总体均方根误差 RMS 与多个位移链接残差之间的关系如式 4-4 所示。

$$\text{RMS} = \sqrt{\frac{(e_1^2 + e_2^2 + \cdots + e_n^2)}{n}} \tag{4-4}$$

如果转换误差高于相应规范的要求值，应重新调整、修改位移链接。一般来说，变换使用的链接越多，结果就会越精确。可单击"空间校正"菜单中的"校正预览"命令以预览查看数据转换后的结果。在确保准确后，单击"空间校正"菜单中的"校正"命令，则真正执行空间校正。位移链接在执行校正后将从文档中移除。如果未得到预期结果，可以单击标准工具条上的"撤销"命令以撤销校正并返回到原始状态。

在执行校正并获得预期结果后，应及时单击编辑器菜单中"保存编辑内容"命令以保存校正结果。需要说明的是，上述变换方法除用于坐标转换外，还可在同一坐标系内缩放、旋转、平移数据，在坐标系内转换单位，如将英尺转换为米。

2. 几何变形纠正

由于受原始图纸介质、存放条件、采集及处理误差等因素的影响，一些矢量数据可能存在一些小型的局部不均匀几何变形。对于这类几何变形，可采用空间校正中的橡皮页(Rubbersheet，译作橡皮条更准确些)变换加以纠正处理。橡皮页变换也使用位移链接来确定要素的移动位置，通常调整源图层以对齐、适应更精确的目标图层，具体实施步骤也与上述变换基本相同。不同之处主要在于标识链接、受限校正区域及变换原理三方面。

1) 标识链接

标识链接(Identity Link)是一种只能在橡皮页变换中使用，源坐标与目标坐标相同的特殊位移链接，可防止折点在橡皮页变换期间发生移动。单击"空间校正"工具条上的"新建标识链接"(⊞)工具，然后将指针移动到源位置处单击即可创建标识链接。在查看链接表窗口中，标识链接的目标坐标值被省略。

2) 受限校正区域

单击"空间校正条"工具上的"新建受限校正区域"(⊞)工具，然后在要进行橡皮页变换的区域周围绘制一个面，然后双击完成此面创建。该面以外的要素在校正期间不会受到影响。当必须添加多个标识链接时，使用"受限校正区域"工具会节省时间。单击"清除受限校正区域"(⊞)工具可移除受限校正区域面。橡皮页变换只支持一个受限校正区域。

3) 橡皮页变换原理

如图 4-17 所示，橡皮页变换使用两个临时的空间不规则三角网(TIN)，通过插值来求解源点转换后的目标坐标值。三角网中每个三角形的角(结点)都由相应的 x 值、y 值和 z 值来定义，其中 x 值、y 值均来自所有位移及标识链接的起点坐标值，z 值则分别取链接起点与终点之间的 x 与 y 变化量。对于所有标识链接 z 值为两次均取 0，图中位移的 dx 与 dy 分别为 50 和-220。因此，两次三角网尽管具有相同的平面结构，但实质上却具有不同的三维空间姿态。

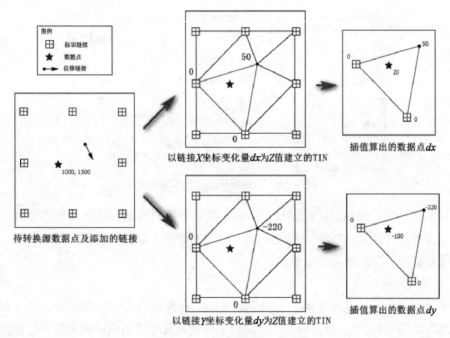

图 4-17　橡皮页变换原理示意

在构建三角网之后，对于每个待转换的数据点假设其在对应区域的空间三角形上，将已知的(x, y)坐标值代入相应的三角形平面方程，可分别求出对应的 z 值，即数据点的坐标变化量 dx 和 dy，进而可求出校正后的坐标值为$(x+dx, y+dy)$。对于上图中的数据点，校正之后的坐标值应为[1020(1000+20)，1400(1500-100)]。

根据上述原理可知，橡皮页变换添加的位移链接在变换前后其目标点坐标是保持不变的，因此，不存在转换残差，链接表中也没有相应的数值。

橡皮条变换有"线性法"和"自然邻域法"两个选项，其实就是创建临时 TIN 的方法。线性法不考虑邻域，可快速创建 TIN 表面，当很多链接均匀分布在校正的数据上时可以生成不错的结果。自然邻域法考虑领域点的分布，创建过程稍慢，当位移链接不是很多且较为分散时，得出的结果会比线性法更加精确。

3. 边要素匹配拼接

对于来自不同图幅或区域的矢量数据，由于采集或处理误差，在相邻的边缘部分常常

存在同一要素的线段或弧段被打断、坐标数据不能相互衔接的情况，对此必须进行要素匹配与拼接处理。空间校正工具条上的"边捕捉"方法，可用于执行该任务。

如图 4-18 所示，边捕捉的基本原理是在两个相邻图层(一个为源图层，另一个为目标图层)的边缘处，通过边匹配工具依据位于捕捉容差范围内或具有相同的属性值来匹配建立同一要素的对应关系，并添加相应的位移链接，然后根据不同的处理选项将匹配要素拼接在一起。

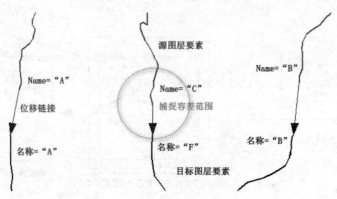

图 4-18　边捕捉校正方法原理示意

根据上述原理，在执行边捕捉校正之前，除设置校正数据、选择校正方法等基本步骤外，还需要设置边匹配选项与边捕捉选项。前者主要用于如何识别匹配同一要素，后者主要用于如何拼接已匹配的同一要素。

1) 设置边匹配选项

单击"空间校正"菜单中的"选项"菜单项，在弹出的对话框中单击"边匹配"选项卡，将出现如图 4-19 所示的窗口。在该窗口中分别设置选择相应的源图层和目标图层。如果希望每个目标点只有一个链接，可选中相应复选框。如果要避免重复链接，可选中相应复选框。如果想使用属性来增强边匹配，需选中"使用属性"复选框。然后，单击"属性"按钮，来添加设置匹配同一要素的源图层字段以及与之对应的目标图层字段。

图 4-19　边匹配属性设置对话框

在设置确定边匹配选项之后，可单击空间校正工具条上的"边匹配"工具(🥢)，然后在相邻图层边缘拖出一个方框，框住要进行边匹配的要素，将按照相应设置匹配源图层与目标图层之间的边要素，并通过位移链接连接起来。可在不同的边缘区域重复该过程，以匹配链接所有的相邻要素。此工具应与足够大的捕捉容差设置相结合才能确保准确的匹配结果。在经典捕捉模式下，设置调整捕捉容差才有效。如果该工具失效，也可手动添加位移链接。

2) 设置边捕捉选项

单击"空间校正"菜单中的"选项"菜单项，在弹出的对话框中单击"常规"选项卡，在校正方法组合框中选中"边捕捉"，单击右侧"选项"按钮，弹出"边捕捉"对话框。在该对话框中，如果选中"平滑"选项，位于链接线源点的折点将被移动到目标点，其余折点也会被移动，从而产生整体平滑效果；如果选中"线"选项，只有位于链接线源点的折点会被移动到目标点，要素上的其余折点保持不变。

如果要使邻接要素的端点移动相同的距离，从而产生整体平滑效果，而不必将某个要素的端点移动很大距离，可选中对话框中的"校正链接中点"复选框。这一功能需要在"边匹配"选项卡设置指定源图层和目标图层，并同时在要校正数据中选中这两个图层。

4. 属性传递

除基本的空间校正工具外，空间校正条还提供了一个"属性传递"工具。该工具依据源图层和目标图层之间的对应匹配字段，通过交互方式将源要素的属性值传递到指定的目标要素属性字段上，也可选择传递源要素的几何。除添加数据、启动编辑等基本步骤外，使用该工具主要包含以下两个基本步骤：

1) 设置属性传递映射条件

单击"空间校正"菜单中的"属性传递映射"菜单项，在出现的对话框中设置选择设置源图层和目标图层(这两个图层必须为可选图层)。在源图层字段列表框中单击某个字段，接着单击目标图层字段列表框中的相应字段，当这两个字段高亮显示时，单击"添加"按钮将其添加到匹配字段列表中。对要用作属性传递条件的所有其他字段重复执行此过程。也可以单击"自动匹配"按钮来一次性添加名称相同的多个匹配字段。如果要传递要素几何，可选中相应的复选框。

2) 传递要素属性或几何

单击空间校正工具条上的"属性传递"工具(📋)，接着用鼠标单击目标源要素，然后再单击目标要素，即可按所设映射条件传递源要素的属性或几何到指定要素上。按住 Shift 键可以将属性传递到多个目标要素。传递完成后，可使用基础工具条上的"识别"工具(ⓘ)，单击目标要素来查看验证其属性。如果传递了几何，应按 F5 键以刷新显示传递结果。

4.3.2 栅格数据地理配准

从数据获取渠道上来讲，Geodatabase 栅格数据主要包括扫描地图、航空像片和卫星影

像三种类型。扫描的地图栅格数据通常不包含空间参考信息，航空摄影和卫星影像提供的位置信息通常不够充分，一般都无法与其他现有数据完全对齐。因此，如果要综合使用这些栅格数据集与其他空间数据，通常需要将这些数据对齐或配准到某个地图坐标系，以便与其他空间数据一起查看、查询和分析。

ArcMap"地理配准"(Georeferencing)工具条可用来对栅格及 CAD 数据集进行地理配准。栅格数据地理配准与上述矢量坐标校正原理类似，通常使用具有所需地图坐标系中的现有栅格或矢量数据(目标数据或参考数据)，通过控件点(位移链接)构建相应的转换模型后对源数据进行转换配准。

地理配准工具条包含一组下拉项、交互式工具以及简化数据地理配准的相关组件。在单击选中 ArcMap"自定义"主菜单中的"工具条\地理配准"菜单项，显示"地理配准"工具条之后，可通过如下步骤对栅格数据进行地理配准。

1. 添加数据、调整显示状态

通过拖曳先后将所参考的目标数据(可以没有)以及待配准的源栅格数据，添加到当前地图中。如果添加了目标数据，在内容列表中单击其右键菜单中"缩放至图层"菜单项，以完整显示该数据。然后，在"地理配准"工具条上单击"选择地理配准图层"下拉框，选择要进行地理配准的栅格图层。接着，单击"地理配准"菜单中的"适应显示范围"命名，将栅格图层显示在与目标图层相同的区域内。此时，可根据需要选择使用"地理配准"工具条上的"旋转"( )、"平移"( )、"缩放"( )三种工具，来调整栅格数据显示状态。如果要查看其他数据集，需调整它们在内容列表中的顺序避免被栅格图层遮挡。

2. 添加控制点构建位移链接

为了便于输入与检查，在添加位移链接之前应单击"地理配准"菜单中的"自动校正"选项，使其处于非选中状态。然后，单击工具条上的"添加控制点"工具，并先后在源数据和目标数据的对应位置上两次单击，完成一个位移链接的创建。重复该过程，为要使用的变换模型添加足够的链接。

在单击输入链接的源点坐标之后，单击右键菜单中的"输入 X 和 Y"命令，可在弹出的输入坐标对话框中输入准确的目标点坐标。这非常适用于没有目标参考数据但知道目标控制点坐标的情况。如果参考的目标数据也是栅格数据，可单击工具条上的"自动对位"(也称自动注册)命令，来自动创建添加位移链接。为了在自动注册过程中实现更高的成功率，两个栅格数据集需要在地理位置、获取时间和季节、影像方向、影像比例和波段组合等方面尽量相似，执行前应使两个数据集相同区域有足够重叠。

链接包含的控制点一般应是在栅格数据和目标数据中均可精确识别的位置。许多不同类型的要素都可以用作可识别位置，如道路或河流交叉点、小溪口、岩石露头、土地的堤坝尽头、已建成场地的一角、街道拐角或者两个灌木篱墙的交叉点等。

在默认情况下，分别以红色与蓝色的十字符及对应的数字标号来显示标注链接的源与

目标坐标点，可单击"地理配准"菜单中"选项"命令，在弹出的选项对话框中对其进行
调整与更改。

3. 选择变换模型查看配准精度

单击"地理配准"菜单中的"变换"菜单项，可从其子菜单中为配准选择相应的变换
模型。模型是否可用取决于所创建的链接数量，其中，零阶多项式至少 1 个；一阶多项式
至少 3 个；二阶多项式至少 6 个；三阶多项式至少 10 个；校正至少 3 个；投影变换至少 4
个；样条函数至少 10 个。多项式阶次越高，可校正的畸变就越复杂，一般极少会用三阶
以上的多项式变换。校正变换和样条函数变换是类似于橡皮页的变换，一般适用于非均匀
的局部变换。投影变换尤其适用于倾斜的影像、扫描的地图和一些影像产品，如 Landsat
和 Digital Globe 等。

当添加的链接超过模型所需的至少数目后，会返回误差或残差值，该值表示链接起点
所落到的转换位置与指定的实际位置(终点位置)之间的距离。残差及所有残差的均方根
(RMS)误差通常被用作评估变换精度的一种重要依据，但也不能绝对地将低 RMS 误差与精
确配准相混淆。例如，在链接数量较少的低误差配准中可能仍包含显著的误差。校正变换
和样条函数变换通常可以使 RMS 接近于零或等于零，但这并不意味着影像将得到完美的
地理配准。

单击地理配准工具条上的"查看链接表"命令(⊞)，可打开如图 4-20 所示的"链接"
窗口来查看链接以及配准转换的具体坐标与误差信息。通过在选项对话框中选中相应的复
选框，可在该窗口中以不同单位显示相应的误差值。其中，正向残差(Forward Residual，
简称残差)单位与数据框所使用的空间参考单位相同；反向残差(Inverse Residual)以像素为
单位；正向残差-反向残差是以像素为单位来测量精度的接近程度。

一般而言，残差越接近零，精度就越高。对于残差较大的链接，可以在该窗口中选中
并编辑其坐标值，或直接删除后重新添加位移链接。为使误差最小，应该根据需要在最高
分辨率和最大显示比例下添加链接，应使链接均匀分散在整个源数据，而不是将它们集中
在某一个区域内。如果需要共享重复使用控制点链接信息，可以单击窗口上方的"保存"
(💾)命令，请其保存在一个外部文本文件中。

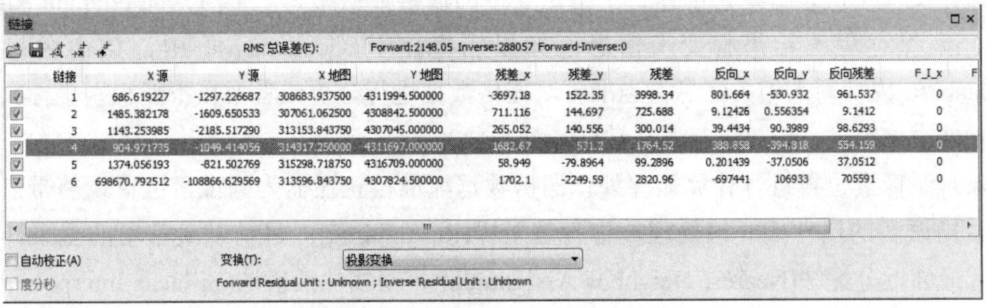

图 4-20　地理配准中的"链接"窗口

4. 更新或另存栅格数据配准信息

在确认转换误差符合要求后，可单击"空间校正"菜单中的"更新地理配准"或"校正"命令执行转换配准处理并保存相关信息。

1) 更新地理配准

"更新地理配准"命令并不实际变换更改像素的位置，只是将地理配准信息作为栅格数据集的属性写入其文件头或外部附属文件中，以后用其对像素进行动态变换。一般情况下，ERDAS IMAGINE、BSQ、BIL、BIP、GeoTIFF 和格网等格式的栅格数据将地理配准信息存储在其图像文件的内部文件头中。

对于*.tif、*.jpg、*.bmp、*.bil、*.raster、*.bt 等格式的栅格图像，通常将地理配准信息存储在单独的 ASCII 坐标文件中。为方便识别，坐标文件名通常取图像文件名结尾加字母"w"的字符串。例如，image.tifw、mage.jpgw、image.bilw、image.rasterw、image.bt、imagew(图像文件无扩展名)等。如果图像文件的扩展名包含 3 个字符，也可能将中间字符删除后加字母"w"。例如，image.tfw、image.jgw、image.blw 等。

从 ArcGIS 9.2 SP2 起，如果不能以坐标文件形式表示变换，更新地理配准命令会将变换信息写入辅助文件(*.aux.xml)，并以近似仿射变换的形式写入文本文件或扩展名末尾为 x 的坐标文件中。

坐标文件按 A、D、B、E、C、F 的顺序存储了仿射变换模型(见式 4-1)中的六个参数值。其中，A 为采用地图单位沿像素坐标 X 方向的缩放因子；D、B 为旋转参数；E、C 为平移参数；F 为采用地图单位沿像素坐标 Y 方向的缩放因子。

辅助文件(AUX.XML)用于存储无法保存至栅格文件本身的任何辅助信息，不仅包含地理匹配信息，也包含栅格数据的色彩映射表，统计数据、直方图或表，金字塔文件的指针，坐标系，投影等信息。

为正确使用地理匹配结果，应将坐标文件、辅助文件与栅格数据文件处于同一文件夹下，删除这两个文件可以删除保留的变换信息。

2) 永久性校正

"校正"命令将实质性地永久更改栅格数据的像素位置及空间参考信息。如果栅格数据存储在文件中，该命令将创建一个指定类型的栅格数据集和一个与其同名的.aux.xml 的文件，来保存更改结果和变换信息；如果栅格位于 Geodatabase 中，该命令将会在 Geodatabase 内部写入相关信息。当准备对栅格数据进行分析或者要在不能识别坐标文件的其他软件中使用时，应该进行永久性转换配准。

除对源像素位置进行计算调整外，栅格数据配准校正还需为因像素位置调整带来的空值像素指派新的属性值，该处理被称为重采样(Resampling)。目前，最常用的重采样方法主要有最邻近分配法(Nearest Neighbor Assignment)、双线性插值法(Bilinear Interpolation)和三次卷积法(Cubic Convolution)。最邻近分配法是最快的重采样技术，适用于分类数据或专题数据；双线性插值法适用于高程、坡度、噪音强度等连续型栅格数据；三次卷积插值法适用于航空摄影和卫星影像数据。

5. 为配准后的栅格数据定义坐标系

在执行配准后，源栅格数据集的坐标系信息将继承其所在数据框的坐标系信息。数据框坐标系与首次添加的数据集坐标系相同。如果数据框没有坐标系信息，还应在"属性"对话框为配准后的源栅格数据集选择指定坐标系。

4.3.3 地理与投影坐标转换

在多种不同类型的坐标系中，ArcGIS 能真正识别使用的只有地理坐标系(GCS)和投影坐标系(PCS)两大类。地理坐标系是通过旋转椭球体、本初子午线、角度测量单位等基准元素来定义地球上位置的球面坐标系，用经度、纬度(L，B)表示点位；投影坐标系则是通过某种模型与方法将地理坐标投影到可展平面上形成的平面坐标系，用(X，Y)表示点位，可测量距离和面积。

1. 转换类型

目前，许多国家或地区根据自身情况先后建立形成了多种不同的地理与投影坐标系。如 4-21 图所示，两类坐标系之间的转换共有同一基准下的地理与投影坐标转换、同一基准下的投影坐标转换、不同基准下的地理坐标转换、不同基准下的地理与投影坐标转换、不同基准下的投影坐标转换五种类型。

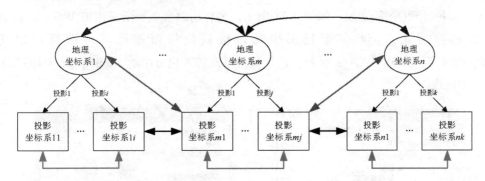

图 4-21 地理坐标系与投影坐标系之间的转换转换

2. 转换方法

概括而言，可通过解析变换法、数值变换法和解析数值变换法三种途径实现上述不同类型的坐标转换。

1) 解析变换法

该方法通过严密或近似的解析关系式，将一种坐标变换为另一种坐标，又分直接(正解)变换法和间接(反解)变换法。例如，同一基准下的地理与投影坐标根据相应解析式可直接进行转换；而对于同一基准下的不同投影坐标，由于难以确定其间的直接解析式，常常使用间接法进行转换，先将一种投影坐标转换为地理坐标，然后再将地理坐标转换为另一种

投影坐标。

2) 数值变换法

该方法根据两坐标系下的若干同名控制点,运用数值逼近理论建立它们之间的近似函数关系(如前面叙述的相似、仿射、二次多项式等模型),然后用其将一种坐标变换为另一种坐标。

3) 解析数值变换法

该方法是将上两类方法结合的间接变换方法。例如,在不同地理坐标转换时,一般先用解析法将地理坐标转换为同基准的空间直角坐标,然后用数值法将其转换为另一种地理基准下的空间直角坐标,最后再用解析法将其转换为另一种地理坐标。

3. ArcGIS 转换工具

ArcGIS 基于解析法与解析数值变换法,在数据管理工具箱(Data Manageme-nt Toolbox)的"投影与变换"工具集(Projections and Transformations Toolset)下提供了用于将空间数据从一个地理或投影坐标系转换为另一个地理或投影坐标系的多个工具,如图 4-22 所示。

其中,"要素\批量投影"工具可一次转换多个要素类或图层的空间坐标;"要素\投影"工具一次只能转换一个要素类或图层的空间坐标;"栅格\投影栅格"工具一次只能转换一个栅格数据集或图层的空间坐标。

当上述工具用于不同基准下的坐标转换时,必须选择输入地理(坐标)变换选项,该选项定义了两种地理坐标系或基准面之间进行转换时所用的方法及参数。ArcGIS 系统已经事先定义了多种地理(坐标)变换。如图 4-23 所示,要将道路要素类所采用的 WGS 1984 地理坐标新转换为北京 54 高斯投影坐标,根据数据覆盖区域可选择已定义的 Beijing_1954_To_WGS_1984_2 参数。该参数是双向的,也可用于 Beijing 54 坐标到 WGS 84 坐标的转换。

图 4-22　坐标转换工具

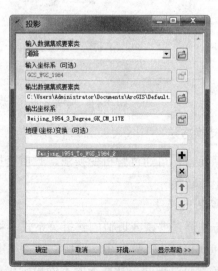

图 4-23　投影转换示例

如果系统没用提供地理(坐标)变换参数或所提供的不能满足精度要求，可向测绘部门咨询获得不同基准之间转换方法与参数后，利用"创建自定义地理(坐标)变换"工具来创建定义准确的变换参数。

4.3.4 ArcScan 扫描矢量化

矢量与栅格是两种各具优缺点的空间数据基本存储结构，有时需要将空间数据从一种结构转换为另一种结构，以支持高效的分析与应用。在"转换工具箱(Conversion Tools)"的"由栅格转出"和"转为栅格"工具集下，ArcGIS 分别提供了多种矢量化(将栅格数据转换为矢量数据)与栅格化(将矢量数据转换为栅格数据)批量处理工具，如图 4-24 所示。由于这些工具相对比较简单，本节不再一一介绍，将主要介绍另一种矢量化工具模块——ArcScan。

ArcScan 是一个用来将扫描图像转换为矢量要素图层的矢量化扩展模块。如果要使用该模块，必须先单击 ArcMap"自定义"菜单中的"扩展模块"菜单项，在弹出的对话中勾选启用 ArcScan 扩展模块，并单击"自定义"菜单中的"工具条"菜单项，选中并显示"ArcScan"工具条。

ArcScan 仅对二值图像表示的栅格数据进行矢量化，必须使用两种唯一的颜色来对栅格图层进行符号化。通过栅格图层"属性"对话框"符号系统"选项卡中的"唯一值"或"分类"渲染方法，可将栅格分离成前景和背景两种颜色。前景色通常用深色(如黑色)表示，而背景色通常用浅色(如白色)表示。只要两种颜色具有唯一的值，ArcScan 就能对前景栅格像元进行矢量化。

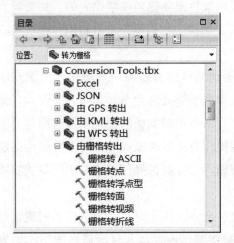

图 4-24 转换工具箱中的矢量化与栅格化批量工具

ArcScan 可通过交互追踪栅格像元来手动执行矢量化，也可使用自动模式批量执行矢量化。交互式矢量化过程也被称为栅格追踪(Raster Tracing)，与编辑过程中创建要素的技

术类似。两种矢量化方式都需要事先进行相应的设置，这些设置决定着输出矢量要素的几何组成。当确定了最佳的矢量化设置后，可保存以重复使用这些设置。

ArcScan 扩展模块还提供了一些工具，可用来对拟矢量化的文件型栅格数据集进行预处理，执行简单的栅格编辑，以准备用于矢量化的栅格图层，排除超出矢量化项目范围的不需要的栅格元素。ArcScan 矢量化过程主要由如下步骤组成。

1. 启动编辑

通过拖曳将待矢量化的栅格数据集以及用来存储矢量化结果的要素类，添加到当前地图中，对相应图层进行符号化设置，确保数据具有相同的坐标系、已启动显示 ArcScan 扩展模块及工具条后，单击"编辑器"菜单"开始编辑"命令，启动编辑会话。

2. 栅格预处理

为矢量化准备栅格数据所进行的预处理因图像而异。大多数情况下，输入栅格只需要进行略微更改或不需要任何更改，但有时则可能需要执行大量编辑才能使栅格处于可矢量化的状态。

ArcScan 采用与 ArcMap 编辑会话类似的清理会话进行预处理，必须单击"栅格清理"菜单中的"开始清理"命令启动清理会话后，才能使用该菜单中的其他命令以及"栅格绘画"工具栏上的工具，对栅格图层组合框中的所选图层进行编辑。

"栅格绘画"工具栏提供了"画笔""线""矩形""椭圆""填充""橡皮擦""魔术橡皮擦"等多种工具，通过这些工具可在栅格数据集中绘制添加缺失的栅格单元或要素，也可以擦除不必要栅格单元或影响矢量化的噪声。

在默认情况下，画笔、矩形等工具都是以前景色来创建新栅格单元的。如果需要互换前景色和背景色，可单击工具条上的 ■ 按钮来，切换后"画笔"工具将用作橡皮擦、而橡皮擦工具将用作画笔。

此外，栅格清理菜单中还提供了应用于所选栅格的"擦除所选单元""填充所选单元"命令，以及应用于整个栅格图层的四种数学形态学处理命令。其中，"腐蚀"命名可降低栅格图层中所有栅格要素的宽度；"膨胀"命令可增加栅格图层中所有栅格要素的宽度；"开运算"命令使用相同的值先进行腐蚀操作再进行膨胀操作，可擦除栅格图层中的细线；"闭运算"使用相同的值先进行膨胀操作再进行腐蚀操作，可对粗糙线状要素进行平滑，或者填充栅格前景对象之间的小间距。

在完成栅格预处理任务之后，可以停止清理会话。停止时，系统会提示您确认是否将更改保存到栅格。如果使用"保存"命令，则将编辑内容写入目标栅格图层。如果使用"另存为"命令，则将编辑内容连同整个栅格一起写入新栅格文件。如果不想修改原始栅格图层，则建议使用此选项。

3. 交互矢量化

如果想完全控制矢量化过程或仅需对栅格图像的一小部分内容进行矢量化时,可采用交互式矢量化。如果条件允许使用自动矢量化,可忽略此步骤直接转入下一步骤。交互式矢量化主要有设置捕捉选择、设置矢量化选项、栅格追踪与形状识别三部分组成。

1) 设置捕捉选项

为了保证输入数据的正确性,开始栅格追踪矢量化之前,应将 ArcMap 捕捉工具切换为经典捕捉环境,并在"捕捉环境"窗口勾选所需的栅格捕捉选项。如图 4-25 所示,中心线选项将捕捉到栅格线性元素的中心;拐角选项将捕捉到两个栅格线性元素相交的拐角;交点选项将捕捉到三个或更多栅格线性元素相交的交汇点;端点选择将捕捉到栅格线性元素的端点;实体选项将捕捉到栅格实体的中心点。

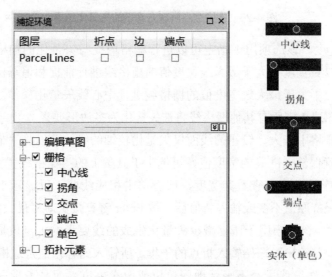

图 4-25 捕捉环境窗口及栅格捕捉选项示意

除了上述选项外,还需单击 ArcScan 工具条上的 按钮,在弹出的窗口中进一步设置 ArcScan 专用的栅格捕捉选项。第一个选项可在无须更改栅格图层符号系统的情况下,切换栅格数据的前景色与背景色,栅格追踪仅作用于前景色;第二个选项基于用户输入的值,来限定可捕捉到的栅格线最大及最小宽度,以控制最终矢量化哪些栅格线;第三个选项用来限定可捕捉到的圆实体直径上下限范围;第四个选项指定捕捉与追踪时可被忽略的最大孔洞,其大小以像素为单位按照背景单元的对角线距离来测量。

2) 设置矢量化选项

单击 ArcScan 工具条"矢量化"菜单中的"矢量化设置"命令,可打开"矢量化设置"对话框不断更新调整各项设置并应用更改。矢量化设置应用于交互矢量化与自动矢量化。为检验设置是否合适,可单击选中"矢量化"菜单中的"显示预览"命令,及时预览查看不同设置下的矢量化结果。该窗口中主要包括如下设置选项。

(1) 交点解决方案。该选项确定 ArcScan 将如何生成相交于交汇点的要素。其中，几何交点解决方案专门用于保存角和直线，常用于工程绘制和街道地图；中值交点解决方案专门用于处理非直线角，常用于植被地图、土壤地图和支流地图等自然资源地图；无交点解决方案专门用于具有非交叉要素的栅格，常用于等高线地图。不同解决方案下的矢量化结果如图 4-26 所示。

图 4-26　不同交点解决方案下的矢量化结果

(2) 最大线宽度。该选项用于指定可以进行栅格捕捉与矢量化的栅格线性元素。在交互矢量化中，可以对宽度不大于最大线宽度值的栅格线进行捕捉和追踪操作。在自动矢量化中，可以对宽度不大于最大线宽度值的栅格线进行中心线矢量化操作。如果地图中存在可编辑的多边形图层，则所有其他栅格线将被矢量化为多边形要素。

如果要忽略栅格中较大、较粗的线而仅矢量化较细的线，可以将"最大线宽度"设置用作过滤器。为确保输入准确的宽度值，可选中工具条上的"栅格线宽度"按钮(✛)，然后移动鼠标到相应线要素上查看其宽度，或者单击相应线要素以显示小型的"栅格线宽度"输入框。在保持原值不变或输入新值后，按 Enter 键直接更新"最大线宽度"设置。

(3) 压缩容差。该选项用于压缩减少矢量化生成的线要素的折点数量。压缩是一种矢量化后处理步骤，其输出是原始输入折点的子集。所输入的容差值是道格拉斯-普克压缩算法中所需的最大允许偏移量，不表示地图单位或像素单位，而是表示压缩泛化的强度等级。压缩容差值越大，线要素折点减少的数量越多，如图 4-27 所示。折点数目减少过多将导致输出线要素不同于源线的原始形状。

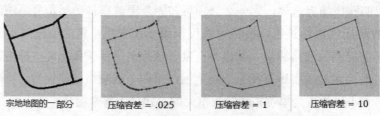

图 4-27　不同压缩容差下的矢量化结果

(4) 平滑权重。该选项用于对矢量化生成的线要素进行平滑处理。平滑权重值越大，处理后的线要素就越平滑，如图 4-28 所示。较大的平滑权重可能导致输出线要素不同于源线的原始形状。

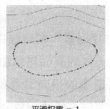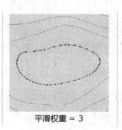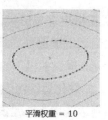

扫描的等高线地图的一部分　平滑权重 = 1　平滑权重 = 3　平滑权重 = 10

图 4-28　不同平滑权重下的矢量化结果

(5) 间距闭合容差。该选项以像素为单位确定矢量化过程中可以忽略跳过的栅格线最大中断间距。在矢量化过程中，不大于输入容差值的间距都将进行闭合链接处理。但是，位于线相交处的间距不会闭合。

大多数情况下，栅格间距是由于源文档或扫描质量不佳造成的。有时间距也可能是原始文档的线符号系统的一部分，例如，使用虚线表示公用设施管线。当选择使用间距闭合容差选项时，可以进一步设置"扇形角度"为其指定搜索下一段栅格线的角度范围。间距闭合容差及扇形角度的作用如图 4-29 所示。

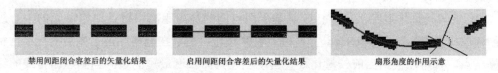

禁用间距闭合容差后的矢量化结果　　启用间距闭合容差后的矢量化结果　　扇形角度的作用示意

图 4-29　间距闭合容差及扇形角度示意

(6) 孔洞大小。该选项以像素为单位指定可被忽略的栅格孔洞大小。孔洞是栅格线中被前景像素完全包围的小间距。这些孔洞可能是由于源文档或扫描质量不佳造成的。在进行矢量化时，将忽略对角线长度不大于指定距离的孔洞，将其视为栅格线的一部分进行处理。孔洞大小选项的作用如图 4-30 左侧部分所示。

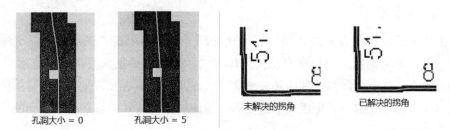

孔洞大小 = 0　　　孔洞大小 = 5　　　未解决的拐角　　　已解决的拐角

图 4-30　孔洞大小及解决拐角选项示意

(7) 解决拐角。该选项确定 ArcScan 处理拐角的方式，也可通过输入特定角度来确定解决哪些角度的拐角。如图 4-30 右侧部分所示，当不选择解决拐角时，线要素的拐角会被弧线代替；当选择解决拐角时，会保留线要素之间的角度，但具体处理方式又矢量化方式的不同而略有不同。在矢量化追踪期间，追踪会在拐角处暂停；在点间矢量化追踪期间，拐角将会被解决但追踪不会在该位置停止；在自动矢量化期间，拐角将会被解决并且在拐角处将生成的线要素打断。

3) 栅格追踪与形状识别

在确认上述选项为最佳设置后，先在"创建要素"窗口选中相应的要素模板，然后通过 ArcScan 提供的以下三种矢量化工具以交互方式为其创建添加新要素。

(1) 矢量化追踪工具。该工具可根据工具箭头的指向沿着毗连的栅格线性元素创建要素，当到达栅格线性元素的终点或遇到栅格交点时将停止追踪。具体使用步骤如下。

① 单击 ArcScan 工具栏上的 按钮。

② 移动鼠标捕捉到栅格图层中的所需位置并单击。

③ 移动鼠标将工具的箭头指向要追踪的方向，单击栅格上另一个所需位置以开始追踪。矢量化追踪工具会根据当前的矢量化设置自动创建折点。

④ 如果遇到一个交点，该工具将停止追踪。此时，可继续移动鼠标将工具箭头指向要矢量化的方向，并单击其他相应栅格位置以继续追踪。

⑤ 当到达栅格线的终点或草图的起点时，可按 F2 键完成要素的矢量化与创建。

在追踪过程中，如果单击的栅格位置不相连或者矢化设置不合适，将出现未找到解决方案的警告窗口。

(2) 点间矢量化追踪工具。该工具基于两点间的最短距离沿毗连栅格单元的中心线自动创建添加要素。单击 ArcScan 工具栏上的 按钮，然后在栅格图层上先后捕捉单击相连的栅格点，就可以根据当前矢量化设置自动创建其间长度最短的边。当到达栅格线的终点或草图的起点时，按 F2 键完成草图。

(3) 形状识别工具。该工具可根据基础栅格要素的形态自动识别创建矩形、正方形、圆形、椭圆形四种形状规则的矢量要素。单击 ArcScan 工具栏上的 按钮，然后只需在栅格形状内部单击一下即可生成矢量要素，而不必围绕这些要素手动追踪或绘制草图。该工具可识别的形状大小有一定限制，具体限制大小未见具体说明。

4. 自动矢量化

除上述矢量化选项设置外，自动矢量化处理一般还需单击"矢量化"菜单中的"选项"命令，在弹出的窗口中设置自动矢量化方式、矢量化结果预览符号等选项。ArcScan 在自动模式下支持中心线和轮廓两种矢量化方式。其中，中心线矢量化是最常用的默认方式，能够在栅格单元的中心生成矢量线要素；轮廓矢量化方式能够在栅格单元的边界上生成矢量多边形要素。

在默认情况下，ArcScan 将对整个栅格图层执行自动矢量化。如果需要，也可以利用 ArcScan 提供的"像元选择""在区域内生成要素"工具来矢量化所选的或指定区域内的栅格单元。

1) 选择栅格像元

ArcScan 提供了"选择相连像元"、"查找相连的像元区域"和"查找相连像元包络矩形的对角线"三种相连像元选择工具，可通过单击或按照查询条件选择前景或背景栅格像元。选中的像元将以当前选择内容颜色高亮显示。

(1) 选择相连像元。在工具条上单击选中该工具后，单击某个栅格像元或在一组链接像元的周围拖出一个选框便可将其选中。按住 Shift 键并选中其他单元，即可将其添加为选择内容。单击选中"像元选择\交互选择目标"菜单下的"前景像元"或"背景像元"菜单项，可决定是从前景或是从背景中选择像元。

(2) 查找相连的像元区域。在工具条上单击选择该工具后，单击某个栅格像元将弹出"选择已链接"单元对话框。该对话框将自动显示单击位置的像元类型(前景或背景)、所选相连像元面积(像元总个数)等信息，按需要做进一步的调整确认后，可单击"确认"按钮可设置的条件选择像元，并处理选择结果对当前已选结果的影响，如创建新选择、添加到当前选择、从当前选择中移除等。

(3) 查找相连像元包络矩形的对角线。该工具与上述工具类似，只是单击后相应对话框中的默认查询条件不尽相同。为避免孔洞对矢量化结果的响应，可使用后两个工具查找选择栅格线中相应大小的孔洞，然后使用"清理像元"菜单中的"填充所选单元"命令填充消除孔洞。

如果需要清除当前所选，可直接单击当前交互选择目标颜色范围之外的任一单元，也可单击"像元选择"菜单中的"清除所选像元"命令。此外，还可以单击"像元选择"菜单中的"将选择另存为"命令，将所选已链接像元保存到指定的新栅格文件中。

2) 生成矢量要素

在对矢量化结果预览确认后，可单击"矢量化"菜单中的"生成要素"命令，在弹出的对话框中选择设置目标线图层、目标多边形图层、仅为当前选择生成要素、选中新生成的要素等选项，便可按所设参数向目标图层中创建添加相应的矢量要素。

如果只想矢量化某一特定区域的栅格，可以单击选中工具条上"在区域内部生成要素"(▨)工具，然后在地图上通过鼠标单击绘制一个拟矢量化的多边形范围，双击鼠标完成绘制时便弹出"在区域内生成要素"对话框，经类似设置后即可对指定范围的所有或所选栅格进行矢量化。

5. 保存矢量化结果

在交互矢量化过程中或自动矢量化结束后，应适时单击"编辑器"菜单中的"保存编辑内容"命令以保存矢量化结果，避免发生意外导致的结果丢失。

复习思考题

一、解释题

1. 工作空间　2. 数据框　3. 要素模板　4. 构造工具　5. 线性尺寸

6. 关联注记　7. 地图拓扑　8. 位移连接　9. 标识链接　10. 地理坐标系

二、填空题

1. ArcMap 目前共支持_____、_____、_____和_____四种角度测量系统。

2. 创建新要素的方式主要有_____、_____、_____三种方式。

3. 关系数据库共有_____、_____、_____三种类型的完整性约束。

4. 相似、仿射、投影三种空间变换，所需要的至少位移连接数目分别为_____、_____、_____。

5. 坐标转换方法可分为_____、_____、_____三大类。

三、辨析题

1. 在 ArcMap 中编辑修改要素，必须先启动编辑会话并选中要素。　　　　　　（　　）

2. 在删除源要素时，与之关联的注记要素也会被删除。　　　　　　　　　　（　　）

3. 地图拓扑只能用来实现共享几何元素的级联编辑。　　　　　　　　　　　（　　）

4. 联合操作只能用来处理同一要素图层内的所选要素。　　　　　　　　　　（　　）

5. 在交互式矢量化过程，设置使用经典捕捉环境更为合适。　　　　　　　　（　　）

6. 橡皮条变换的精度评价指标主要有残差和总体均方差。　　　　　　　　　（　　）

7. 位移连接的残差和总体均方差值越小，空间校正精度越高。　　　　　　　（　　）

8. 地理坐标系是投影平面坐标系的前提和基础。　　　　　　　　　　　　　（　　）

9. 线要素可由直线、圆弧、椭圆弧、贝塞尔曲线四种形式的线段组成。　　　（　　）

10. 尺寸注记要素类必须采用投影平面坐标系。　　　　　　　　　　　　　（　　）

四、简答题

1. 简述创建添加要素的基本步骤。

2. 简述空间数据检验的主要内容和方式。

3. 简述利用拓扑进行拓扑错误检查与纠正的基本步骤。

4. 简述 ArcGIS 空间校正模块中橡皮条变换的基本原理。

5. 简述利用属性传递工具进行属性共享与编辑的基本步骤。

6. 简述利用 ArcScan 进行扫描矢量化的主要方法和基本步骤。

五、应用题

1. 请自行创建一个文件 Geodatabase，先在其中创建一个空间范围为 5000×5000 的要素数据集，再在该数据集中分别创建点、线、面三个要素类，接着完成以下操作：

(1) 创建一条有 3 段线组成的线要素，其中第二段是与第一段相切的半径为 500 的圆弧，并且在第一段右边。

(2) 创建一个边长为 500 的正六边形面要素。

(3) 创建一个由 3 个部件组成的面状复合要素，然后将其拆分成简单要素。

(4) 创建两个坐标位置为 A(200，400)，B(600，700)的两个点，然后再创建有三个点组成的线要素，并使线要素终点相距 A、B 的距离分别为 600 和 500。

（5）创建一条由四个点组成的线要素，并在其下放相距 300 处复制生成一条与之平行的线要素。

（6）创建一个边长为 500 的正多边形，然后在保持右下角坐标不变的前提下将其放大 1 倍。

（7）创建一个面要素并为之添加 2 个关联的点要素。

（8）为点要素类添加一个名为"编号"的文本型字段，然后使每个点要素在该字段上都以"Point_ObejectID"的形式取值。

（9）通过标注将上述点要素的"编号"字段值显示在地图窗口中，然后将其转换存储在独立注记要素类中。

（10）通过拓扑规则自动检验发现不在面要素之内的点要素。

2. 某高校正在建设数字校园，需要依据遥感影像采集道路数据和建筑物数据。请根据所学的知识，按照相应要求依次完成以下任务(本题源自第五届全国大学生 GIS 技能大赛)。

（1）新建用于存储道路数据的要素类，名称为"Road"，坐标系统为"GCS_WGS_1984"。新增道路名称字段，命名为"NAME"，别名为"道路名称"，类型为"字符串类型"。

（2）新建用于存储建筑物要素的要素类，名称为"Building"，坐标系统为"GCS_WGS_1984"。新增建筑物名称字段，命名为"NAME"，别名为"建筑物名称"，类型为"字符串类型"。

（3）根据图 4-31 所示的遥感影像，分别采集道路要素和建筑物要素，并按照图上标注分别为相应要素的"NAME"字段赋值。

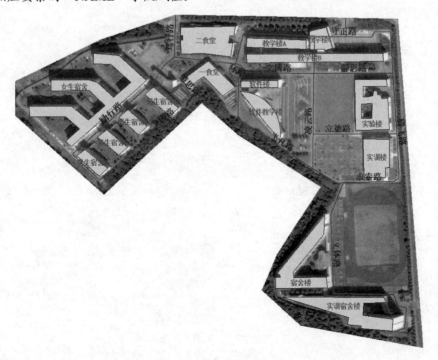

图 4-31　道路要素采集内容

(4) 根据提供的建筑物照片，建立照片和建筑物的链接，使用户单击建筑物时能够看到建筑物的实景照片。

(5) 将道路数据和建筑物数据进行投影转换，转换为 UTM 投影坐标系。

(6) 对矢量化的数据，进行拓扑分析，检查建筑物要素是否相互压盖。

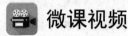 微课视频

扫一扫：获取本章相关微课视频。

ArcScan.wmv

第 5 章
数据查询及其优化技术

在空间数据库设计、建立之后，要对数据进行深层次的应用分析，首先必须获取相应的数据。对数据库来说，一个获取数据库数据的要求被定义为一个查询，而查询一般都是用查询语言表达的。对于用查询语言表达的同一个查询需求，通常可以选择不同的策略去实现，相应的反应速度和执行效率也将是不相同的。因此，必须通过优化为查询选择高效的执行计划，以在尽可能少的时间内正确处理响应查询，确保数据库具有最佳的查询性能。本章在概括总结空间数据查询基本理论与技术的基础上，进一步详细阐述 Geodatabase 所支持的查询方式与索引优化技术。

5.1 空间数据查询概述

空间数据查询属于空间数据库的范畴，一般可将其定义为从空间数据库中检索出满足特定条件的数据记录的过程。空间数据查询是空间数据库最基本、最频繁的操作，同时也是最复杂的操作。空间数据查询是空间分析的基础，任何空间分析都开始于空间查询，用户提出的大部分问题都可以表达为查询的形式。空间数据查询的方式、语言和性能在很大程度上决定了空间数据库系统的应用能力和水平。

5.1.1 空间数据查询方式

空间数据查询有多种方式。根据查询所处理的内容对象，可将空间数据查询方式分为单表查询、连接查询、嵌套查询、集合查询等几大类。根据查询所依据的数据类型，可将空间数据查询方式分为基于属性的查询和基于图形的查询两大类。

1. 基于属性的查询

基于属性的查询简称属性查询，也称语义查询，主要根据属性数据来检索选取满足条件的相应数据记录。属性查询一般通过标准的 SQL 语句来实现，可根据需要灵活地设置单一或组合查询条件，来实现精准的数据查询。

2. 基于图形的查询

基于图形的查询简称图形查询，也称空间查询，主要根据几何图形数据来检索选取满足条件的相应数据记录。图形查询又可以划分为点查询、区域查询、最邻近查询、拓扑关系查询四种常见类型。

(1) 点查询。点查询根据用户在屏幕上单击或选择的点的屏幕坐标，判断与之距离小于给定阈值的地图单元，进而检索出与该点位置有关的空间要素。

(2) 区域查询。区域查询也称范围查询，根据用户在地图上划出的一个区域检索出该区域内的空间要素。查询区域可以是圆、椭圆、矩形、正方形、任意多边形等多种形状。点查询是区域查询的一个特例，当查询区域收缩为一个点时，区域查询将退缩成点查询。区域查询的另一个特例是缓冲区查询，它以输入点、线、面的缓冲区作为查询区域，检索该区域内的空间要素。

(3) 最邻近查询。最邻近查询根据输入的查询要素检索查找与之距离最近的其他空间要素(点、线、面)。对于一个输入要素通过最邻近查询通常只返回一个要素，可根据需要调整返回结果的最大数量$(k > 1)$，此时最邻近查询称为 K-最邻近查询。

(4) 拓扑关系查询。拓扑关系查询根据输入的查询要素检索查找与之存在一定拓扑关系的其他空间要素(点、线、面)。拓扑查询是空间数据查询中最难处理的一种查询，涉及的拓扑关系主要有相离、相邻(邻接)、相交、包含、重叠等多种类型。

　　需要指出的是，属性查询和图形查询并不是完全独立的，有时根据需要可将二者结合起来使用。例如，查询人口数量大于 300 万人且与徐州市相邻的地级市。在执行查询后，查询的结果可以通过多种方式显示给用户，如高亮度显示、属性列表和统计图表等。

5.1.2　空间数据查询语言

　　作为与数据库交互的主要手段，查询语言是数据库管理系统的重要组成部分。在数据库发展过程中，先后出现了多种查询语言，如关系代数、关系演算等，其中以结构化查询语言(Structured Query Language，SQL)最为流行。SQL 语言是关系数据库的通用标准语言，可用于空间数据库的属性查询，但不支持图形查询。鉴于 SQL 已经非常成熟且被广泛接受，对其进行扩展以形成同时支持属性和图形查询的空间查询语言，是目前空间数据库查询语言研究开发的主要方向。

1. SQL 语言

　　1974 年，Boyce 和 Chamberlin 提出了 SEQUEL(Structured English QUEry Language)语言，该语言是 SQL 语言的最早原型。1976 年，IBM 圣约瑟研究实验室在所研制的大型关系数据库管理系统 SYSTEM R 中实现了该语言，并将其重新命名为 SQL。1986 年，美国国家标准学会(American National Standards Institute，ANSI)采用 SQL 作为关系数据库管理系统的标准语言。1987 年，国际标准化组织(International Organization for Standardization，ISO)正式颁布了 SQL 国际标准。

　　SQL 语言之所以能够成为国际标准，是因为它是一个综合的、通用的、功能极强，同时又简单易学的语言。相对其他查询语言，SQL 具有以下特点和优势。

　　(1) 一体化。SQL 共有数据查询语言(DQL)、数据操作语言(DML)、数据定义语言(DDL)、数据控制语言(DCL)、事务处理语言(TPL)和指针控制语言(CCL)六部分组成。SQL 集多种功能于一体，几乎可以完成数据库中的全部工作。

　　(2) 非过程化。用户只需提出"做什么"，而无须指明"怎么做"，存取路径的选择以及 SQL 语言的操作过程由 DBMS 自动完成，不但大大减轻了用户负担，而且有利于提高数据的独立性。

　　(3) 简洁好学。SQL 语言十分简洁，语法接近英语口语。在 ANSI 标准中，只包含了 94 个英文单词，核心功能只用 6 个动词，因此容易学习和掌握。

　　(4) 使用灵活。SQL 具有两种使用方式：一种是联机交互使用，用户可以通过终端设备直接输入 SQL 命令对数据库进行操作；另一种是嵌入式使用，可将 SQL 语句嵌入到 C、C++、FORTRAN、COBOL、Java 等高级语言中，以便程序员在设计时使用。

　　目前，已有 100 多种数据库产品采用 SQL 语言，其中包括 Oracle、SQL Sever、DB2、Ingres、Foxpro、Access 等全球著名的大型或个人数据库产品。但不同的数据库，对

SQL 语言的支持又存在着细微的不同，一方面是因为有的产品开发先于标准的公布；另一方面是由于各开发商为了达到特殊的性能或新的特性，需要对标准进行扩展。

2. 空间扩展 SQL 查询语言

标准的 SQL 语言只提供了对简单数据类型的操作，既不能有效地支持点、线、面等复杂数据类型及空间关系的查询，也不能将查询结果以空间图形方式直观地显示给用户。因此，应当对 SQL 进行适当扩展，以形成适应空间数据查询需求的空间查询语言。这样做具有可继承保留 SQL 风格，便于熟悉 SQL 的用户掌握；通用性较好，易于与关系数据库衔接等优点。

与标准 SQL 相比，空间查询语言最关键的特征是能够描述和理解空间或几何概念，不仅能够描述有关空间位置的查找，还应能表达数据间空间关系的查询，以及数据的空间操作结果。

为了适应空间数据管理的需要，许多标准化组织都在开发、完善空间数据存储和查询的相关规范与标准。其中，较为流行的空间 SQL 扩展标准有两个。一个是开放地理空间信息联盟(Open Geospatial Consortium，OGC)制定发布的简单要素访问 SQL 标准(Simple Feature Access for SQL，SFA SQL)；另一个是国际标准化组织与国际电工委员会(ISO/IEC)联合制定发布的 SQL 多媒体和应用程序空间标准(Multi-media and Application-specific Packages Part 3: Spatial，SQL/MM Spatial)。

在上述的标准规范中，针对空间数据的查询操作主要定义扩展了三类处理函数：几何操作类函数，包括空间参考系确立、外接矩形生成、边界提取等；拓扑操作类函数，包括判断相等、分离、相交、相切交叉、包含等拓扑关系的布尔函数；空间分析操作类函数，包括缓冲区生成、多边形叠置、凸壳生成等。

为了便于理解，现以 Province、City 和 River 三个空间表(要素类)为例，给出利用上述处理函数(谓词)执行不同空间查询任务的具体扩展 SQL 语句形式。

(1) 列出 Province 中所有与"江苏"相邻的省。

```
Select P1.name
From Province P1, Province P2
Where Touch(P1.Shape, P2.Shape) = 1 And P2.Name = "江苏"
```

(2) 列出 River 在流经 Province 的长度。

```
Select River.name, Province.Name,
Length(Intersection(River.Shape, Province.shape)) as "Length"
From River, Province
Where Cross(River.Shape, Province.shape) = 1
```

(3) 列出与 River 相距小于 100km 的城市。

```
Select City.Name, River.Name
From City, River
```

```
Where Distance(City.Shape, River.Shape) < 100000 (注：数据单位是米)
```

由于空间概念的复杂性，现有标准定义的空间查询语言所能理解和表达的空间概念还很有限，仅仅适用于基于对象模型的矢量数据，不能有效支持基于场模型的栅格数据。即使对矢量数据，也不能很好地支持基于方位(如南北、左右、前后等)谓词、基于形状相似、基于可见性(尺度)的查询操作。

5.1.3 空间数据查询优化

空间数据库查询性能可从效果(Effectiveness)和效率(Efficiency)两个主要方面加以评价和衡量。其中，效果主要包含查全率(Recall)和查准率(Preci-sion)两个指标；效率主要包含响应时间(Response Time)和吞吐量(Through-out)两个指标。在确保查询效果的同时，还应通过查询优化技术尽可能地提高查询效率。

由于空间数据具有结构复杂、数据量庞大、操作代价昂贵等特点，使得面向空间数据的查询比单纯的属性数据查询要复杂得多，查询效率的优化与提升也困难得多，现有的关系数据库查询优化技术并不能完全适用于空间数据，所以，空间数据查询优化技术的研究势必成为空间数据库应用的难点和突破点。

目前，空间数据查询优化研究取得了较大发展，主要有空间索引、二阶段优化、代价估算模型等技术与方法。其中，空间索引是从数据存取的角度来优化空间查询；二阶段优化是从执行查询的具体处理上来优化空间查询；而代价估算模型则是从查询处理的执行顺序(路径)上来优化空间查询。对于不同的空间数据库产品来说，所采用的具体优化策略也不尽相同。

1. 空间索引

索引是对数据库表中一列或多列的值进行排序的一种辅助结构。索引好比是一本书前面的目录，能加快数据库的查询速度。对于"从一个表中查找 ID = 10000 的记录"这样的查询，如果没有索引，则必须遍历整个表，直到 ID 等于 10000 的这一行被找到为止；如果在"ID"这一列上建立了索引之后，则可根据排序之后的 ID 值，经过某种算法快速检索到这一行。

从数据管理角度来看，索引也是一种文件与记录的集合，它包含着可以指示定位相关数据记录的各种记录。每一索引记录项都至少包含一个搜索码和一个地址码，来为输入的查询值提供有效的定位支持。

目前，人们已研究提出了多种索引技术与方案。根据索引的排列与表记录的排列顺序是否一致，可将索引划分为聚集(簇)索引和非聚集(簇)索引两大类。聚集索引的顺序就是数据的物理存储顺序，而非聚集索引的顺序和数据的物理排列无关。形象地说，新华字典中的拼音目录和笔画目录分别就是聚集索引和非聚集索引。

因为数据在物理存放时只能有一种排列方式，所以一个表只能有一个聚集索引。聚集

索引可以包含多个列(组合索引)，就像电话簿同时按姓氏和名字进行组织一样。聚集索引规定了数据文件的存储顺序。聚集索引能提高多行检索的速度，而非聚集索引对于单行的检索很快。

传统数据库主要有二叉树、B 树、B+树、ISAM(Indexed Sequential Access Method)、哈希等索引技术。这些技术都是针对字符、数值等简单类型的数据设计的。数据都在一个一维的良序集之中，即集合中的任意两个给定元素都只能是"大于""小于""等于"三种关系中的一种；若对多个字段进行索引，可指定各个字段的优先级，形成一个组合字段。

由于空间数据的多维性，并且在任何方向上都不存在优先级问题，因此，传统索引技术并不能对空间数据进行有效的索引，所以需要研究特殊的能适应多维特性的空间索引方式。空间索引的研究始于 20 世纪 70 年代中期，早于空间数据库的研究，初始目的是为了提高多属性查询效率，主要研究检索多维空间点的索引，后来逐渐扩展到其他空间对象的索引。

空间索引，也称为空间访问方法(Spatial Access Method，SAM)，就是在存储空间数据时，依据空间对象的位置和形状或空间对象之间的某种空间关系，按一定顺序排列的一种数据结构，其中主要包含空间对象的概要信息，如对象的标识、外接矩形及指向空间对象实体的指针等。空间索引就是通过更加有效的组织方式，抽取与空间定位相关的信息组成对原空间数据的索引，以较小的数据量管理大量的查询，从而提高空间查询的效率和空间定位的准确性。

目前，已有的空间数据索引技术超过 50 多种，可以概括为树结构、线性映射和多维空间区域变换三种类型，从应用范围上可分为静态索引和动态索引。尽管空间索引的方法很多，但其基本原理是类似，即采用分割原理，把空间数据范围划分为若干个区域，通常为矩形或者是多边形，这些区域包含空间要素并且可唯一标识，然后利用不同的数据结构对分割的区域进行组织，以为快速访问数据项提供有效支持。目前，比较常用的空间索引主要有格网索引、四叉树索引和 R 树索引等几种。

2. 二阶段优化

由于空间数据数据量庞大、数据结构复杂，图形几何计算代价昂贵，在查询过程中，尤其是基于几何图形或空间关系的查询过程中，如果对所有的数据进行一次性过滤，判断其是否满足查询条件，那么用户等待计算机处理的时间将是不能忍受的。为了减少复杂的几何计算，得到正确的查询结果，提高查询执行的效率，空间数据库系统通常采用由过滤和求精组成的二阶段方法来实现基于几何图形或空间关系的查询。

二阶段方法的基本处理流程如图 5-1 所示，首先，用一个不精确的大致范围来进行查询，产生一个可能满足条件的较小候选对象集合；然后，对候选集合中的对象进行精确的筛选，产生最终的查询结果。

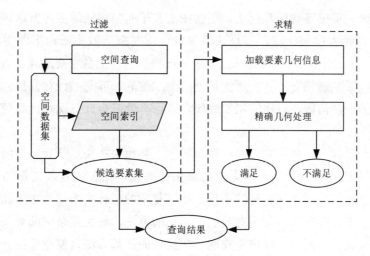

图 5-1 二阶段查询优化处理步骤

在过滤步骤中，当接收到空间查询请求时，数据库查询处理器首先访问空间索引。空间索引中存储的是空间对象(要素)的近似描述，对这些近似描述做相关的操作，排除掉不可能满足查询条件的要素，余下的要素可能满足查询条件，这些要素构成了候选集，然后以候选集要素的实际数据作为输入进行精确计算。

在求精步骤中，对过滤得到的要素与查询条件进行精确匹配，从空间数据集中检索出每个要素的精确几何形状信息，采用复杂的计算几何算法测试候选要素是否确实满足查询条件(由空间谓词描述)。经过求精步骤的测试后，满足条件的要素作为最终的查询结果。由于是对实际数据进行精确的几何计算，求精步骤是比较消耗计算时间和计算空间的。

根据上述查询优化基本策略，可从两个方面来提高查询效率。一是尽可能地缩小候选集的对象数量，以减少对象进入求精步骤中，从而避免不必要的几何计算。候选集合越小，精确查询时参与比较的空间对象就越小，越能够提高查询效率。因此，初次不精确查询技术是优化的重点。二是优化改进精确几何处理算法与技术，以提高几何检测速度。

1) 过滤阶段的优化技术

在初次不精确过滤查询阶段，通常使用空间对象的近似外部边界来获得可能的候选结果集。为了满足快速和集合最小性原则，所使用的外部边界应该满足简单和高度近似的原则。对空间对象的近似程度越高，滤除未命中对象的效果越好。一般来说，用少量参数表示的凸壳近似是合适的。除基本的最小边界矩形外，有些文献研究了旋转最小范围矩形(Rotated Minimum Bounding Rectangle)，最小范围圆(Minimum Bounding Circle，MBC)、最小范围椭圆(Minimum Bounding Ellipse，MBE)、凸壳(Convex Hull，CH)、最小范围 n 角形(Minimum Bounding n-Comer，n-C)的近似性能。

2) 求精阶段的优化技术

GIS 中空间关系主要包含方向关系、拓扑关系和度量关系，其中拓扑关系是最基本也是最重要的关系，在 GIS 空间查询、推理与应用中占有重要的地位。针对拓扑关系的判断

与计算，人们研究提出了解析几何法、平面图法及平面扫描法等多种方法。其中，解析几何法通过建立直线方程来计算，其算法简单但过程复杂、效率低；平面图法则是利用 4 交、9 交或 Voronoi 图模型进行计算，其逻辑严密但包含大量求交运算，效率低；平面扫描法主要用来判断线段相交，其实质就是把一个二维的、静态的计算几何问题转化为一个一维的、动态的求解问题，只比较相邻线段，这可有效减少计算次数提高效率，并具有较强的实现可行性。

总体而言，目前空间拓扑关系的计算与描述主要集中在简单要素上，所提模型与方法一般只能描述和计算只有一次内容交的简单拓扑关系，在表达复杂拓扑关系时仍不够完备，"相交""相邻"等笼统的词汇不足以描述复杂的拓扑关系细节。因此，如何从地理现象的复杂性、多样性出发，采用有效的、简单的方法，解决复杂空间对象、不确定性空间对象拓扑关系表达问题并设计出易实现、易操作的计算方法，使空间拓扑关系表达模型更好地在实际中加以应用，既是一个理论问题，也是促进 GIS 在更多领域发挥作用、推动 GIS 产业发展的应用问题。

3. 查询路径优化

如前所述，数据库查询通常使用像 SQL 这样的高级声明性语句来表达，用户只需指明查询条件和查询结果，而查询的具体实施过程及其查询策略选择都由数据库管理系统负责完成，因此查询具有非过程性的突出特征。

对于一个包含多个条件的查询，通常会有多种不同的查询策略，即查询的不同方法、执行路径或计划，系统在执行这些查询策略时所付出的开销通常有很大差别。为了提高查询效率，需要对一个查询要求寻求"好的"查询路径(查询计划)，这种"择优"的过程就是"查询处理过程中的优化"，简称为查询路径优化。

查询路径优化方式可分为用户手动优化和系统自动优化两大类。使用手动优化还是自动优化，在技术实现上取决于查询语言语义表达能力的高低。SQL 查询语言是一种高级语言，具有很高层面上的语义表现，为关系数据库自动查询优化提供了可实现的技术基础。目前的数据库系统大多都提供了查询优化器来自动完成查询优化过程。

查询优化器是数据库管理系统的核心组件，是能够根据用户查询请求自动进行内部优化，生成、选取较"优"执行计划并传输给存储引擎来操作数据，最终返回结果给用户的程序集合。查询优化器所使用的技术可以分为以下三类。

1) 规则优化技术

根据某些启发式规则，来完成查询优化过程。例如，用于属性查询的优化规则："先选择、投影和后连接"；用于属性与图形混合查询的规则："先属性、后图形"等。

2) 代价估算优化技术

对于多个候选策略逐个进行执行代价估算，从中选择代价最小的作为执行策略，就称为代价估算优化。代价估算只是查询代价大小的不精确值，倘若为了求精确值而花费了过多的系统开销，是得不偿失，有悖于优化查询初衷的。因此，代价模型应该是在不花费过多系统资源的基础上尽可能准确地估算查询代价，从而得到最优的执行计划。

3) 物理优化技术

如果优化与数据的物理组织和访问路径有关，例如，在已经组织了基于查询的专门索引或者排序文件的情况下，就需要对如何选择实现策略进行必要的考虑，诸如此类的问题就是物理优化。物理优化涉及数据文件的组织方法，代价估算优化开销较大，因此它们只适用于特定的场合。

5.2 Geodatabase 数据查询

ArcGIS 桌面系统提供了从不同数据集中查询、选择相关要素或记录的多种工具与方法。例如，"识别"工具可通过单击查看要素的属性信息；"查找"工具可从指定要素图层中查找发现与特定属性值相匹配的要素；"要素选择"工具可根据动态输入的查询图形(点、线、矩阵、圆、多边形、套索等)以交互方式选择要素；"表窗口"可通过单击行头选择相应记录并可对所选记录进行切换等。

本节将重点介绍 ArcGIS 中的选择查询和连接查询。选择查询用于从指定数据集中选择满足条件的记录子集，如果选择结果非空，可将其作为下一步处理与分析的输入；连接查询则是按某种条件将一个数据集中的记录追加到一个另一个数据集中。根据所依据的条件的不同，这两种查询方式又可进一步划分为"按属性选择查询""按位置选择查询"以及"按属性连接查询""按位置连接查询"两种方式。

5.2.1 按属性选择查询

单击 ArcMap 主界面"选择"菜单或表窗口"表选项"菜单中的"按属性选择"菜单项，将弹出如图 5-2 所示的"按属性选择"对话框。在该对话框中，根据需要设置输入相应的 SQL 查询语句，即可从指定要素图层或表中查找并选中满足所设查询条件的要素或对象记录。

在该对话框中，SQL 语句有两部分组成。第一部分由系统根据用户所选的图层或表，以硬编码方式自动创建，以固定的"Select * From <图层名或表名> Where"形式加以表示；第二部分为用户自行构建的查询条件表达式。对于简单查询表达式，其一般形式可表示为：<字段名> <比较运算符>

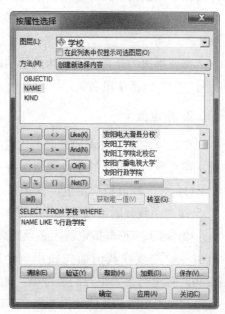

图 5-2 "按属性选择"对话框

<字段名/指定值>；对于组合查询表达式，其一般形式可表示为：<字段名> <比较运算符>

<字段名/指定值> <逻辑运算符> <字段名> <比较运算符> <字段名/指定值>…。

　　根据上述基本表达形式可以看出，ArcGIS SQL 语句只能对一个图层或表中的所有列进行查询，不能将 Select 限制为仅返回相应表中的部分列。除非在使用子查询时，否则无法在 ArcGIS 的 SQL 查询中使用 Distinct、Order By 和 Group By 等关键字。

　　ArcGIS 查询语句遵循基本的 SQL 标准，但又因数据源的不同而有所差异，每个 DBMS 都拥有各自的 SQL 方言。基于文件的数据(包括文件地理数据库、Coverage、Shapefile、INFO 表、dBASE 表、CAD 和 VPF 数据)采用 ArcGIS SQL 方言；个人地理数据库采用 Microsoft Access SQL 方言；ArcSDE 地理数据库采用基础 DBMS(Oracle、SQL Server、DB2、Informix 等)所使用的 SQL 方言。

　　下面以文件地理数据为主，对查询表达式中不同元素的具体语法要求做进一步的解释说明。

1. 字段名

　　为避免因与系统中的保留关键字重名而出现混淆歧义的情况，在查询表达式中指定字段时，一般都需要用分隔符将字段名称括起来，并且不同数据源的字段名分隔符有所不同。

　　(1) 文件地理数据库的字段分割符为英文双引号，但通常不需要。例如，"Area" 或 Area。

　　(2) 个人地理数据库的字段分割符为英文双括号。例如，[Area]。但对于个人地理数据库的栅格数据集，应将字段名称用双引号括起。例如，"Value"。

　　(3) ArcSDE 地理数据库及其他文件型的数据源，其字段分割符为英文双引号。例如，"Area"。

　　需要指出的是，查询表达式的字段表达语法不适用于字段计算器工具。该工具均用双括号"[ ]"包括字段名。

2. 指定值

　　指定值主要用来表示查询表达式中的常数值，可为数值、字符和日期三种类型中任一种，但必须与其前面的字段类型保持一致。

　　(1) 对于数值型指定值，直接写入查询表达式中，不需附带其他符号，不能使用逗号","作为小数分隔符或千位分隔符，小数点"."将始终用作小数分隔符。

　　(2) 对于字符型指定值，必须始终用英文单引号"' '"将其括起来。如果字符串中包含单引号，需要在其前面先使用一个单引号作为转义字符。例如，'Xi''an'才表示实际的 Xi'an。对于包含大小写的字符串，如'JiangSu'和'jiangsu'，只有个人地理数据库不区别大小写将其视为相同，其他数据源则将其视为不同的字符串。

　　(3) 对于日期型指定值，其表达形式随数据源的不同而不同。

　　① 文件地理数据库、Shapefile 和 Coverage 中的日期值，前面要加上 date，并用英文

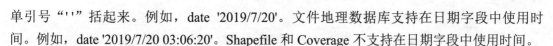

单引号"'"括起来。例如，date '2019/7/20'。文件地理数据库支持在日期字段中使用时间。例如，date '2019/7/20 03:06:20'。Shapefile 和 Coverage 不支持在日期字段中使用时间。

② 个人地理数据库中的日期值，使用英文井号"#"括起来。例如，#2019/7/20 03:06:20#，其中的时间部分可以省略。

③ ArcSDE 地理数据库中的日期值，随 DBMS 的不同而不同。例如：SQL Sever、Informix 使用英文单引号括起来，但 Informix 不能省略其中的时间部分；Oracle 前面要加上 date 等。

3. 运算符

查询表达式中的运算符主要有比较运算符、逻辑运算(连接)符、算术运算符、字符串运算符四大类。下面主要介绍文件地理数据库、Shapefile、Coverage 和其他基于文件的数据源所支持的查询运算符。

1) 比较运算符

比较运算符用来判断比较字段值与指定值的关系，比较结果是逻辑真或假。如果结果为真，则选中相应的记录。比较运算符中有"="" < >""<"">"">=""<="六种最基本的运算符，可用于比较数值、字符或日期型数据。例如，通过查询表达式："城市名称" >= 'M'，可选择名称的开头字母从 M 到 Z 的所有城市。除此之外，还有以下几种比较运算符。

(1) Like 运算符。该运算符可以比较两个字符串的部分匹配，与通配符结合使用可以构建对部分字符数据的查询。百分号"%"通配符表示该处可以是任意数量的任何字符：一个字符、一百个字符或无字符；下划线"_"通配符仅代表该处有一个字符。例如，查询表达式："城市名称" Like '%州%'，可以选择名字中包含"州"字的所有城市；"城市名称" Like '_州%'，则选择名称中第 2 个字为"州"的所有城市。

Like 运算符前可加 Not 运算符，对其进行否定。例如，查询表达式："城市名称" Not Like '%州%'，则选择名字中不包含"州"字的所有城市。

如果搜索字符串中包含百分号或下画线，可使用 Escape 关键字来将另一种字符指定为转义字符，紧接转义字符之后的字符是真正的百分号或下划线。例如，查询表达式："城市名称" Like '%m$_%' Escape $，将返回名称包含"m_"字符的城市。

对于个人地理数据库，星号"*"通配符代表任意数量的字符，问号"?"通配符来代表一个字符，星号"#"通配符代表单个数字。例如，查询表达式：[学号] Like '1901010#'，将从个人地理数据库学生表中返回学号为"19010101"、"19010102"、……、"19010109"的学生记录。这里的"学号"为文本型字段。

(2) Between 运算符。该运算符用于选择字段值大于等于 x 且小于等于 y 的记录。当前面有 Not 运算符时，将选择值在指定范围之外的记录。例如，查询表达式："ObjectID" Between 1 and 10，将选择 ObjectID 字段值大于等于 1 且小于等于 10 的所有记录，与表达式："ObjectID" >= 1 AND "ObjectID" <= 10 等效。在查询具有索引的字段时，使用包含

Between 的表达式效率会更高。

(3) In 运算符。该运算符用于比较字段值是否在指定的多值集合内。如果前面有 Not 运算符时，将选择值不在指定集合内的记录。例如，查询表达式："ObjectID" In (1, 3, 5)，将选择 ObjectID 字段值为 1、3 和 5 的记录。

对于文件、个人和 ArcSDE 地理数据库，In 运算符还可用于子查询。子查询是指嵌套在一个查询中的查询。子查询一般将数据与存储在另一张表中的值进行比较。例如，查询语句：Select * From 城市 Where "城市名称" In (Select "城市名称" from 待查表)，可根据"待查表"(内表)中存储的城市名称在"城市"(外表)图层中选择相应的城市。In 运算符先执行内表的查询，然后执行外部的查询，适合于内表比外表记录少的情况。如果内表的内容不断更新，使用 In 子查询可实现查询内容的动态变化。

(4) Exists 运算符。该运算符只适用于文件、个人和 ArcSDE 地理数据库的子查询。如果子查询返回至少一条记录则返回 TRUE；否则，返回 FALSE。例如，利用 Exists 运算符可将上述的 In 查询语句写成与之等价的形式：Select * From 城市 Where Exists (Select * from 待查表 where 待查表.城市名称 = 城市.名称)。Exists 运算符先执行外表查询，然后执行内表查询，适合于内表比外表记录多的情况。当内表数据与外表数据一样多时，In 与 Exists 效率相近，可任选一个使用。在 ArcGIS 中，一般很少使用 Exists。

除了上述由 In、Exists 运算符形成的子查询，文件地理数据库还支持标量子查询(Scalar Subquery)。标量子查询为只返回单条记录且包含单个属性值的查询，一般由聚合函数(AVG、COUNT、MIN、MAX 和 SUM)来实现。例如，查询语句：Select * From 宗地 Where "Area" >= (Select Avg("Area") From 宗地)，可从宗地图层中选择面积大于平均面积的宗地要素。

(5) Is 运算符。该运算符与 Null 关键字结合用于选择指定字段为空值的记录。如果 Null 前面有 Not，则将选择指定字段中包含非空任意值的记录。例如，查询表达式："名称" Is Not Null，将选择"名称"字段不为空值的所有记录。

2) 逻辑运算符

逻辑运算符用于查询条件的连接运算，返回值也为 True 或 False。ArcGIS 共提供"And""Or""Not"三种逻辑运算符，分别实现"和""或""非"的概念。一些资料中，也把 Like、In、Is 等比较运算符归入逻辑运算符。

"And"运算符两边的查询条件需要同时满足，整个条件才成立，可以理解为"并且"；"Or"运算符两边的查询条件只要满足一个，整个条件就可以成立，可以理解为"或者"；"Not"运算符可以用来指定"不是"这样的条件，不能单独使用，必须和其他查询条件组合使用。

当一个查询表达式中同时包含多个逻辑运算符时，ArcGIS 按照"先 Not，次 And，后 Or"的顺序进行运算，可使用英文"( )"来改变执行优先级。例如，查询表达式："姓名" = '张三' Or "姓名" = '李四' And "籍贯" = '江苏徐州'，将返回姓名为"张三"以及姓名为"李四"且籍贯为"江苏徐州"的人员；而查询表达式：("姓名" = '张三' Or "姓名" = '李四') And "籍贯" = '江苏徐州',将返回"姓名"为"张三"或"李四",并且"籍贯"均为"江苏徐州"的人员。

3) 算术运算符

算术运算符用于对数值型字段值或指定值的计算,查询表达式可包含加"+"、减"−"、乘"*"、除"/"四种算术运算符。例如,查询表达式：4 * 3.14 * "面积" > 0.5 * "周长" * "周长",可选择圆形率紧凑度大于 0.5 的要素记录。

4) 字符串运算符

字符串运算符"||"用来连接多个字符型字段,根据合并结果来选择相应记录。例如,查询表达式："姓名" || "籍贯" = '张杨镇江丹阳',可以选择"名称"和"籍贯"字段值合并结果为"张杨镇江丹阳"的人员记录。

4. 函数

除上述基本组成元素之外,还可以根据需要在查询表达式中选择使用函数,先对相应值进行处理后再进行查询。ArcGIS 查询表达式所支持的函数主要有数值函数、字符串函数、日期函数、CAST 函数四大类。

1) 数值函数

表 5-1 列出了所支持的数值函数,这些数值函数都返回数值型的值。其中,以 *numeric_exp*、*float_exp* 或 *integer_exp* 表示的参数可以是字段、另一个标量函数的结果或数值文本,其基础数据类型均为数值型。

表 5-1　所支持的数值函数

序号	函　数	说　明	
1	ABS(*numeric_exp*)	返回 *numeric_exp* 的绝对值	
2	SIN(*float_exp*)	返回 *float_exp* 的正弦值	其中,*float_exp* 是以弧度表示的角度
3	COS(*float_exp*)	返回 *float_exp* 的余弦值	
4	TAN(*float_exp*)	返回 *float_exp* 的正切值	
5	ASIN(*float_exp*)	返回正弦值 *float_exp* 对应的角度值(弧度)	
6	ACOS(*float_exp*)	返回余弦值 *float_exp* 对应的角度值(弧度)	
7	ATAN(*float_exp*)	返回正切值 *float_exp* 对应的角度值(弧度)	
8	CEILING(*numeric_exp*)	返回大于或等于 *numeric_exp* 的最小整数	
9	FLOOR(*numeric_exp*)	返回小于或等于 *numeric_exp* 的最大整数	
10	LOG(*float_exp*)	返回 *float_exp* 的自然对数	
11	LOG10(*float_exp*)	返回 *float_exp* 的以 10 为底的对数	
12	MOD(*integer_exp1, integer_exp2*)	返回 *integer_exp1* 除以 *integer_exp2* 所得的余数	
13	POWER(*numeric_exp,integer_exp*)	返回 *numeric_exp* 的 *integer_exp* 次幂的值	

续表

序号	函 数	说 明
14	ROUND(*numeric_exp,integer_exp*)	返回四舍五入至小数点右侧第 *integer_exp* 位的 *numeric_exp*。如果 *integer_exp* 为负数，则 *numeric_exp* 将被四舍五入至小数点左侧第|*integer_exp*|位
15	SIGN(*numeric_exp*)	返回 *numeric_exp* 的正负号。如果 *numeric_exp* 小于 0，则返回-1。如果 *numeric_exp* 等于 0，则返回 0。如果 *numeric_exp* 大于 0，则返回 1
16	TRUNCATE(*num_exp,integer_exp*)	返回截断至小数点右侧第 *integer_exp* 位的 *num_exp*。如果 *integer_exp* 为负数，则 *num_exp* 将被截断至小数点左侧第|*integer_exp*|位

2) 字符串函数

表 5-2 列出了所支持的字符串函数，这些函数都以 1 作为字符串的起算值，即字符串第 1 个字符的下标为 1。其中，以 *string_exp* 表示的参数可以是列名、字符串文本或者另一个字符串函数的结果，其基础数据类型均为字符型；以 *character_exp* 表示的参数是长度可变的字符型字符串；以 *start* 或 *length* 表示的参数可以是数值文本或者另一个数值函数的结果，其基础数据类型均为数值型。

表 5-2 所支持的字符串函数

序号	函 数	说 明
1	UPPER(*string_exp*)	返回一个将 *string_exp* 中所有小写字符均转换为大写字符的字符串
2	LOWER(*string_exp*)	返回一个将 *string_exp* 中所有大写字符均转换为小写字符的字符串
3	SUBSTRING(*string_exp* FROM *start* FOR *length*)	返回一个从 *string_exp* 中提取的子字符串，其起始字符位置由 start 指定，字符数由 length 指定
4	TRIM(BOTH|LEADING|TRAILING *trim_character* FROM *string_exp*)	返回一个从 *string_exp* 的开头、末尾或两端移除 *trim_character* 后所得的字符串
5	CHAR_LENGTH(*string_exp*)	返回字符串表达式的字符长度
6	POSITION(*character_exp1* IN *character_exp2*)	返回第一个字符表达式在第二个字符表达式中的位置。结果是一个确切的数值，采用预先定义的精度且小数位数为零

例如，当要查询名称中包含"mi""Mi""mI"或"MI"的城市时，为忽略大小写的不同，可使用如 UPPER("名称") Like '%MI%'或者 LOWER("名称") Like '%mi%'的表达式。

3) 日期函数

日期函数主要包含 CURRENT_DATE、CURRENT_TIME 和 EXTRACT(*extract_method* FROM *extract_field*)三个函数。

(1) CURRENT_DATE：返回当前日期。例如，2020/7/1。

(2) CURRENT_TIME：返回当前时间。例如，20:22:11。

(3) EXTRACT(*extract_ method* FROM *extract_field*)：按照参数 *extract_ method* 所指定的方式返回从日期时间值参数 *extract_field* 中所提取的部分。参数 *extract_method* 可以是下列任一关键字：YEAR、MONTH、DAY、HOUR、MINUTE 或 SECOND。例如，当要查询 12 月份出生的人员记录时，可采用如 Extract(month from "出生日期")= 12 的查询表达式。其中，"出生日期"需为日期型字段。

4) CAST 函数

CAST 函数可将值转换为指定的数据类型，一般形式为 CAST(*exp* AS *data _type*)。其中：*exp* 参数可以是字段名，另一个函数的结果或是一个文本。*Data_type* 可以是下列任意关键字，可以用大写或小写形式指定：CHAR、VARCHAR、INTEGER、SMALLINT、REAL、DOUBLE、DATE、TIME、DATETIME、NUMERIC 或 DECIMAL。其中，CHAR 为定长字符串，效率较高；VARCHAR 为不定长字符串，效率偏低。在具体使用时，还需以 CHAR(*m*)或 VARCHAR(*n*)的形式进一步声明字符串长度，*m* 取值在 0～255，*n* 取值在 0～65535，代表最大长度。

例如，当要查询 ObjectID 值第 1 个数字为 "7" 的数据记录时，可使用 Cast 函数将数值型字段值转换为字符型，再使用 Like 运算符进行查询，相应查询表达式可表示为：Cast("ObjectID" as Varchar(6)) Like '7%'。此时，不能直接使用 Like 进行查询，因为 Like 两侧必须为字符型数据。

以上内容主要适用于文件地理数据库、Shapefile、Coverage 和其他基于文件的数据源。个人和 ArcSDE 地理数据库也支持这些运算符，但这些数据源可能使用不同的语法。相关信息，请参阅具体 DBMS 的文档说明。

5.2.2　按位置选择查询

单击主窗口"选择"菜单中的"按位置选择"菜单项，将弹出如图 5-3 所示的"按位置选择"对话框。在该对话框中，根据需要设置选择方法、目标图层、源图层、空间选择方法等参数后，即可从目标图层中查找选择满足与源图层所有或所选要素具有指定位置条件或空间关系的相应要素。

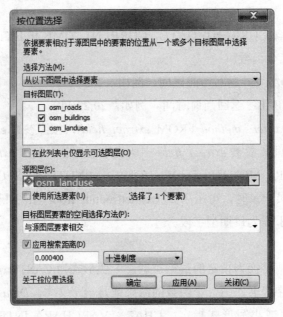

图 5-3　"按位置选择"对话框

1. 选择方法

ArcGIS 支持以下四种选择方法,有时需要根据选择目标将多种方法结合起来使用。除此之外,表窗口提供的"切换选择"(▤)工具,也是一种经常使用的方法。

(1) 从以下图层中选择要素(创建新选择)。该方法将根据所设条件直接从目标图层中选择要素。为避免混淆,在使用前该方法一般需要清除已选要素。

(2) 添加到当前以下图层中的选择要素(添加到当前选择内容)。该方法将根据所设条件把选择结果进一步追加到已有选择中。

(3) 移除在当前以下图层中选择的要素(从当前选择内容中移除)。该方法将从当前选择中移除满足所设条件的要素。

(4) 从当前在以下图层中选择的要素中选择(从当前选择内容中选择)。该方法将根据所设条件从当前选择中进一步筛选要素。

2. 目标图层

目标图层是从中选择要素的图层,可以勾选多个图层充当目标图层。如果选中"在此列表中仅显示可选图层",则目标图层列表将隐藏当前地图文档中的不可选图层。

3. 源图层

源图层是为选择提供参考要素的图层,只能选择一个图层充当源图层。一般情况下,已选中的目标图层不能再充当源图层。但如果事先已在目标图层中选择了要素,则目标图层也可以充当源图层。在目标图层被选中作为源图层时,其下面的"使用所选要素"选项将被自动选中,此时仅以已选要素作为参考要素。

4．空间选择方法

空间选择方法是根据源要素选择目标要素的具体空间关系条件，也是以目标要素做主语、源要素做宾语描述其空间关系的空间谓词。在确定空间选择方法后，可根据需要(有时必须)勾选"应用搜索距离"选项以扩展选择方法。该选项将根据指定的距离值对源要素做缓冲区处理，进一步增加其作用范围。下面将详细介绍 ArcGIS 10.2 提供的 15 种空间选择方法。

(1) 与源图层相交。该方法简称"相交"(Intersect)，将返回与源图层要素完全或部分重叠的目标要素，分析时仅考虑要素的平面(x，y)坐标。

(2) 与源图层相交(Intersect_3D)。该方法简称"相交 3D"(Intersect_3D)，将返回与源图层要素完全或部分重叠的目标要素，分析时全面考虑要素的3D(x，y，z)坐标。

(3) 在源图层要素的某一距离范围内。该方法简称"在某一距离范围内"(Within_a_Distance)，将使用指定的搜索距离在源要素周围创建缓冲区，然后查找返回所有与缓冲区相交的目标要素，分析时仅考虑要素的平面(x，y)坐标。

(4) 在源图层要素的某一距离范围(3d)内。该方法简称"在某一 3D 距离范围内"(Within_a_Distance_3D)，与第 3 种方法类似，但分析时全面考虑要素的3D(x，y，z)坐标。

(5) 包含源图层要素。该方法简称"包含"(Contains)，将返回包含源要素的目标要素。源要素可以位于目标要素的内部或边界上。

(6) 完全包含源图层要素。该方法简称"完全包含"(Completely_Cont-ains)，将返回完全包含源要素的目标要素。源要素只能位于目标要素内部，不可以与目标要素的边界接触或重叠。目标要素图层必须为一个面图层。

(7) 包含 (Clementini) 源图层要素。该方法简称"包含 Clementini"(Con-tains_Clementini)，因由 Clementini(克莱门蒂尼)等学者于 1993 年提出而命名，将返回内部、但又不边界包含源要素的目标要素。该方法不支持"使用搜索距离"选项。在直角边界上将出现例外情况。

(8) 在源图层要素范围内。该方法简称"范围内"(Within)，将返回位于源要素内部或边界上的目标要素。当源要素为点时，目标要素必须为点；当源要素为线时，目标要素可以为点或线。

(9) 完全位于源要素图层范围内。该方法简称"完全位于"(Completely_Within)，将返回完全位于源要素内部的目标要素。源要素一般为面要素。对于点或线要素，应选中设置"使用搜索距离"选项，使其转化为面。

(10) 在(Clementini)源要素图层范围内。该方法简称"包含于 Clementini"(Within_Clementini)，将返回位于源要素范围内，但又不完全位于源要素边界之上的目标要素。Clementini 假定点的边界始终为空，线的边界为端点，面的边界为边界线。直角目标要素将出现例外情况。

(11) 与源图层要素完全相同。该方法简称"与其他要素相同"(Are_ Identical_to)，将

返回与源要素完全重合相同的要素。目标图层和源图层几何类型必须相同，如果几何类型不同将始终返回空选择集。该方法不支持"使用搜索距离"选项。

(12) 接触源图层要素的边界。该方法简称"边界接触"(Boundary_Touchs)，将返回与源要素边界接触(共点、共线)的目标要素。源要素与目标要素必须为线要素或者面要素。该方法不支持"使用搜索距离"选项。

(13) 与源图层要素共线。该方法简称"与其他要素共线"(Share_A_Line_Segment_With)，将返回与源要素至少有两个共用连续折点(共线)的目标要素。源要素与目标要素必须为线要素或者面要素。该方法不支持"使用搜索距离"选项。

(14) 与源图层要素的轮廓交叉。该方法简称"与轮廓交叉"(Crossed_By_The_Outline_Of)，将返回与源要素共点但不共线的目标要素。源要素与目标要素必须为线要素或者面要素。该方法不支持"使用搜索距离"选项。

(15) 质心在源图层要素内。该方法简称"中心在要素范围内"(Have_Their_Center_In)，将返回几何质心落在源要素之内或其边界上的目标要素。

需要说明的是：对于相同的目标和源图层，选择不同的方法有时可能会产生相同的选择结果。表 5-3 进一步概括了这些方法的基本特征。

表 5-3　空间选择方法

序号	名　称	目标图层/源图层几何类型	搜索距离
1	与源图层相交(相交)	点线面/点线面	可选
2	与源图层相交(3d)(相交 3D)	3D 图层/3D 图层	可选
3	在源图层要素的某一距离范围内	点、线、面图层	必选
4	在源图层要素的某一距离范围(3d)内	3D 图层/3D 图层	必选
5	包含源图层要素(包含)	点/点、线/点线、面/点线面	可选
6	完全包含源图层要素(完全包含)	面/点线面	不可选
7	包含(Clementini)源图层要素(包含 C)	点/点、线/点线、面/点线面	不可选
8	在源要素图层范围内(位于)	点/点线面，线/线面，面/面	可选
9	完全位于源要素图层范围内(完全位于)	点线面/面	不可用
10	在(Clementini)源要素图层范围内	点/点线面，线/线面，面/面	不可用
11	与源图层要素完全相同(相同)	点/点，线/线，面/面	不可用
12	接触源图层要素的边界(接触边界)	线面/线面	不可用
13	与源图层要素共线(共线)	线面/线面	不可用
14	与源图层要素的轮廓交叉(交叉)	线面/线面	不可用
15	质心在源图层要素内(质心在范围)	点线面/点线面	可选

5.2.3　按属性连接查询

连接(Join)查询就是按照一定条件将两个或多个表(或视图)的字段与记录连接起来，形成一个新的数据表。连接是关系型数据库的核心功能，也是区别于其他类型数据库的一个重要标志。Geodatabase 不仅支持常规的按属性连接查询，还支持按位置的空间连接查询。本节主要介绍按属性的连接查询。

按属性的连接查询会根据两个表的共同字段值将一个表(连接表)的记录追加到另一表(目标表)中。共同字段的名称可以不同，但数据类型必须相同，即数字必须连接到数字，字符串必须连接到字符串，依此类推。

为防止连接后字段名重复，追加字段通常以"<表名称>.<字段名>"的形式命名。如果不想显示完整字段名称，可单击"表"窗口的"表选项"按钮，然后勾选"显示字段别名"菜单项，字段的表名称前缀将不再显示。

在编辑连接的数据时，无法直接编辑连接追加的字段列。如果要编辑连接的数据，必须将连接的表或图层(连接表)添加到 ArcMap 中，单独对其执行编辑操作，相应更改将反映在连接列中。

一个表或图层可以连接多个表或图层。在 ArcMap 中创建的任何连接均与图层一同保存在地图文档中。这样在重新打开时，可不必重新创建此连接。属性连接是非永久性连接，可随时创建和移除。如果要创建永久性的连接数据，需要将连接后的表或图层导出到地理数据库中。在移除某个连接表时，同时会移除在该表之后追加的连接表的所有数据，基于追加数据设置的符号系统或标注将恢复到默认状态。

ArcGIS 提供了三个建立属性连接的工具，即"连接数据"对话框、"连接字段"工具和"添加连接"工具。其中，第一个工具比较常用，可通过单击表或图层右键菜单，或者表窗口"表选项"菜单项中的"连接和关联\连接…"菜单项打开；后两个工具位于"数据管理工具箱\连接工具集"下。

1."连接数据"对话框

"连接数据"对话框可用于属性或空间连接。在选中顶部组合框中的"某一表的属性"选项后，该对话框将用于属性连接。在使用"连接数据"对话框执行属性连接时，主要涉及以下问题。

1) 参数设置

在如图 5-4 所示的"连接数据"对话框

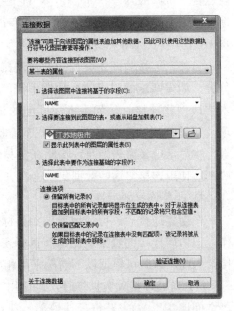

图 5-4　"连接数据"对话框

中，各参数的含义如下。

(1) 第 1 个参数确定目标表的连接字段。在打开"连接数据"对话框时，目标表已经确定。

(2) 第 2 个参数确定连接到目标表的连接表，可以是当前内容列表中的独立表或图层属性表，也可以是另行指定的外部表或要素类。

(3) 第 3 个参数确定连接表的连接字段。只有在两个连接字段的取值相同时，两个表的对应记录才被认为是匹配记录。在使用字符串字段创建连接时，要注意大小写问题，大小写不同的字段通视为不同。例如，"NEW YORK"不会与"New York"连接。

(4) 第 4 个参数确定连接所产生的结果。在默认情况，该参数为"保留所有记录"，此时连接为外连接，即以目标表为准保留所有记录。如果该参数为"仅保留匹配记录"，此时连接为内连接，即只保留目标表中被匹配的记录，未匹配的记录将被排除。

2) 验证连接

在执行连接前，可单击"连接数据"对话框上的"验证连接"按钮，以对两个参与连接的数据集进行验证分析，及时发现可能存在的潜在问题。验证连接主要检查字段名称是否以无效字符开头、字段名称是否包含无效字符、字段名称是否与保留字相同、数据是否存储在非地理数据库的 Access 表中等内容。

因为不同格式的数据源对字段具有不同的语法要求，即使符合语法的连接数据追加到目标表上也可能出现无效问题，而任何一个无效问题都可能会导致连接字段在属性表中显示空值或者选择和记录数不正确。

无效的字段起始字符一般为：`~@#$% ^&*()-+=|\\,<>?/{}.!':;[]_012345678；无效的字段包含字符一般为：`~@#$%^&*()-+=|\\,<>?/ {}.!';[]:；但 Coverage 将#$-视为合法字符。地理数据库字段名最多可包含 64 个字符，而 Shapefile 最多包含 10 个字符，Info 表最多包含 16 个字符。

另外，连接验证还会告知创建连接后将匹配的记录的数目，计算成功匹配的记录的百分比。如果匹配的记录数与预期不符，还可确定数据中是否可能存在其他错误。在使用文本字段创建连接时，如果本应匹配的记录存在拼写错误或因字符大小写导致找不到匹配项，可能会出现上述情况。如果连接验证计算出的匹配记录数大于目标数据集中的记录数，将显示一条警告消息，指明在参与的数据之间存在 1：M 或 M：N 的关系。此时，一般不应使用连接将这些数据集组合在一起，而应使用关联或关系类。

3) 改善连接数据性能

在创建连接后，可使用追加到目标表中的数据执行查询、标注、符号化等许多其他操作。但访问连接的数据会比访问目标表中的数据要慢，因为需要执行额外的工作来维护连接。为此，有时可根据以下情况采用相应的性能调整措施。

(1) 当处理特大数据集时，可使用"连接"地理处理工具("添加连接""字段连接""空间连接"等)来获得最佳性能。在执行实际的后台连接处理时，由于所用策略不尽相同，使用这些工具可避免对话框遇到的一些异常问题。

(2) 为连接字段创建属性索引。如果连接仅涉及 Shapefile、dBASE 文件、Coverage 或 INFO 文件，则创建索引并不会改善绘制或使用表窗口时的性能。但编辑时的性能会有所改善。在其他情况下，属性索引可改善整体性能。

(3) 连接同一地理数据库中的数据时，可选择"仅保留匹配记录"选项。此选项通常会提高访问连接列中数据的操作(符号化、标注等)速度。默认的"保留所有记录"选项，在不需要访问连接数据时通常具有较好的性能，否则，操作可能会减慢许多。

(4) 对于目标表和连接表来自不同数据源的连接，性能可能会较差。尤其是当连接表来自地理数据库或 OLE DB 连接时更是如此。当连接表来自基于文件的数据源(如 Shapefile、dBASE 文件以及 Coverage)且目标表具有 ObjectID 字段(大部分数据源)时，性能会好很多。

(5) 将多个表或图层连接到单个图层会使性能大幅下降。如果所有数据都来自相同的 ArcSDE 服务器并且在连接时选择了仅保留匹配记录，则性能将不会受到较大影响。

2. 其他属性连接工具

在如图 5-5、图 5-6 所示的另外两个属性连接工具中，"连接字段"工具的功能相对较强，可用于图层、表视图、要素类、表等不同类型数据集之间的连接，可选择追加到目标表的连接字段，所建连接是永久性连接，不能通过"移除连接"工具加以移除，只能以外连接方式执行。

"添加连接"工具只能为图层或表视图追加连接表，不能选择追加到目标表的连接字段，所建连接为动态连接，可通过"移除连接"工具加以移除，可以外连接或内连接方式执行。

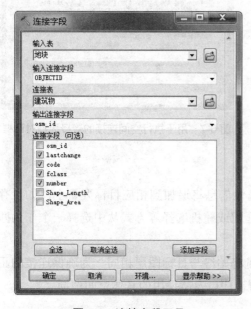

图 5-5　连接字段工具

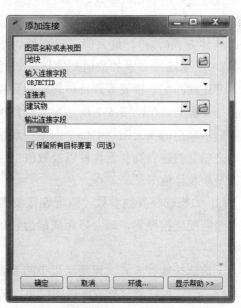

图 5-6　添加连接工具

5.2.4 按位置连接查询

当两个图层间不存在公共属性字段时，可按位置将其连接起来。按位置连接，也称空间连接，是指根据要素的相对空间位置关系将连接要素类中的行匹配到目标要素类中的行，其中描述空间位置关系的词也称空间谓词。空间连接与属性连接不同，它是永久性连接，需要将连接结果保存到新的输出图层中。

ArcGIS 提供了两个执行空间连接的工具，一个是"连接数据"对话框，另一个是位于"分析工具箱\叠加分析工具集"下的"空间连接"工具。"空间连接"功能更强，灵活性更高，支持的空间谓词也更多。

1. "连接数据"对话框

如图 5-7 所示，当选中顶部组合框中的"基于空间位置的另一图层的数据"选项时，"连接数据"对话框将以外连接方式执行空间连接。无论是否发现满足空间谓词的匹配记录，所有目标要素均输出至连接结果中。

随着所选连接图层几何类型的不同，系统将自动显示不同的参数选项，以供用户选择确定连接所用的空间谓词条件以及输出结果的内容。图 5-7 为"宗地"与"建筑物"两个面图层连接时所给出的相关参数选项。

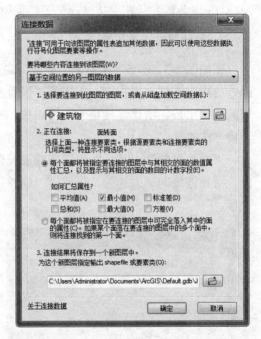

图 5-7 用于执行空间连接的连接数据对话框

(1) 如果选择"汇总统计"方式，将按所选的具体方式(总和、最大值、最小值、平均值等)对匹配连接要素的数值型字段值进行汇总，并连同匹配连接要素数目一起追加到相应的目标要素上。在以图 5-7 所示参数设置执行连接后，输出的结果图层中每个宗地要素将新增与之相交的建设物要素数目以及数值型字段值的最小统计值信息。

(2) 如果选择其他参数，匹配连接要素的属性信息将追加到相应目标要素上。如果存在多个匹配连接要素，则会以距离最近、最先匹配或随机选择等方式从中选择一个作为匹配要素。

无论选择哪种方式，连接结果中的要素数量将始终与目标图层相同。为确保连接的正确执行，一定要注意目标或连接图层角色的设置次序以及所使用的具体空间谓词。

2. "空间连接"工具

如图 5-8 所示,"空间连接"工具除了"目标要素""连接要素""输出要素类"等基本参数设置外,还有以下参数设置。

1) 连接操作

该选项确定输出要素类中目标要素和连接要素之间的连接方式,具体有以下两种参数。

(1) 如果选择"JOIN_ONE_TO_ONE"选项,将使用字段映射合并规则对多个连接要素中的属性进行聚合。例如,一个宗地目标要素找到了两个建筑物要素,其层数字段值分别为 3 和 7,且指定了"平均值"合并规则,则输出聚合值为 5。

(2) 如果选择"JOIN_ONE_TO_MANY"选项,输出要素类将多次记录目标要素以及与之匹配的连接要素。例如,一个宗地目标要素找到了两个建筑物要素,则输出要素类将包含两条宗地要素的记录,并分别连接两个建筑物的相应字段属性值。

2) 保留所有目标要素

该选项决定在输出要素类中是保留所有目标要素(外连接),还是仅保留那些与连接要素有指定空间关系的目标要素(内连接)。只有在将连接操作设置为"JOIN_ONE_TO_ONE",并且选中"保留所有目标要素"选项时,才能将所有输入目标要素写入到输出要素类。

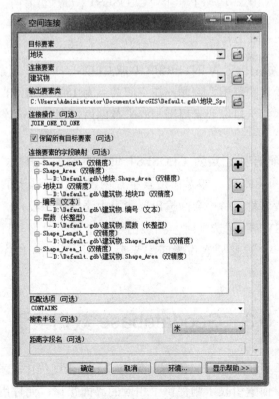

图 5-8　空间连接工具

3) 连接要素的字段映射

该选项控制输出要素类中要包含的属性字段。初始列表包含目标要素类和连接要素类中的所有字段。对于重名字段，系统将在连接字段的结尾自动添加相应的数字以作区别。用户可根据需要自行添加、删除、重命名字段或更改字段的属性。一般情况下，目标要素类中的所选字段将按原样传递，而连接要素类中的所选字段可根据需要设置相应的合并规则进行聚合处理后传递。

合并规则指定如何将一个字段的多条记录值(垂直)或多个字段的一条记录值(水平)合并为一个输出值，主要有第一个(First)、最后一个(Last)、连接(Join)、最大值(Max)、最小值(Min)、计数(Count)、总和(Sum)、平均值(Mean)、中值/中位数(Median)、模式/众数(Mode)、标准差(Standard Deviation)等，其中后 5 种只适用于数值型字段。

此外，空间连接还将在输出要素类中始终添加两个名为 TARGET_FID 和 Join_Count 的新字段，用于记录每一目标要素(TARGET_FID)所匹配的连接要素数量(Join_ Count)。如果连接操作参数选为 JOIN_ONE_TO_MANY，输出要素类中还将增加一个名为 JOIN_FID 的字段，用于记录每一目标要素(TARGET_FID)所匹配的具体连接要素的 ObjectID 值。如果 JOIN_FID 字段的值为-1，则表示没有与目标要素匹配的连接要素。

4) 匹配选项

该选项用于定义要素匹配的空间关系条件，共 16 个空间谓词，其中 15 个与按位置选择时所使用的谓词含义相同，增加了一个"CLOSEST"(最近)谓词。这些谓词在描述空间关系条件时，以目标要素为主语，连接要素为宾语。

5) 搜索半径

当匹配选项(空间关系)指定为 INTERSECT 或 CLOSEST 时，搜索半径才有效，所输入的距离值将增加目标要素的范围。例如，在空间关系为 INTERSECT 时使用 100 米作为搜索半径，如果连接要素位于目标要素周围 100 米范围内，则认为该连接要素与之匹配。

6) 距离字段名

当将空间关系(匹配选项)指定为 CLOSEST 时，此选项才有效，用于记录目标要素和最近匹配连接要素之间的距离。如果在搜索半径内没有任何匹配的要素，则此字段的值为-1。如果未指定字段名称，将不会向输出要素类中添加该字段。

在使用"CLOSEST"匹配选项时，如果出现多个连接要素与目标要素距离最近的情况，将随机选择其中一个连接要素作为匹配要素，连接要素的 FID 对随机选择过程没有影响。

5.3　Geodatabase 数据索引

为了提高查询效率和性能，Geodatabase 使用了多种查询优化技术，其中大部分技术由系统自动选择并执行，而索引技术则提供了相应的界面接口，允许用户进行相应的配置或适当的调整。随着数据库类型的不同，Geodatabase 所采用的具体索引技术也不尽相同，概括而言共分为属性索引和空间索引两大类。

5.3.1　Geodatabase 属性索引

属性索引是 ArcGIS 用于检索记录属性数据的备用路径，可以提高对要素类和表进行属性查询的速度。对于大多数属性查询类型而言，使用索引查询记录要比从第一条记录开始逐条搜索整个表的方式更加快速。

只要要素类或表内有数据，就可以为经常查询的字段创建属性索引，但一般应创建那些真正需要的索引，因为添加的每个索引都会略微降低要素类的编辑速度。每次编辑要素类时，ArcGIS 都必须更新索引。如果需要经常编辑某个字段，应尽可能避免为其创建索引。

属性索引可以通过访问数据集"属性"对话框的"索引"选项卡或使用"数据管理工具箱\索引工具集"下的"添加属性索引"工具进行创建。在添加索引之后，可以随时将其删除或重新添加。如图 5-9 所示，创建属性索引时一般需要指定名称、属性值是否唯一、属性值排列顺序、所索引的字段(属性)及其先后顺序等参数。

图 5-9　索引选择卡对应的添加属性索引对话框

1. 索引名称

在 ArcGIS 中，属性索引名称的一般不得超过 16 个字符。此限制基于所支持的数据库内允许的最小长度，便于在不同地理数据库之间分发和共享数据。个人地理数据库索引的名称中不能包含空格或保留字，文件地理数据库内的索引则没有过多限制。

ArcSDE 地理数据库索引的名称要能够反映出索引的是哪个表甚至哪一个列。例如，地址表索引的名称可以是 ADRS_APK_IDX，其中 ADRS 表示此索引位于地址表中，APK 表示索引的具体列，IDX 明确表明这是一个索引。此外，ArcSDE 地理数据库索引的名称还应符合：在数据库中必须唯一；必须以字母开头；不能包含空格，不能包含保留字等

规则。

2．唯一索引

如果每条记录中的属性都具有唯一值，那么以该属性创建索引时可以选中"唯一"选项。唯一索引将加快对该属性的查询过程，因为数据库将在找到第一个匹配值后会停止搜索。

唯一索引不适用于文件地理数据库，但适用于个人地理数据库和 SQL Server ArcSDE 地理数据库。对于个人地理数据库，当用户自定义的字段被设置为唯一索引后，该要素类以及与之位于同一要素数据集下的其他要素类不能被编辑。对于 SQL Server ArcSDE 地理数据库，当要素类注册为版本后，不能再为其添加唯一索引。

3．升序或降序索引

在升序索引中，被索引的属性取值将按升序排列；而降序则与之相反。例如，在升序索引中城市名以 Athens、Berlin、London 和 Paris 这种顺序排列，而在降序索引中它们则显示为 Paris、London、Berlin 和 Athens。在大多数情况下，索引的排列方向对检索速度几乎没有影响，因为对于大多数查询，向前或向后遍历索引的整体效率是相同。

在文件或 Oracle ArcSDE 地理数据库中无法使用"升序"选项，因此该项不可选。"升序"选项适用于 SQL Server ArcSDE 地理数据库，但是，当源数据为注册版本的要素类时，在"添加属性索引"对话框中此选项不可用。

4．单列或多列索引

文件地理数据库不支持多列索引，要素类或表的"属性"对话框不允许指定多列索引，通过"添加属性索引"工具可以添加涉及多个字段的索引，但实际上它是每个字段的单列索引。

个人或 ArcSDE 地理数据库支持单个列或多个列索引。如果在查询中经常同时指定两个或三个字段，则多列索引将十分方便。在这种情况下，多列索引所提供的查询性能会比使用两个或三个单列索引分别查询各个字段快得多。在多列索引中，字段的位置顺序很重要，排列越靠前，搜索优先级越高。在创建多列索引时，可根据业务需求将使用最频繁的一列放在最前列。

如果经常对一个表的多个字段进行单独和联合查询，并且查询频率大于其更新频率，可为多个字段同时创建单列和多列索引。例如，一个表的 A 字段和 B 字段，可同时创建一个 A 索引、一个 B 索引、一个 A 和 B 的多列索引。

5.3.2　Geodatabase 空间索引

ArcGIS 使用空间索引来提高要素类的空间查询性能。在进行要素识别、点选或框选要素以及平移和缩放等操作时，都需要使用空间索引来提高性能。在地理数据库中创建空要素类或导入数据以创建新要素类时，ArcGIS 将自动为其创建空间索引。

随着数据源的不同，其空间索引的工作方式也不同。个人地理数据库、文件地理数据库、DB2 地理数据库、使用二进制几何存储的 Oracle 或 SQL Server 地理数据库、使用 Esri ST_Geometry 的 Oracle 地理数据库都采用层次网格空间索引；Informix、PostgreSQL 以及使用 Oracle Spatial(SDO_Geometry)存储策略的地理数据库使用 R 树空间索引。

1. 层次格网索引原理

层次格网索引是对传统格网索引扩展之后的一种空间索引。该索引将空间格网索引划分为成一个、两个或三个格网等级，每个等级的像元大小各不相同。第一等级为必选等级，其格网大小最小。第二和第三等级为可选等级，将其设置为 0 时则不可用。如果启用第二和第三等级，则第二等级格网的大小至少是第一层格网大小的 3 倍，而第三等级网格的大小至少是第二等级网格大小的 3 倍。

在创建层次格网索引时，每个要素的范围都会叠加到最低等级的格网上，从而获得网格的数量。如果网格数量超过 SERVER_CONFIG 表中 MAXGRIDSPE-RFEAT 选项设置的值，则在已定义更高等级的情况下，要素会被提升至下一较高等级的网格中。层次格网索引实质上是一种可变分辨率的格网索引，其索引记录数量会比传统格网索引明显减少，进而减少候选匹配要素的比较次数，提高查询效率。

例如，在图 5-10 所示的两层次格网索引中，要素 A 位于 1 级格网编号为 1~6 的网格中，由于所叠加的格网数量(6 个)超过系统的最大允许值(这里假设为 4 个)，要素 A 将被提升到 2 级格网中建立索引，并添加两条记录。要素 B 位于 1 级格网编号为 4 的网格中，所占网格数量小于 4，将在 1 级格网中建立索引，并添加一条记录。该索引中共有 3 条记录，如果只采用第 1 级的格网索引将产生 7 条索引记录。

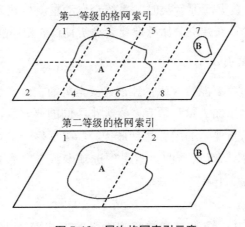

图 5-10   层次格网索引示意

当层次格网索引建立后，插入、更新或删除要素会更新空间索引。在使用层次格网索引进行查询时，首先通过粗算计算得到与输入查询要素匹配的索引项及候选要素，然后通过精算得到匹配的目标要素。

2. 空间索引的自动维护

在个人地理数据库中创建要素类时，无论是使用"新建要素类"向导、地理处理工具还是其他方法，ArcGIS 都将基于要素类坐标系的范围自动计算空间索引，确保空间索引始终是最优的，并且不允许用户修改。

在文件、ArcSDE 地理数据库中完成以下操作后，ArcGIS 也会自动重建空间索引以确保其处于最优状态。

(1) 使用"新建要素类"向导创建空要素类时，将会为文件和企业级地理数据库创建空间索引，但 DB2 数据库除外。

(2) 在编辑或使用"加载数据"命令时，将使用空间索引。在 DB2 的企业级地理数据库中，在将数据加载到空要素类后会创建空间索引。

(3) 将个人地理数据库、Shapefile、Coverage、CAD 等数据导入至文件和企业级地理数据库，则会为新的要素类自动计算空间索引。

(4) 使用"复制"和"粘贴"命令将要素类从个人地理数据库复制到文件、企业级地理数据库时，将会自动重新构建空间索引。从 Oracle Spatial、PostgreSQL 或 Informix 复制要素类，也会重新构建空间索引。从使用基于格网索引的文件或企业级地理数据库(Oracle 二进制和 ST_Geometry、SQL Server 二进制或 DB2)复制到其他使用基于格网的索引的地理数据库，则会将索引与源数据一同复制，但不会重新计算。

(5) 在使用创建要素类的地理处理工具时，会检查新要素类中的要素，并自动计算出新的空间索引。

(6) 对于没有空间索引的要素类，将会在保存编辑或加载数据操作结束时计算空间索引。

(7) 在压缩文件地理数据库要素类时，系统会自动重新构建索引，此索引无法修改。解压缩要素类时，将自动重新建立与压缩前要素类所具有的相同的空间索引。

3. 修改或重建空间索引

对于个人地理数据库，不能修改或重新创建要素类的空间索引。对于文件和企业级地理数据库，仅在向要素类添加大量与原有要素大小不同的要素后，需要手动重新计算空间索引，以确保空间索引与新要素的配合达到最优。如果要修改或重新创建要素类的空间索引，可使用要素类"属性"对话框的"索引"选项卡或者"数据管理工具箱\索引工具集"下的"添加空间索引"工具。

1) "索引"选项卡

在"索引"选项卡中，修改要素类空间索引的方式取决于要素类包含的空间数据类型。

(1) 对于使用 SQL Server 中的 Geometry 存储的要素类，可单击重新计算，以便 ArcGIS 设置格网大小。

(2) 对于使用 Oracle 中的 ST_Geometry 的要素类，可单击重新构建。

(3) 对于文件地理数据库中的要素类，PostgreSQL、DB2 或 Informix 中的要素类，或者使用二进制/SDO_Geometry 存储(Oracle 中)或 Geometry 存储(SQL Server 中)的要素类，可以单击删除来移除空间索引，然后来创建新的空间索引。重新创建的索引会反映当前数据。

2) "添加空间索引"工具

该工具可将空间索引添加到尚无空间索引的 Shapefile、文件地理数据库或 ArcSDE 要素类中，或者重新构建现有的空间索引。如果输入要素已有空间索引，则空间格网 1、2、3 显示当前空间索引的格网值，如图 5-11 所示。如果对设置空间格网大小并不熟悉或不确定该使用何种值，可使用默认值 0、0、0，该工具将检查所有输入要素来计算最佳格网大小并重新构建索引。

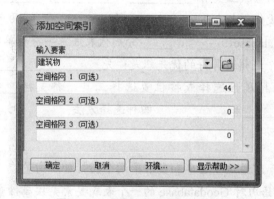

图 5-11　"添加空间索引"工具

此外，也可使用"数据管理工具箱\要素类工具集"下的"计算默认空间格网索引"，为输入要素类计算出一组有效的格网索引值(空间格网 1、2 和 3)。即使输入要素类不支持建立空间格网索引，也可以计算出格网索引值。格网索引值将通过该工具以消息的形式返回，可单击"地理处理\结果"菜单项在弹出的窗口中查看这些值，还可通过访问该工具的执行 result 对象将值指定给脚本中的某变量。

空间格网 1、2 和 3 参数仅适用于文件地理数据库和某些 ArcSDE 地理数据库要素类。空间格网 1 是必需的、最低的格网等级，它的格网大小最小。格网是方形的，所输入的参数值为一条边的长度。测量单位取决于要素类的空间参考。如果只需要一级格网，则将格网 2 的大小设置为 0；否则，空间格网 2 的大小应至少是空间格网 1 的三倍。如果只需要两级格网，则将空间格网 3 的大小设置为 0；否则其大小应至少是空间格网 2 的三倍。

需要说明的是，向 ArcSDE 要素类添加新的空间索引是一项非常占用服务器资源的操作。在大量用户登录到服务器时，不能对大要素类执行此操作。

如果频繁对个人或文件地理数据库执行数据输入、删除或编辑等，则应对该数据库定期进行数据库碎片整理以确保其性能最佳。如果要降低存储要求，可将矢量文件地理数据库压缩为一种只读格式。除了可以更改其名称以及修改属性索引和元数据之外，在压缩后

无法对数据库进行任何形式的编辑或修改。压缩特别适用于无须进行进一步编辑的成熟数据集。如果需要，可以对压缩数据集进行解压，使其返回到初始的读取/写入格式。在目录窗口中，单击数据库右键菜单"管理"菜单项下的相应子菜单可执行上述的操作。

复习思考题

一、解释题

1. 数据库查询　2. 空间索引　3. 子查询　4. 标量子查询　5. 连接查询

二、填空题

1. 目前常用的空间索引主要有_____、_____和_____三种。

2. 空间查询二阶段优化包含_____和_____两个基本环节。

3. 对于文件 Geodatabase，_____、_____分别代表任意字符和单字符通配符。

4. Geodatabase 三个逻辑运算符的优先级是：先_____，次_____，后_____。

5. ArcGIS 提供的按属性选择或按位置选择工具，都支持_____、_____、_____和_____四种选择方法。

三、辨析题

1. 空间查询的效率可通过查全率和查准率两个指标加以衡量。　　　　（　　）

2. 只能使用 SQL 语句对 Geodatabase 的一个表或要素类按属性查询。　（　　）

3. 表或要素类的字段名必须用"[ ]"括起来才能在查询条件中使用。　（　　）

4. ArcMap 目前不支持自连接。　　　　　　　　　　　　　　　　（　　）

5. 唯一索引是只包含一个字段的索引。　　　　　　　　　　　　　（　　）

四、简答题

1. SQL 查询语言的特点是什么？

2. Geodatabase 层次网格索引的原理是什么？

五、应用题

1. 对于文件地理数据库中的一张学生信息表，其具体模式及实例内容如表 5-4 所示。请按照如下查询要求分别写出相应的 SQL 语句。

表 5-4　学生信息

ObejectID	学号 (文本型)	姓名 (文本型)	性别 (文本型)	生日 (日期型)	总分 (数值型)
1	16010111	张三	男	1999-01-20	652
2	17010220	李四	男	1998-10-20	587

续表

ObejectID	学号 (文本型)	姓名 (文本型)	性别 (文本型)	生日 (日期型)	总分 (数值型)
3	16010221	赵凤	女	1996-11-01	543
4	17020311	田春	男		345
5	16020214	黎明	男	2000-12-01	459

(1) 按"性别"查询选择其值为"男"的学生记录。

(2) 按"生日"查询选择其值不为"空"的学生记录。

(3) 按"学号"查询选择其值 3～4 位为"01"的学生记录。

(4) 按"生日"、使用函数，查询选择"年龄"大于"20"的学生记录。

(5) 按"总分"、使用子查询，查询选择"总分"大于所有学生"平均总分"的学生记录。

2. 市政府工作人员要在市区范围内新建两个垃圾场。如图 5-12 所示，已经收集了河流、道路、大厦小区、土地利用、新增地块坐标、小区人口数量及新建垃圾场候选位置等数据，请采用 GIS 方法完成以下任务: (本题源自第八届全国大学生 GIS 技能大赛)

图 5-12　垃圾场选址所收集的主要数据

(1) 土地利用数据新添加了几块图斑，测量人员已获取了其坐标信息，并记录在地块采集点表格中，请用这些数据更新土地利用数据。

 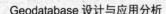
(2) 根据以下条件从多个候选位置中确定两个新建垃圾场的具体位置：

① 距离道路在 200m 以内，方便运输垃圾。

② 距离河流在 150m 范围以外，避免污染水域。

③ 距离住宅小区在 800m 范围以外，1500m 范围以内。

④ 垃圾场必须建在未分配用地上。

⑤ 筛选出的两个垃圾场之间的距离大于 2000m。

(3) 在垃圾场 2000m 范围内的居民可能会受影响，需要提前召开发布会并统计参会人数，假如你是会议工作人员，请统计垃圾场 2000m 范围内的人口总数。

 微课视频

扫一扫：获取本章相关微课视频。

查询选址.wmv

第 6 章
时态数据组织与回放追踪

由于所用地理空间数据只是现实世界在某个时刻的"快照",不能有效反映现实世界随时间动态变化的本质特征,传统的 GIS 应用一般被称为静态 GIS(Static GIS,SGIS)。为解决这一问题,就必须将时间作为一个重要因素引入 GIS 中,这样便产生了时态 GIS(Temporal GIS,TGIS)的概念。

时态 GIS 是当今 GIS 理论研究与应用实践的一个重要方向和发展趋势,其关键问题是根据相应的时空数据模型建立能够综合反映现实世界时间、空间和属性三大特征的时空数据库,利用时空分析工具和技术模拟其动态变化过程,探究挖掘隐含于时空数据中的知识和规律。尽管已取得一些有价值的成果,但目前有关 TGIS 的研究与实践还不成熟,总体上仍处于探索阶段。

本章结合 ArcGIS 桌面系统,详细介绍 TGIS 研究所取得的一些实用化成果,主要包括基于 Geodatabase 的时态数据组织管理模型、时态数据编辑处理工具以及两个时态数据回放与分析模块(时间滑块和 Tracking Analyst)等内容。

6.1　时态数据模型

时态数据是表示多个时间点的客观世界状态的序列数据。在 ArcGIS 中，时态数据也被称为事件或观测数据。简单地讲，事件就是具有时间信息的对象，既可以是空间对象，也可以是非空间对象。事件数据描述了在不同时间对特定对象的观测结果，不仅包括对象事件本身的信息，还包括观测相关的信息，如何时或何处进行观测、观测了哪些内容等。

时态数据是比时空数据更宽泛的一个概念，现实中可谓比比皆是。例如，学生在不同学年的身高、体重等方面的体检数据；共享单车在不同时刻的实时(或近实时)位置数据；某一地区在不同年份的 GDP、人口统计数据；在不同时期获取的卫星影像数据等。

时态数据的时间值一般可用采样时间点来表示，存储在单独的属性字段中。采样时间可以具有固定或不固定的时间间隔。例如，以固定时间间隔(每天)采集河流流量数据，以不固定的时间间隔采集闪电、地震数据等。

时间值还能代表事件发生的持续时间。在这种情况下，时间值将存储在两个字段中，一个字段代表事件的开始时间，一个字段代表事件的结束时间。例如，表示火灾范围的面要素具有开始时间和结束时间字段，分别存储火灾的起火时间和扑灭时间。这些时间值可以存储在日期型、文本型或数值型字段中。

在 Geodatabase 中，可以使用表、要素类、镶嵌数据集、栅格目录等不同类型的数据集来存储和管理时态数据，具体选择哪种格式取决于时态数据的类型以及希望如何显示时态数据。归根结底这些数据集都是表，而表又是由列与行组成的。因此，无论选择哪种格式，时态数据的组织结构模型都可以概括为两种基本形式，即基于列的模型和基于行的模型。

6.1.1　基于列的模型

基于列的时态数据组织模型通过表中字段列的增加来描述空间与非空间对象在不同时间的属性变化特征。表 6-1 所示就是采用列模型管理的时态数据，它反映了徐州市所辖 10 个区县从 2015 年到 2017 年的 GDP 变化情况。

表 6-1　徐州各县区 GDP 统计数据

单位：亿元

OID	Shape	Name	GDP2015	GDP2016	GDP2017
1	面	丰县	370.00	402.00	456.94
2	面	沛县	610.00	660.00	756.32
...	...	...	...	...	...
10	面	云龙区	251.00	280.00	312.00

基于列的模型具有以下三点不足。

(1) 不能反映空间要素在不同时期的位置与几何图形变化，因为 Geodatabase 只允许要素类中有一个"Shape"字段。

(2) 不符合数据库模式应相对稳定的设计原则，随着时间的推移，表的列数将不断增加从而使模式结构发生变化。

(3) 不能使用"时间滑块"和"Tracking Analyst"两个工具，对以该模型组织的时态数据进行回放与追踪分析。

尽管存在上述不足，基于列的时态数据在现实工作生活中却比较普遍。究其原因，主要是因为该模型具有两大优点：一是内容简洁明了，方便对比；二是根据这种形式的数据容易制作出如图 6-1 所示的统计图表。

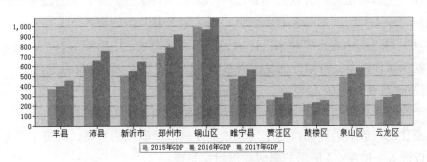

图 6-1　基于列时态数据制作的徐州市各区县 GDP 统计

6.1.2　基于行的模型

基于行的模型在保持模式结构不变的前提下，通过记录行(元组，Tuple)来组织管理时态数据。根据所用表的数量，行模型又划分为简单行模型与复杂行模型。

1. 简单行模型

简单行模型也称为简单事件模型。该模型使用一个表(或要素类、栅格目录等)通过多个记录行组织特定对象事件的观测数据以及其他属性信息，如表 6-2 所示。该模型是最为基本、常用的时态数据组织模型，能同时反映要素的空间和属性变化，可在两个工具下进行回放分析，但数据的冗余度比较高。在表 6-2 中，徐州市各县区的"Shape"和"Name"数据被重复存储了两次。

表 6-2　徐州各县区 GDP 统计数据

OID	Shape	Name	Year	GDP
1	面	丰县	2015	370.00
...	...	...	...	...
10	面	云龙区	2015	251.00
11	面	丰县	2016	402.00

续表

OID	Shape	Name	Year	GDP
...	...	...	...	...
20	面	云龙区	2016	280.00
21	面	丰县	2017	203.27
...	...	...	...	...
30	面	云龙区	2017	312.00

2. 复杂行模型

复杂行模型也称复杂事件模型。该模型使用两个表组织管理特定空间对象事件的时态数据，可在一定程度上降低数据的冗余度。一个表为对象表记录对象的基本数据，另一个表为观测表记录不同时间的对象观测数据。两个表具有共同的事件 ID 字段(主键/外键)，通过事件 ID 可把两个表连接起来，形成完整的事件信息。根据观测表是否包含变化的空间信息，复杂事件模型又可划分为复杂静态事件模型和复杂动态事件模型。

1) 复杂静态事件模型

在复杂静态事件模型中，对象表为记录要素空间和属性数据的要素类，观测表为记录要素属性变化的一般表。例如，对于气象站在不同时期的观测数据，即可采用复杂静态事件模型，以表 6-3 和表 6-4 所示的形式加以组织管理。

在使用 Tracking Analyst 模块对该类数据进行回放追踪时，由于系统只能以要素类为目标表通过事件 ID(如气象站名称)连接观测表，并且其又不能很好地支持基数为 $1:m$ 的连接，故而只能生成一部分时态数据。因此，复杂静态事件模型不能正常地支撑回放追踪分析。

表 6-3　气象站对象数据

FID	Shape	名称	设备型号
1	点	A	S002-X
2	点	B	S001-Y
3	点	C	T001-M
4	点	D	T001-M

表 6-4　气象站观测数据

OID	名称	时间	温度	湿度
1	A	May 1, 2019 18:00	23.1	52
2	B	May 1, 2019 18:30	24.5	54
3	C	May 1, 2019 18:30	25.1	60
4	D	May 1, 2019 18:30	23.6	45
5	A	May 1, 2019 19:00	22.2	45

续表

OID	名称	时间	温度	湿度
6	B	May 1, 2019 19:00	23.0	50
7	C	May 1, 2019 19:30	23.6	60
8	D	May 1, 2019 19:30	21.0	50

2) 复杂动态事件模型

在复杂动态事件模型中，对象表为记录对象属性数据的一般表，观察表为记录对象空间变化数据的要素类。例如，对于出租车在不同时间的位置观测数据，即可采用复杂动态事件模型，以表 6-5 和表 6-6 所示的形式加以组织管理。需要说明的是：表 6-6 虽然包括空间位置信息，但还不是真正的要素类。在进行追踪分析前，需要将其转换为要素类。

表 6-5　出租车对象

OID	车牌号	车型	公司
1	苏 C T00001	桑塔纳	越秀
2	苏 C T00002	捷达	景豪

表 6-6　出租车观测

FID	车牌号	时间	经度	纬度
1	T00001	19:00:21	120.425994	31.338346
2	T00001	19:02:34	120.417070	31.333893
3	T00002	19:03:03	120.437957	31.339446
4	T00001	19:05:51	120.426738	31.312074
5	T00002	19:07:48	120.416919	31.329002
6	T00002	19:08:19	120.415263	31.330303

通过事件 ID(如出租车牌号)对两个表进行连接后，可以生成完整的时态数据，也可用时间滑块对其进行回放追踪。但由于系统漏洞，在使用"Tracking Analyst"分析时常因异常而关闭。

6.2　时态数据编辑处理

为有效支持回放与追踪分析，有时需要对原始时态数据进行编辑处理，以使其符合相应要求。在 ArcGIS 桌面系统中，通常使用"转置字段""计算结束时间""转换时间字段""创建 XY 事件图层"等工具实现不同的编辑处理任务。

6.2.1　转置字段

对于如表 6-1 所示的、基于列的时态数据，可通过位于"数据管理工具箱\字段工具集"下的"转置字段"工具将其转换为基于简单行的时态数据(见表 6-2)，以支持回放追踪分析。

该工具的基本用途是将输入表或要素类中的多个字段以及字段中的数据值，转置存储在输出表或要素类所指定的"转置的字段"和"值字段"下，并选择保留原有的一些字段及其数据值。图 6-2 是利用该工具对表 6-1 进行转置处理的具体参数设置。其中，一些参数的含义和作用如下：

(1) 要转置的字段：从所列出的输入表全部字段中选择相应字段作为转置字段，并分别为其设置转置之后的对应数据值。本例中共选择了"GDP2015""GDP2016""GDP2017"三个字段作为要转置字段，并将转置值分别设为"2015""2016""2017"以说明 GDP 统计年份。

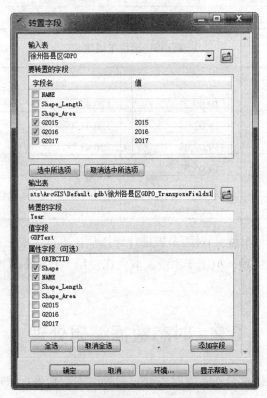

图 6-2　转置字段工具参数设置示意

(2) 转置的字段：为输出表添加一个指定名称("Year")的文本型字段，用来存储所选要转置字段转置后的对应数据值。

(3) 值字段：为输出表添加一个指定名称("GDPText")的文本型字段，用来存储所选要转置字段下的原有数据值。

(4) 属性字段：指定输出表将包含的输入表原有字段（"Shape""Name"）及其数据值。如果不选"Shape"，输出结果将是一般表而非要素类。由于系统会为输出要素类自动添加"ObjectID""Shape_Length""Shape_ Area"字段，因此，不必选中这三个字段。

为准确描述 GDP 统计数据，在转置完成后还应为输出要素类添加名为"GDP"的浮点型字段，并通过"字段计算器"将"GDPText"字段下的文本型统计值转换赋予"GDP"字段，然后删除"GDPText"字段。

6.2.2　转换时间字段

在对时态数据进行回放追踪时，必须指定包含时间值的"时间"字段。如果指定的"时间"字段为文本型(见表 6-4)或数值型字段，则必须指定该字段存储时间值所采用的基本表达格式。

1. 时间格式符

时间值表达格式由表示不同时间分量的标识符以及彼此间的分隔符组成。表 6-7 列出了可用来解释时间值格式的各种标识符。

表 6-7　时间格式标识符

格式符	说　　明		示　　例
y	无前导零的两位数年份	50～99 代表 20 世纪的年份	67(1967)，1(2001)
yy	带前导零的两位数年份	0～49 代表 21 世纪的年份	67(1967)，01(2001)
yyy	以三位数显示的年份(1～999)		001，143(很少用)
yyyy	以四位数显示的年份		1840，2019
M	无前导零的数字月份(1～12)		1，3，11，12
MM	带前导零的数字月份(01～12)		01，03，11，12
MMM	以三个字母表示的缩写月份	还需指明相应的语言区域	Jan，Nov，Dec
MMMM	以全名显示的字符月份		January，November
d	无前导零的天(1～31)		1，4，10，28，29，31
dd	有前导零的天(01～31)		01，04，10，28，29，31
ddd	以三个字母表示的星期	还需指明相应的语言区域	Mon，Wed，Fri，Sun
dddd	以全名显示的星期		Monday，Wednesday
h/H	无前导零的小时(0～11)/(0～23)		1/1，1/13，6/6，6/18
hh/HH	带前导零的小时(00～11)/(00～23)		01/01，01/13，06/06
m	无前导零的分钟(1～59)		1，6，10，42，59
mm	带前导零的分钟(01～59)		01，06，10，42，59

续表

格式符	说　明		示　例
s	无前导零的秒(1～59)		1，7，13，59
ss	带前导零的秒(01～59)		01，07，13，59
s.s	无前导零包含亚秒的秒	虽然格式中仅包含 1 位小	1.9，3.450，45.670
ss.s	带前导零包含亚秒的秒	数，实际可使用多位小数	01.9，03.450，45.670
t	上午/下午时间标记(A 或 P)	仅适用于 12 小	6:30 A　　11:59 P
tt	上午/下午时间标记(AM 或 PM)	时制时间	06:30 AM　11:59 PM

除上述时间分量标识符之外，时间格式符还包含一些分隔符，例如："："","""/"
"－"、空格等。对于具体的时间数据值，需要认真分析后才能为其确定一个适用于概
括、解释其数据内容的准确格式符，通常不需要包含所有的格式标识符。为进一步理解时
间格式符，表 6-8 给出了一些具体示例。

表 6-8　时间值及其对应格式符示例

时间值示例	对应格式符
2019/6/6(2019-06-06，20190606)	yyyy/M/d(yyyy-MM-dd，yyyyMMdd)
Tuesday, August 20, 2002	dddd, MMMM dd, yyyy(英语(美国))
Wed, Aug 31 1994	ddd, MMM dd yyyy(英语(美国))
6:05:12 a.m.	h:mm:ss tt
23:31:18.345	HH:mm:ss.s
30/05/1978 02:34:56	dd/MM/yyyy HH:mm:ss
2/4/2010 2:39:28 PM	M/d/yyyy h:mm:ss tt
19990328030456	yyyyMMddHHmmss

2. 转换时间字段工具

为获得最佳性能，建议将时间值存储在日期型字段中。它是专用于存储日期和时间信
息的特殊字段类型，不仅可以提高查询性能而且可以支持更加复杂的数据库查询。如果时
间字段为文本或数值型字段，可通过位于"数据管理工具箱\字段工具集"下的"转换时间
字段"工具将其转换为日期型字段。

该工具也可将时间值从一个格式转换为另一种格式，相应运行界面如图 6-3 所示。其
中，各参数的含义与作用如下：

(1) 输入表：选择拟进行时间字段转换的表或要素类。

(2) 时间字段：指定拟转换的时间值字段。

(3) 输入时间格式：根据输入表内的具体时间值，选择或输入相应的时间格式。

(4) 输出时间字段：为输入表添加一个指定名称的字段以存储转换后的时间值。

(5) 输出时间类型：指定输出时间字段的数据类型，可根据需要选择日期型、文本

型、短整型、长整型、浮点型、双精度六种类型中的一种，默认类型为日期型。

图 6-3　转换时间字段工具运行界面

(6) 输出时间格式：指定输出时间值所采用的格式。如果输出时间类型选择日期型，则该参数不可设置，因为日期型时间值格式取决于 Windows 操作系统"区域和语言"选项中的相应设置。如果选择其他时间类型，则需进一步指定输出格式。根据指定的输出格式也可提取输入时间值中的部分数据。

6.2.3　计算结束时间

在对仅有一个时间字段的时态数据进行回放追踪时，如果数据的时间采样间隔不固定或没有规律(见表 6-6)，则显示的数据中将出现间断，导致某个时间点上不显示任何内容。为解决此问题，可以通过运行"计算结束时间"工具来为事件记录计算出一个结束时间字段。每个事件记录的结束时间值为下一个事件记录的开始时间值。只要时间滑块的当前时间处于事件记录的开始时间和结束时间之间，则可显示该事件记录。

"计算结束时间"工具位于"数据管理工具箱\字段工具集"下，其运行界面如图 6-4所示。其中，各参数的具体含义与用途如下。

(1) 输入表：指定用于计算结束时间的表或要素类。

(2) 开始时间字段：指定输入表中的开始时间字段，其所包含的值要用来计算结束时间字段值。

(3) 结束时间字段：指定用来存储计算结果的字段。如果输入表中没有"结束时间字段"，应在计算之前为其定义添加一个"结束时间字段"。"结束时间字段"必须与"开始时间字段"具有相同的数据类型。

(4) ID 字段：指定输入表所包含的事件 ID 字段，系统会根据该字段对事件进行排序

后，再计算事件的结束时间。如果输入表包含多个事件对象，必须设置该参数；如果仅包含一个事件对象，可以忽略该参数。

图 6-4　计算结束时间字段工具运行界面

根据图 6-4 所示参数设置，对表 6-6 计算结束时间后，可得如表 6-9 所示的输出结果。

表 6-9　出租车观测

FID	车牌号	时间	经度	纬度	时间 2
1	T00001	19:00:21	120.425994	31.338346	19:02:34
2	T00001	19:02:34	120.417070	31.333893	19:05:51
3	T00002	19:03:03	120.437957	31.339446	19:07:48
4	T00001	19:05:51	120.426738	31.312074	19:05:51
5	T00002	19:07:48	120.416919	31.329002	19:08:19
6	T00002	19:08:19	120.415263	31.330303	19:08:19

6.2.4　转换 XY 观测表

为了能以地图方式更加直观地进行显示与回放，对于包含隐式空间位置信息的观测表(见表 6-9)，应通过以下两种方式将其转换为显式的要素类或要素图层。

1. 转换为要素类

在 ArcMap 目录窗口中，单击观测表右键菜单中的"创建要素类\从 XY 表"菜单项，弹出如图 6-5 所示的对话框。在该对话框中选择设置观测表中存储 X、Y、Z 坐标观测值的对应字段，并指定观测值所采用的空间坐标系和输出要素类的存储位置等参数，确认无误后单击"确定"按钮即可在指定 Geodatabase 或文件夹中转换创建一个点要素类或

Shapefile。

2. 转换为要素图层

在"数据管理工具\图层和表视图工具集"下，单击"创建 XY 事件图层"工具，弹出如图 6-6 所示的对话框。根据实际情况进行相应设置后，可将包含观测坐标值的输入表转换为一个要素图层，并将其添加到当前地图文档中。另外，也可以把观测表添加到内容列表中，通过单击右键菜单中的"显示 XY 事件"选项来创建要素图层。所创建的要素图层将保存在地图文档里，不支持进一步的数据编辑。

图 6-5　创建要素类对话框

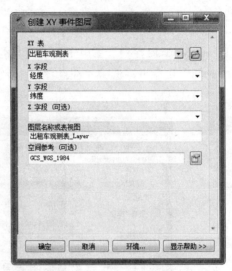

图 6-6　创建图层对话框

6.3　时态数据回放追踪分析

在准备好时态数据之后，可通过 ArcGIS 桌面系统中的"时间滑块"工具和"Tracking Analyst"扩展模块对其进行回放与追踪分析。其中，"时间滑块"可以回放以表、要素类、栅格目录等数据集组织的各种时态数据；而"Tracking Analyst"则只能回放以要素类、栅格目录等数据集组织的各种时空数据，但在图层符号设置、数据统计分析等方面其功能更丰富，尤其适用于点状时空数据的回放。

尽管表现形式不尽相同，但两种工具实现回放功能的基本原理是相同的，都由两个关键环节组成：首先，根据所设时间步长间隔将时态数据集对应的时间范围划分为若干个时间点。然后，按照时间点对应的时间值依次从时态数据集中查找时间值等于或包含该值的事件记录，并按照预设格式及符号将相关信息显示、绘制在表、地图、图表统计等不同的窗口中。

6.3.1　基于时间滑块的回放分析

在利用时间滑块对时态数据集进行回放分析时，一般由三个步骤组成。首先，将时态数据集添加到当前地图文档中，并根据需要为其设置适宜的表达符号；然后，根据时态数据集的特征设置相应图层的"时间"属性；最后，打开时间滑块窗口，设置回放参数并执行回放分析。时间滑块可在 ArcGIS 桌面系统中的 ArcMap、ArcScen、ArcGlobe 三个子系统中使用，本节仅结合 ArcMap 讨论后两个步骤。

1. 启用并设置图层时间属性

在 ArcMap 内容列表窗口中，双击具有时间字段的图层或表，将弹出的属性对话框切换至"时间"选项卡，选中"在此图层中启用时间"复选框，在如图 6-7 所示的界面中设置以下参数或选项。

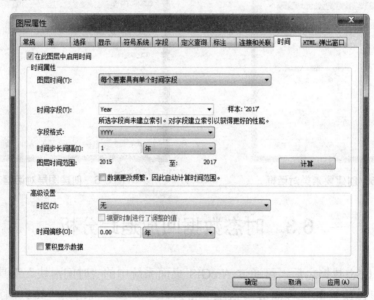

图 6-7　图层时间属性设置界面窗口

(1) 图层时间：指定图层所包含的时间字段数目。如果数据按固定时间间隔采集可选择单个时间字段；否则，需选择两个时间字段，一个为开始时间字段，另一个为结束时间字段。

(2) 时间字段：选择确定图层中具体的时间字段。

(3) 字段格式：选择时间字段存储时间值的基本格式。时间滑块仅支持系统预定的标准时间格式，不支持用户自定义的时间格式。如果有两个时间字段，其时间格式必须相同。

(4) 时间步长间隔：用于定义时态数据的间隔长度，并使时间滑块以指定的间隔来查看数据。步长间隔取决于图层的时间范围，不宜过大也不宜过小，一般建议与采样间隔相同。

(5) 图层时间范围：时间范围是指时态数据集中事件记录的持续时间，可根据时间值的最小值和最大值进行计算。单击计算按钮后，系统会根据计算得到的范围，自动设置推荐的时间步长间隔。如果数据因不断编辑或更新而频繁更改，请选中"数据更改频繁，因此自动计算时间范围"选项；对于不会发生更改的历史数据，可取消选中该选项，此时数据的时间范围将存储在图层中。

(6) 时区：指定图层中时间值所对应的时区。在默认情况下，图层的时区设置为"无"，在启用时间之后数据不会变换到任何时区。这样在回放多个不同时区的时态数据集时，可能导致事件显示次序的混乱。为避免此种情况的发生，应为每个图层指定时区，时间滑块会自动对齐整合数据。

另外，也可以使用"数据管理工具箱\字段工具集"下的"转换时区"工具，将时间值从一个时区转换为另一个时区，对来自不同时区的时态数据进行归一化，以提高时间滑块的显示和查询性能。

(7) 时间偏移：通过指定的偏移值(可为正、负值)可对数据集中实际的时间值进行动态更改。使用时间偏移不会影响存储在源数据中的日期和时间信息，仅影响时间滑块显示数据的方式，可使数据在显示时就像发生在另一个时间一样。如果有两个不同时间段的数据集，可对其中一个设置相应的时间偏移值，以使两组数据同时并排回放，从而更便捷地发现数据集的相似或不同之处。

(8) 累积显示数据：选中该选项可以在显示画面中保留已绘制的数据，即时间值小于或等于当前显示时间的事件记录都显示在浏览窗口中。如果数据的时间值存储在开始和结束两个时间字段中，并且选中了该选项，则结束时间字段的时间值将被忽略。这是因为事件记录一旦被检索显示，不管其结束时间值如何，都将一直绘制到最大结束时间。

在确定上述参数无误后，可单击"确定"按钮以启用图层的时间属性。为与一般图层相区别，启用时间属性的图层也被称为时间感知(Time-aware)图层。

2. 设置回放选项并执行分析

在启用时间属性之后，可单击"基础工具"工具条上的"时间滑块"按钮(▣)，以如图 6-8 所示的"时间滑块"工具窗口，来回放显示时态数据。如果当前地图文档中没有启用时间的数据集，则该按钮不可用。下面结合图 6-8 所示的时间滑块工具窗口及功能，对相关内容做进一步的解释说明。

1) 时间滑块选项

在使用时间滑块之前，应单击"选项"按钮(▣)，在弹出的"时间滑块选项"对话框中进行相关的设置。如图 6-9 所示，该对话框共有四个选项卡，可分别用于时间显示、时间范围、回放速率及窗口透明度等选项的设置。

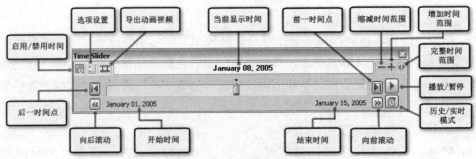

图 6-8　时间滑块窗口界面元素及相应功能

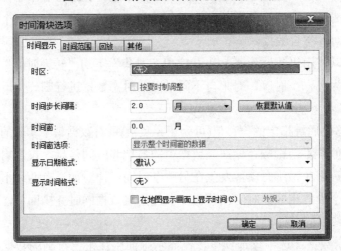

图 6-9　时间滑块选项设置对话框

2）时间窗

时间窗好比一个沿着时间线移动的窗口，其范围大小决定着所能看到的事件内容。时间窗按所设时间步长间隔移动，二者单位保持一致。在使用时间窗查看时态数据时，"时间滑块"窗口将以时间范围的形式显示时间。如果未指定时间窗，则将以时间戳或时刻的形式显示时间。

在设置使用时间窗之后，可选择设置相应的时间窗选项来进一步指定时间窗显示时态的具体方式，共有显示时间窗内的所有数据、排除开始时间的有效数据和排除结束时间的有效数据三种选项。

3）显示格式

在"时间显示"选项卡中的"显示日期格式""显示时间格式"选项决定着在时间滑块上显示时间信息的格式。如果想把时间信息显示在地图画面上，可选中对话框底部相应的复选框，单击右侧的"外观"按钮可进一步设置显示时间信息的内容、字体、颜色、大小、位置等参数。

4）完整时间范围

完整时间范围决定时间滑块能够查看事件记录的最大时间范围。在默认情况下，时间滑块的完整时间范围是当前地图中所有启用时间的数据集的累积时间范围。在如图 6-10 所示的"时间滑块选项"对话框的"时间范围"选项卡中，可根据需要将完整时间范围限制到单独时间数据集、所有可见时间数据集或者自定义的时间范围。

图 6-10　时间滑块选项对话框的时间范围选项卡

5) 开始时间和结束时间

开始时间和结束时间用于在完整时间范围内为时间滑块进一步定义一个回放时间段。开始时间和结束时间必须位于时间滑块的完整时间范围内。在默认情况下，开始时间和结束时间分别为时间滑块完整时间范围的最小时间和最大时间。根据实际需要，可在"时间滑块选项"对话框的"时间范围"选项卡中手动更改开始时间和结束时间，也可以单击"时间滑块"窗口中的"缩小时间范围"或"扩大时间范围"按钮对其进行调整。单击"完整时间范围"按钮，可恢复至完整时间范围。

如果开始时间和结束时间定义的时间范围小于完整时间范围，可使用"时间滑块"窗口中的"向后滚动"和"向前滚动"按钮沿时间线对其进行移动，同时将对时间滑块的"开始时间"值和"结束时间"值进行修改。

6) 回放选项

在"时间滑块选项"对话框的"回放"选项卡中，可设置回放属性来控制回放操作。根据实际情况，可使用速度滑块或输入时间值来提高或降低回放速度，选择播放结束后的后续操作(重复、反转或停止)以及刷新时态数据的响应频率。

在默认情况下，显示画面只会在移动并释放时间滑块控件后进行更新。当选中"交互式拖动时间滑块时刷新显示画面"选项时，只要时间滑块控件位置改变，系统便会立即更新视图或启用时间的数据。为提高性能，一般取消选中该选项。

在对上述选项进行正确设置后，可单击"时间滑块"窗口中的"播放"按钮，对时态数据进行简单回放。如果发现回放未能达到预期效果，可再次单击该按钮暂停回放，以调整相关选项设置。当达到预期效果时，可单击"时间滑块"窗口中的"导出至视频"按钮(▦)将动态可视化结果转换为 avi 格式的视频或 bmp、jpg 格式的连续图像，以方便查看。

对于表 6-2 中的徐州市各县区 GDP 统计数据(2015～2017)，图 6-11 和图 6-12 分别给出了在地图数据窗口和统计图表窗口中，按相应参数设置进行回放所呈现的部分效果。

图 6-11　地图数据窗口中的部分回放效果

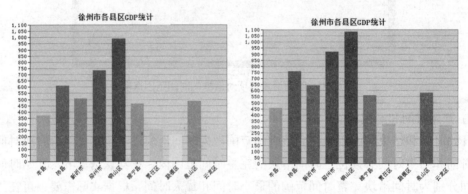

图 6-12　统计图表窗口中的部分回放效果

　　统计图表的创建一般由三个基本步骤组成：首先，打开数据集对应的属性表；然后，单击表窗口左上角"表选项"菜单中的"创建图表…"选项，在弹出的对话框中，进行相应设置可创建生成基本的统计图表；最后，在图表窗口中单击右键菜单中的"高级属性…"进一步修改图表的高级属性。对于启用时间的数据集，其统计图表的内容也会随着时间的推移发生变化。

6.3.2　基于 Tracking Analyst 的回放追踪分析

　　与时间滑块相比，Tracking Analyst 扩展模块提供了更为丰富的用户界面，其中包含多种可用来回放、查看、分析和处理历史或实时时空数据的相关工具。Tracking Analyst 扩展模块可以在 ArcMap、ArcScene、ArcGlobe 等 ArcGIS 桌面系统组件中运行使用，在开始使用之前必须确保"扩展模块"对话框中已经选中启用了该模块，并添加显示了"Tracking Analyst"工具条。

　　在 Tracking Analyst 使用过程中，主要涉及以追踪图层方式加载时态数据、设置追踪图层时间及符号选项、使用"回放管理器"回放时态数据、使用"步进"工具查看和处理事件信息、使用"追踪管理器"查看轨迹和要素信息、使用"数据时钟"工具创建数据分布模式统计图、使用"动画"工具创建导出追踪数据动画视频等操作。

1. 加载时态数据

Tracking Analyst 扩展模块不仅支持启用时间的一般时态图层，还可以将时态数据作为追踪图层添加到地图中。追踪图层是只能使用 Tracking Analyst 扩展模块添加的一种要素图层，该图层能够通过 Tracking Analyst 的增强功能以独特的方式来显示和分析历史时态数据。ArcGIS 桌面系统提供了两种创建添加追踪图层的方法和工具。

1) 添加时态数据向导工具

该工具位于 Tracking Analyst 工具条上，单击工具条上的"添加时态数据向导"按钮()，将弹出如图 6-13 所示的"添加时态数据向导"对话框，经相关设置后便可将指定的要素时态数据以追踪图层形式添加到当前地图中。其中主要参数的含义与作用如下。

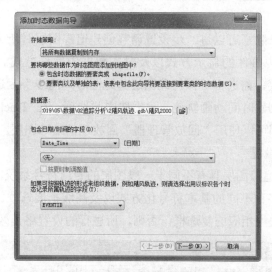

图 6-13 "添加时态数据向导"对话框

(1) 存储策略：大多数情况下，建议使用默认设置"将所有数据复制到内存"。该选项会更快速地显示图层。在根据大型数据集创建追踪图层时，可使用另一个选项"引用磁盘上的数据(没有另外的副本)"。在使用该选项时，追踪管理器将不显示轨迹上的事件要素。

(2) 时态数据类型：指定拟加载的时态数据是简单时态数据还是复杂时态数据。如果选择"包含时间数据的要素类或 shapefile"，则时态数据是仅有一个要素类或 shapefile 组成的简单时态数据；如果选择"要素类以及单独表，…"，则时态数据是由一个要素类和一个表组成的复杂时态数据，并且要素类和表必须位于同一个 GDB 之中。在指定时态数据类型后，还需进一步设置指定时态数据的存储位置。

(3) 追踪 ID：追踪(Track，踪迹)为同一对象的一组观测数据。追踪 ID 为唯一标识追踪图层中各个追踪或对象的字段。在任何情况下，追踪都是通过聚合具有唯一追踪 ID 的单个实体的观测数据形成的。如果要将追踪线应用于数据或将符号系统应用于各追踪中的最新事件，则需要设定"追踪 ID"字段。如果数据包含非追踪离散事件(例如闪电)，则应

从下拉列表中选择"无"。

在确保设置无误后,单击对话框上的"完成"按钮,则追踪图层将随即出现在内容列表中,其对应的数据也将出现在地图上。

2) 创建追踪图层工具

该工具位于"Tracking Analyst 工具箱"中,可根据包含时态数据的要素类或图层创建追踪图层。该工具与上述工具参数设置类似,这里不再赘述。

2. 设置追踪图层选项

在创建添加追踪图层之后,还需要在图层属性对话框的"时间""符号系统"和"操作"选项卡中进行相关设置,以支持更准确、更形象的查看和回放。

1) 时间选项设置

在时间选项卡中,除了可以进一步设置调整创建追踪图层时所采用的基本属性外,还可以设置控制该图层中事件的显示方式以及时态数据的偏移方式。如果要使用"时间滑块"窗口查看追踪图层,需选中"保持此图层与地图时间同步"复选框。如果要使用动画工具条通过追踪图层创建时间动画轨迹,也需选中此选项。在 Tracking Analyst 中,不管是否选中该复选框,都可以使用"回放管理器"回放任何追踪图层。

2) 符号系统选项设置

如图 6-14 所示,追踪图层具有不同于一般图层的专门符号系统,针对事件、最新事件以及追踪分别提供了多种不同的基本符号化方式以及高级扩展选项。在设置使用这些符号选项时,一定要确保选中相应的复选框;否则,所进行的设置将无效。

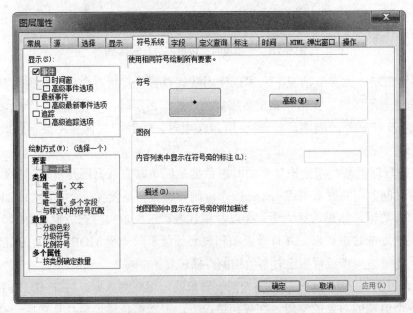

图 6-14　追踪图层符号系统设置窗口界面

(1) 事件符号选项。事件符号也称基础符号,作用于追踪图层中的所有事件记录。在默认情况下，基础符号为单一符号。如果需要可选择类别、数量、多个属性等不同的符号选项，根据单个或多个字段的取值分别为相应的事件记录分配不同颜色、大小、类型的表达符号。除基础符号外，事件符号还有时间窗和高级事件选项两个扩展选项。

时间窗是一个可沿着时间轴不断移动的固定时长的窗口，使用时间窗只允许查看落在窗口内的时态数据子集，可以直观地增强数据并执行有意义的分析。时间窗的时长大小决定着将显示的数据量，应根据数据特征输入合适的数值、选择合适单位。在默认情况下，时间窗采用所设置的基础符号显示所包含的事件记录。如果需要可选择按照颜色、大小、形状等选项以不同方式与类别区别显示时间窗内的事件。

时间窗以当前时间为基准，可以按过去、将来、过去和将来三种方式显示事件。假设当前时间为下午 6:00，时间窗的长度设置为 4 个小时。如果时间窗设置为显示过去的数据，它将显示下午 2:00 至下午 6:00 之间的数据；如果时间窗设置为显示未来的数据，它将显示下午 6:00 至下午 10:00 之间的数据；如果时间窗设置为显示未来和过去的数据，它将显示下午 4:00 至下午 8:00 之间的数据。

高级事件选项可进一步设置事件的方向向量和属性标注。方向向量可显示追踪对象前进的方向和速度，只适用于已定义追踪 ID 的点追踪图层。方向向量的长度取决于所输入的投影时间间隔数值和单位。例如，如果以 2 小时作为单位，则每个方向矢量将在未来 2 小时后追踪对象出现的位置进行投影。必须了解数据才能选择适当的投影时间间隔。追踪图层具有增强标注功能，最多可使用六个不同属性标注每个追踪要素。在相应的窗口中，不仅可以配置要显示的属性，指定其显示顺序，还可以更改标注中使用的字体，并修改与要素相关的标注位置。

(2) 最新事件符号选项。最新事件符号只作用于当前显示的最新事件，可使用与其他事件不同的符号来强调每个追踪中的最新位置。如果只关注对象的当前位置，则只需显示追踪图层中每个追踪的最新事件即可。例如，如果正在监控实时车队，可能只关注车辆现在的位置。追踪图层必须已定义相应的追踪 ID，方可为其设置相应的最新事件符号。除没有时间窗扩展选项外，最新事件符号与上述事件符号设置相同，这里不再赘述。

(3) 追踪符号选项。追踪是指共享通用追踪标识符字段或追踪 ID 的观测事件集。追踪线是连接这些观测的图形线。例如，如果同一辆车的所有位置观测都属于一个追踪，则追踪线可用于连接这些点并显示该车辆的行驶路线。追踪线通常用于点追踪图层，但也可用于线图层和多边形图层。在用于线、多边形追踪图层时，追踪线将连接每个要素的中点。

追踪线所使用的符号系统可通过与线要素类一样的方式进行自定义。但是要注意，追踪线不是要素。追踪线无法在地图上选择，也不能用作其他过程的输入。追踪图层必须定义相应的追踪 ID 才能有效使用追踪线。在创建图层的追踪线之后，可对这些线进行平滑处理，以便显示更加流畅美观。

3) 操作选项设置

操作(Action，行为)是一种专用于追踪数据的自定义处理机制，当预定义的条件得到满足时则触发执行相应的处理。在 Tracking Analyst 中，操作既可应用于地图文档中的追踪

图层，也可应用于实时追踪服务。这里仅介绍追踪图层操作。与服务操作不同，图层操作完全位于 ArcMap 等客户端应用程序中，通常与分析数据可视化相关。

图层操作共有高亮显示/禁止显示、过滤器两种类型。高亮显示操作使用指定的特殊符号高亮显示相关事件，以从视觉上进一步强调它们，高亮显示符号置于事件常规符号之后。禁止显示操作将不在地图上绘制满足触发条件的事件以隐藏它们。过滤器操作用于指定操作处理中要包含的事件或者要排除的事件。

图层操作共有始终、属性、位置、属性和位置四种触发器。属性触发器基于事件字段的取值作为操作执行的触发条件。例如，为重点显示超速车辆，可对车辆追踪图层的高亮显示操作属性触发器设置为："车速">120。属性触发器可使用"查询构建器"进行配置，可以是只包含单个字段的简单条件表达式，也可以是涉及多个字段的复杂条件表达式。

如果特定字段等于多个值中的任一个值时都能触发相应操作，可通过"Tracking Analyst 选项属性"对话框上的"配置查找表"选项卡添加存储多个值的查找表，使用 in 语句来快速构建查询表达式。在该选项卡中，还可以设置所添加查找表的内容刷新频率。

位置触发器用于在满足某些空间条件时执行操作。位置触发器需要参考一套多边形要素来进行空间比较。对于图层操作而言，必须选择一个多边形图层。对于服务操作而言，必须选择一个多边形要素类。位置触发器支持相交、不相交、达到、离开和追踪交叉五种触发条件。其中，追踪交叉只适用于点追踪图层，其他条件则可用于点、线和多边形追踪图层。位置触发器既可以单独使用，也可以与属性触发器结合使用。如果属性与位置触发器结合使用，则必须同时满足两者的条件才能执行操作。

一个追踪图层可以定义多项操作。如果为追踪图层定义了多项操作，则操作的顺序会变得十分重要。例如，"先过滤再高亮显示"和"先高亮显示后过滤"很可能会产生不同的结果。在图层属性对话框的操作选项卡中，选中已设操作后单击右侧的"上""下"箭头按钮可调整其执行顺序。

3. 查看和回放时态数据

在添加设置完追踪图层的相关选项后，可单击 Tracking Analyst 工具条上的"回放管理器"按钮(⏵)，打开如图 6-15 所示的"回放管理器"对话框。"回放管理器"可用于回放追踪数据、设置回放的开始时间和结束时间、调整回放速度、不间断地循环回放，甚至还可反向回放数据。需要指出的是：在 ArcMap 布局视图中，"回放管理器"不可用。

回放管理器可通过实时和回放两种不同的模式来查看追踪数据。在实时模式下，Tracking Analyst 将地图上显示的时间设置为计算机操作系统时间，这样可以在追踪服务收到实时数据之后立即将其显示在地图中。实时追踪数据在接收后暂时存储在内存中，也可打开回放管理器对其进行回放追踪。只要打开回放管理器，Tracking Analyst 便自动切换至回放模式。

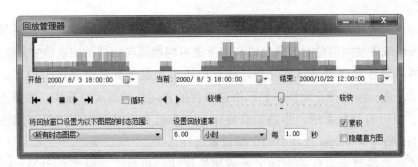

图 6-15　"回放管理器"对话框

在回放模式下，回放管理器的默认时态范围(回放窗口)为地图中所有追踪图层的时态范围之和。根据需要可将其设置为单个追踪图层的时态范围或者所有可见追踪图层的时态范围，也可以在"开始"与"结束"下拉列表选择输入开始时间和结束时间来定义回放窗口。

回放管理器通过控制地图上显示的当前时间来显示回放追踪数据。随着当前时间的增加，越来越多的事件会显示在地图上。如果按"播放"按钮，当前时间会随着"回放管理器"逐个步长播放而自动发生变化，直到到达回放窗口的末端。如果未回放数据，则可单击对话框中部的"◀"或"▶"按钮来按设置时间步长向后或向前移动当前时间。如果要跳转至特定的时间，可以单击数据直方图或者在"当前"文本框中直接选择输入新值。在默认情况下，"回放管理器"以累积方式显示当前时间之前的所有事件。如果取消选中"累积"复选框，则仅显示当前时间的事件或者所设置时间窗口内的事件。

回放速率不仅决定着"回放管理器"回放追踪数据的速度，而且决定着数据前进或后退的步长大小。只有充分了解数据的特征，才能选择合适的回放速率。例如，如果追踪图层的时态范围仅为一小时，那么每秒一天的回放速率将不起作用。可通过反复试验找到合适的回放速率。通过单击并拖动回放管理器对话框中部的速度指示器向较慢或较快标注方向移动来调整回放速度。

对话框顶部面板中的数据直方图，用于统计显示不同时间点的事件出现次数。直方图仅显示当前回放窗口中的数据。直方图中的红色时间指示器代表当前时间，可以通过单击红色时间指示器并将其在直方图上左右拖动来更改当前时间。如果已将时态偏移应用到一个或多个追踪图层中，直方图将显示一条彩色线来表示偏移数据，可在追踪图层属性对话框上时间选项卡的时间偏移选项中更改此线的颜色。

4. 查看和处理事件信息

对于追踪图层，可使用"步进"(Step)工具查看其中的事件(要素)信息。步进工具是常用"识别"工具的加强版本，使用前应通过自定义将其从 Tracking Analyst 命令集中拖动添加到相应的工具条上。步进工具每次只能处理一个追踪图层。在内容列表窗口中，选择相应的追踪图层后，方可激活使用步进工具查看处理其中的事件信息。

在使用步进工具单击选中某个事件时，该事件的属性将显示在事件属性对话框中。同

时，所选事件对应追踪(轨迹)中的每个事件都将添加到事件属性对话框中，通过使用对话框顶部的按钮或者使用键盘上的向上键和向下键可向前或向后移动切换选中其他事件。

除在事件属性对话框显示属性外，还可以选中步进工具右键菜单中的"显示高级渲染"菜单项，进一步选择在地图中显示所选事件的方向矢量或属性标注。如果追踪图层设置并启用了专门的符号系统，步进工具将以这些参数设置显示方向矢量和属性标注；否则，将以 Tracking Aanalyst 选项中的全局设置进行显示。

如果需要始终显示事件的方向矢量或属性标注，可单击右键菜单中的"固定活动事件"(Stick Active Event)菜单项，之后无论事件是否保持活动(选中)状态，只要步进工具保持为活动状态，其高级渲染选项将保持显示。对于已固定的事件，选择"Unstick Active Event"或"Unstick All"菜单项，可取消其固定状态。

单击步进工具右键菜单的"转换为图形"选项可将活动事件的事件属性标注转换为地图上的图形元素。在事件属性转换为图形后，即使图层中事件的相关要素被删除，还可以在地图上保存事件的记录。对转换生成的图形元素，可以使用基本工具条上选择元素工具( )选择后对其进行移动、修改和删除，还可以使用绘图工具条上的相应工具对其进行更详细的编辑与修改。

5. 查看轨迹和要素信息

如果为追踪图层设置了追踪 ID 并设置启用了追踪符号，可单击 Tracking Analyst 工具条上的"追踪管理器"按钮( )，来打开相应窗口以查看追踪图层包含的轨迹和追踪要素并与之交互。追踪管理器是一个可停靠窗口，提供了"轨迹"(追踪)和"要素"两个面板以查看文本格式的详细轨迹和要素信息。如果只需要分析轨迹，可以使用追踪管理器的基本默认配置。如果要分析追踪要素并使用更多的高级功能，可以扩展追踪管理器。图 6-16 为两个面板及相应窗口都扩展显示之后的"追踪管理器"。

1) 查看轨迹信息

在查看或操作轨迹的详细信息之前，必须先通过在地图上单击、框选或者单击轨迹列表等方式选中激活一个或多个轨迹。在默认情况下，追踪管理器将列出地图中包含的所有轨迹。如果地图中包含的轨迹过多，可通过轨迹面板顶部的过滤器文本框快速查找过滤整个轨迹列表，仅列出"追踪 ID"中包含文本框中输入字符串的轨迹，还可以通过右侧的类别过滤器来过滤轨迹列表。使用查找文本框可以更快速地找到并激活(选中)包含输入字符的特定轨迹。

在选中激活轨迹后，可通过轨迹面板顶部的箭头按钮或键盘上的方向键在轨迹列表中快速切换选中其他轨迹，还可以通过 、 、 、 等按钮以全选所有轨迹，或者反选、清除、仅显示已选中的轨迹。

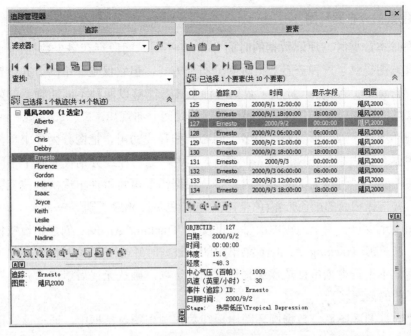

图 6-16　追踪管理器

轨迹面板底部的一组按钮用于对当前激活的轨迹执行进一步的操作。其中，左侧四个按钮用于执行模式(Mode)型操作，只要相应的按钮被按下(开启模式)，所有新激活的轨迹都将自动执行相应的操作；而其他按钮则仅对当前轨迹执行一次操作。

轨迹面板中四种模式操作的具体作用分别为：①高亮显示轨迹模式( )：以 Tracking Analyst 选项对话框中设定的高亮显示符号显示当前轨迹；②隐藏其他轨迹模式( )：在地图上隐藏除当前活动轨迹以外的其他所有轨迹；③跟随轨迹模式( )：使地图中心始终与所选轨迹中最当前要素的中心一致；④缩放至轨迹模式( )：使地图始终缩放至所有活动轨迹的范围。由于后两种模式都包含自动平移地图的功能，所以二者不能同时使用。

轨迹面板中的其他操作主要包括：①分析轨迹：针对所有激活的轨迹生成一组更全面的统计数据。②清除轨迹：仅适用于实时追踪图层。选择清除单个实时轨迹时，将删除该轨迹所包含的全部要素。此外，系统会继续清除属于该轨迹的所有新要素。因此，清除轨迹是一个连续过程，会一直进行到此操作停止。停止清除轨迹时，属于该轨迹的要素可以重新进入追踪图层中，这类似于打开阀门让水流重新流动。

2) 查看要素信息

当选中激活轨迹后，则组成轨迹的要素信息将自动显示在要素面板中。要素面板提供了与轨迹面板类似的工具，以对要素执行选择、显示、查看、分析、清除等操作。其中，高亮显示要素模式操作将以 Tracking Analyst 选项对话框中设定的高亮显示符号显示当前所选要素；分析要素操作将针对所选的多个要素所占据的那部分轨迹来计算统计数据。在要素列表中，按住 Shift 键或 Ctrl 键单击要素可实现多选。该方法同样适用于多个轨迹的选择。

6. 创建数据分布圆环图

在处理时态数据时，理解数据的时间分布(在不同时间段存在多少数据)很重要。回放管理器的直方图提供了一种查看数据时间分布的方式，但它仅是一维的方式。针对直方图的局限性，Tracking Analyst 提供了数据时钟工具，能够以两种不同的频率创建数据圆环图，通过二维图表形式更充分地分析展现数据的时间分布规律。

数据圆环图是一种圆形图表，由多个同心圆和径线的组合把图分为多个单元，每个单元的颜色表示单元内事件出现的数量(次数)。其中，圆与径线分别代表两个不同的时间维度，如"年—月""月—天""天—时"等。根据需要可将事件出现次数按范围划分为不同的类别，并选择相应的配色方案(色带)以不同颜色标注相应类别。

当地图中至少包含一个追踪图层时，可使用 Tracking Analyst 创建和设置使用数据圆环图。首先，单击 Tracking Analyst 菜单中的"数据时钟\创建数据时钟"菜单项，在弹出的向导对话框中根据数据特征依次选择设置相应选项，确认无误后单击"完成"按钮则结束数据圆环图的创建。

在创建数据圆环图后，数据圆环图出现在数据圆环图对话框中，通过该对话框提供的右键菜单可进一步调整数据圆环图的标注、字体、类别、颜色等选项，并将其添加到 ArcMap 布局视图中。在关闭数据圆环图对话框后，如果想重新打开该对话框，可单击"数据时钟\管理数据时钟"菜单项。在弹出的对话框中，先选择相应的数据时钟图，然后单击"打开"按钮即可将其再次打开。

7. 导出追踪数据动画视频

为便于与他人分享与交流时态数据回放效果，Tracking Analyst 提供了一个在 ArcMap 中根据追踪图层创建动画的工具。动画工具支持以单个视频文件(AVI 格式)或一系列位图帧(BMP 图像)的形式创建动画。采用位图帧可为输出提供更大的灵活性，用户可以使用自己的自定义动画程序显示位图图像，也可以将帧作为图像单独显示，而无须安装了解有关 Tracking Analyst 的任何信息。

单击 Tracking Analyst 菜单中的"动画工具"菜单项，在弹出的对话框中，根据需要选择设置时间范围、帧间隔(时间步长)、帧计数、动画格式、帧大小(分辨率)以及输出位置与文件名等选项，确认无误后单击"生成"按钮则开始创建动画。在生成输出动画过程中，将弹出显示整体进度的"创建电影文件"对话框，单击"取消"按钮可结束动画创建。如果动画顺利完成，可在所指定的输出位置中打开浏览输出结果。

复习思考题

一、解释题

1. 时态数据　2. 时间滑块　3. 时间窗　4. 追踪图层　5. 数据圆环图

二、填空题

1. 基于行的时态数据管理模型又分为_____和_____。

2. 时间值"Wed, June 17, 2020"对应的基本时间格式符为：_____。

3. 对于以坐标值形式记录的观测点，可通过_____和_____两种方式将其转换为可在地图上直接显示的点。

4. 触发追踪图层操作(行为)的方式共有：_____、_____、_____和_____四种。

5. Tracking Analyst 工具条提供了_____、_____两个工具，分别用于回放时态数据和查看事件轨迹。

三、辨析题

1. 列时态数据只能描述要素的属性变化，不能描述其位置形状变化。　　(　　)

2. 转置字段工具可将输入表的指定字段转换为输出表的属性值。　　(　　)

3. 记录时间信息的字段数据类型只能是日期型。　　(　　)

4. 时间字段的取值必须包含年份信息才能使用时间滑块进行回放。　　(　　)

5. 追踪图层一定是时间感知图层。　　(　　)

四、简答题

1. 简述利用 Tracking Analyst 回访时态数据的基本步骤。

2. 简述利用数据时钟创建制作数据圆环图的基本步骤。

五、应用题

1. 一个城市的运输管理部门，拟建一个出租车时态数据库来管理该市的出租车、出租车司机、出租车公司、出租车位置、出租车载客情况等数据。请根据自己的理解，运用所学知识画出该数据库设计过程中所产生的 ER 图，并据此创建具体的地理数据库及相应的模式元素。

2. 如表 6-10 所示为基于列的地块产量时态数据，请分别将其转换为基于行的简单和复杂时态数据。

表 6-10　基于列的地块产量时态数据

ObjectID	Shape	所有者	土壤类型	产量 2008	产量 2009
1	Polygon1	张三	沙土	897	920
2	Polygon2	李四	淤土	780	860

3. 现有一个 Excel 表文件，采集记录了 2017 年 11 月 11 日上午 7:00 至上午 10:00 某一城市区域内 500 辆共享单车的位置，根据该文件在文件地理数据库中创建一个时态要素类，然后利用 Tracking Analyst 模块进行以下操作：

(1) 追踪回访不同时刻每个共享单车所在位置。

(2) 绘制编号为 200 的共享单车的位置轨迹曲线。

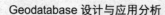 微课视频

扫一扫：获取本章相关微课视频。

时态数据.wmv

第 7 章
线性参考数据组织与显示查询

  1974 年，Baker 和 Blessing 在美国国家公路合作研究计划（National Cooperative Highway Research Program，NCHRR）报告里正式提出了线性参考系统的概念。线性参考系统（Linear Referencing System，LRS）是一系列内、外业程序与方法的集合，主要包括线性网络、线性参照方法和线性参照基准三大部分。简单地讲，线性参考就是使用相对测量值在已测定线状要素上确定点位的一种一维相对定位方法。

  1987 年，美国威斯康星州交通厅的戴维·弗莱特先生在线性参考系统的基础上，又进一步提出了动态分段（Dynamic Segmentation，DynSeg）思想。与根据某种属性变化对线状要素进行静态物理分段的常规数据组织方法不同，动态分段将沿线的属性变化存储为独立的属性表，在显示和分析过程中直接依据属性表中的相对测量值对线状要素进行动态逻辑分段。

  自动态分段思想提出以来，各大 GIS 软件公司纷纷投入大量精力开始研发具体的解决方案。1993 年，ESRI 公司在 Arc/Info 系统中基于 Coverage 数据模型率先实现并发布了动态分段技术。由于"节点-弧段"数据结构的复杂性，当时的技术与功能还相对比较抽象有限，目前已经被 ArcGIS 系统基于 Geodatabase 的线性参考技术所取代。

7.1   线性参考数据模型

线性参考是沿已测定的线状要素的相对位置存储地理位置的方法。其中，将已测定的线状要素称为路径，将根据相对位置确定的路径要素上的点要素或线要素称为事件。路径必须是具有唯一标识符和测量系统的线状要素，如街道、公路、河流、管道等。事件可以是路径要素上出现的或描述路径要素的任何事物，如路面质量、事故地点、速度限制等。路径和事件分别存储在路径要素类和事件表中，二者是管理组织线性参考数据的基本模型元素。

7.1.1   路径要素类

路径要素类是一种具有通用测量系统的特殊线状要素类，是具有相同属性特征的路径要素的集合。除了存储路径要素折点的 x 坐标和 y 坐标外，路径要素类还存储 m 坐标，这是其与一般线状要素类的最大区别。此外，路径要素类一般还应包括一个用户定义的唯一标识字段，而不直接使用系统自动生成的 ObjectID 字段。

m 值是线性参考系统中测量值的简称，代表路径要素上某点沿路径到其起点(或指定点)的相应度量值，通常以距离长度作为度量依据，可使用米、公里、英里等多种单位。路径要素的 m 值随 x 值、y 值一起存储在折点坐标中。

7.1.2   事件表

事件表是存储路径要素上各种事件信息的一般属性表，共有点事件表和线事件表两种类型。点事件表至少包括两个自定义字段，一个字段说明事件所在的路径；另一个说明事件的位置(以 m 值衡量)。线事件表至少包括三个自定义字段，一个字段说明事件所在的路径；另外两个分别说明事件的起始位置和终止位置(均以 m 值衡量)。多个线事件之间的位置关系可以是重叠、连续或间断的。

根据上述策略，对于图 7-1 所示的路径要素以及相应的点事件与线事件，可分别采用如表 7-1、表 7-2、表 7-3 所示的要素类及事件表加以存储管理其相关信息。

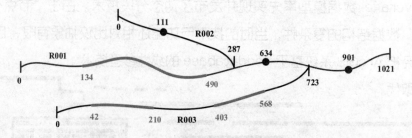

图 7-1   路径要素及点、线事件示意

表 7-1 路径要素类

OID	Shape	RouteID	Length	···
1	PolyLineM	R001	1021	···
2	PolyLineM	R002	287	···
3	PolyLineM	R003	723	···

表 7-2 点事件

OID	RouteID	PMeasure	···
1	R001	634	···
2	R001	901	···
3	R002	111	···

表 7-3 线事件

OID	RouteID	FMeasure	TMeasure	···
1	R001	134	490	···
2	R003	42	210	···
3	R003	403	568	···

使用线性参照的原因很多，其中主要原因有以下两条：

(1) 使用线性参考更符合生活习惯。在日常生活中，许多位置是以沿线性要素的相对位置来记录的，而非实际的地理坐标。例如，在交通事故处理中使用"G30 高速 201 里程向西 200 米处"描述事故发生位置。

(2) 使用线性参照可以将多个属性特征与线状要素的部分关联，可通过动态分段提高数据维护效率，不需要在每次更改属性值时分割(分段)基本线。

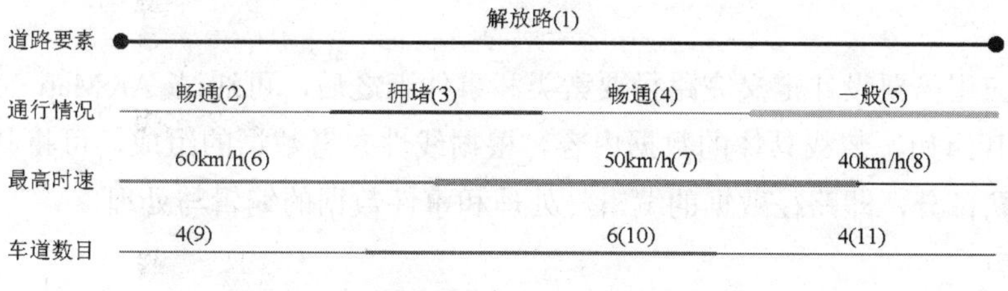

图 7-2 道路及其不同路段上的属性示意

如图 7-2 所示，一条道路的"通行情况""最高时速""车道数目"等属性在不同位置处出现不同的变化。如果采用常规管理方法，则需要在属性值更改的每个位置将道路分割成很多小段，在单个(见表 7-4)或多个要素类中分别存储每一段的几何和属性信息。这样将导致路段数据重复冗余度高、更新维护工作量大、一致性难以保障等问题。当道路的任何一种属性发生变化时，均需对道路重新进行分段采集，新数据很容易与其他数据不一致。

表 7-4　管理道路及其路段信息的单个要素类

OID	Shape	名称	通行情况	最高时速	车道数目
1	Polyline1	解放路			
2	Polyline2		畅通		
3	Polyline3		拥堵		
4	Polyline4		畅通		
5	Polyline5		一般		
6	Polyline6			60	
7	Polyline7			50	
…	…			…	…
11	Polyline11				4

　　如果采用线性参考将不同路段信息组织在事件表中，然后采用动态分段技术对其进行处理则可以解决常规方法存在的问题。动态分段是使用线性参考测量系统计算事件表中事件的地图位置以及在地图上显示它们的过程。"动态分段"源于每次更改属性值时无须分割(也就是"分段")线要素的理念，即可以"动态"定位线段。动态分段可将多组属性与现有线状要素的任意部分相关联，可以显示、查询、编辑和分析这些属性，而不会影响基础线状要素的几何。

　　由于上述优势，线性参考及动态分段技术可广泛应用于公路、铁路、河流、管线、通信等领域，为路面状况评估、设施资产管理、事故报告分析、客流分析统计、环境监测保护、路径分析规划、风险评估研究等工作提供可靠的数据基础与高效的技术支撑。

7.2　线性参考数据编辑与处理

　　在根据应用需要设计定义完路径要素类和事件表之后，可通过 ArcMap 提供的编辑与处理工具为其添加、装载具体的数据内容。根据线性参考数据的组成，可将其编辑与处理任务划分为两部分，即路径数据的编辑与处理和事件数据的编辑与处理。

7.2.1　路径数据编辑与处理

　　路径要素是具有测量值的线性要素，ArcMap 提供的各种线状要素编辑工具与方法同样适用于路径要素。但路径要素又与一般线性要素有所不同，除了基本的几何图形和属性数据编辑之外，还需要设置编辑路径要素折点测量值。为了便于理解这里先介绍测量值的设置与校正原理。

1. 测量值设置原理

对于图 7-3 所示的一条路径要素，必须在事先至少确定两个折点测量值的情况下，才可以根据距离或现有测量值通过内插或外推来计算、重设或校正其他折点的测量值。其中，内插用于计算已知点之间的其他点的测量值；外推用于计算已知点之外的其他点的测量值，又可分为起点外推和终点外推两种。

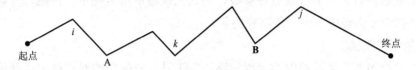

图 7-3　折点 m 值设置路径示意

(1) 根据距离设置测量值的内插与外推公式。

内插公式：

$$M_k = M_A + L_{Ak} \times \frac{M_B - M_A}{L_{AB}} \tag{7-1}$$

起点外推公式：

$$M_i = M_A - L_{Ai} \times \frac{M_B - M_A}{L_{AB}} \tag{7-2}$$

终点外推公式：

$$M_j = M_B + L_{Bi} \times \frac{M_B - M_A}{L_{AB}} \tag{7-3}$$

式中，M_A、M_B 为已知 A、B 两点的新设测量值；L_{AB}、L_{Ak}、L_{Ai}、L_{Bj} 为两点沿路径所经过的距离长度。

(2) 根据现有测量值重设测量值的内插与外推公式。

内插公式：

$$M_K = M_A + (m_k - m_A) \times \frac{M_B - M_A}{m_B - m_A} \tag{7-4}$$

起点外推公式：

$$M_i = M_A - (m_A - m_j) \times \frac{M_B - M_A}{m_B - m_A} \tag{7-5}$$

终点外推公式：

$$M_j = M_B + (m_j - m_B) \times \frac{M_B - M_A}{m_B - m_A} \tag{7-6}$$

式中，M_A、M_B 为已知 A、B 两点的新设测量值；m_A、m_B、m_i、m_j、m_k 为路径要素相应折点的已有测量值。

2. 创建路径要素

除了通过手动输入直接在路径要素类中创建添加路径要素外，还可以通过"路径编

辑"工具条上的交互式"创建路径"工具或者"线性参考"工具箱中的批量式"创建路径"工具来创建路径要素。

1) 交互创建路径

在启动编辑并保证路径要素图层可见的情况下，先根据情况选择若干条线要素，然后单击"路径编辑"工具条上的"创建路径"按钮(⊕)，在弹出的对话框中设置选择路径的起点、测量值赋值方式、缩放系数等参数，确认无误后单击"确定"按钮，开始合并所选线要素并在指定要素类中生成一条路径要素。

2) 批量创建路径

单击"线性参考"工具箱中的"创建路径"工具，在弹出的对话框中选择设置输入要素类、路径标识符字段、路径测量值赋值方式等参数，确认无误后单击"确定"按钮，开始合并输入要素类中具有相同路径标识符的要素形成相应的路径要素，并将最终结果存储在指定的输出位置。

3. 编辑路径测量值

ArcMap 提供了多种路径测量值赋值、修改与删除方法。一般情况下，在 ArcMap 中开启编辑会话后，双击要编辑的路径要素使其处于草图状态，在"编辑草图属性"窗口中，即可直接修改完善路径要素各折点的测量值。如果折点没有测量值，ArcMap 将用字符"NaN"(Not a Number)加以标识。

为了提高编辑的准确性与快捷性，可使用右键菜单项"路径测量编辑"提供的不同方法来快速编辑设置路径折点的测量值。下面结合图 7-4 所给示例进一步介绍这些方法的用途。

(1) 设置为距离。按照路径要素长度和指定的起点 M 值，插值计算各节点的 M 值，计算的 M 值将沿数字化方向递增。

(2) 设置始于/止于。按照新指定的起点与终点 M 值，并参考要素长度或现有 M 值，插值计算各节点的 M 值。当已有测量值与路径长度之比不是常数时，可选中"保留现有测量方案"选项，以根据原始测量值分配测量值。网络分析中，常采用 0~1 的 M 值表示路径上的点。

(3) 计算 NaN。根据已有的 M 值，通过内插或外推计算其他节点的未知 M 值(NaN)。

(4) 偏移。现有的 M 值加上或减去指定的值(正值或负值)。

(5) 应用系数。将指定的系数值与现有 M 值相乘。当需要将现有 M 值转换为其他单位时，可采用该方法。

(6) 删除测量值。将所有路径折点的 M 值设置为 NaN。

(7) 设置与 M 值相同。将翻转路径的数字化方向使其与测量值增加的方向保持一致。路径测量值沿某一方向必须是递增或递减的。

这些方法还可以与路径编辑工具条上的"定义线部分"(⊕)工具相结合，在保持路径测量值某些部分不变的情况下，来重新定义更新其他部分的测量值。在重新定义路径要素测量值时，要先使用"定义线部分"工具沿所选路径要素创建一个只包括其中一部分的几何草图，然后使用"路径测量编辑"菜单中的相应方法对几何草图的测量值进行设置，就像重新测量整个路径时一样。

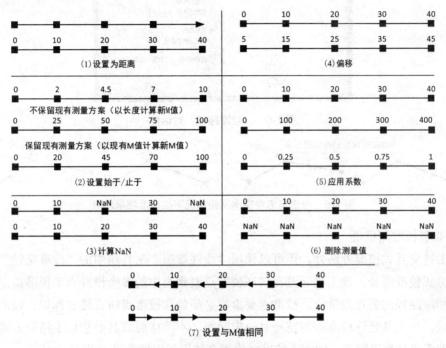

图 7-4 测量值编辑设置方法示意

4. 校准路径测量值

路径要素包含准确的测量值很重要，尤其当测量值用于关联大量事件数据时更是如此。如果存在两个或多个包含精确测量值的坐标点，可以用其来校准(Calibrate)调整路径已有的测量值，以确保测量值更加精确可靠。

1) 交互校准测量值

在选择一个路径要素后，单击"路径编辑"工具条上的"校准路径"(～)工具，将弹出如图 7-5 所示的"校准路径"对话框。单击该对话框中的"添加校准点工具"按钮，然后在需要校准点的路径要素上单击，单击位置将作为校准点添加到对话框列表中。为每个已单击的点输入新测量值，并根据需要设置相应校准选项后，单击"校准路径"按钮，即可完成对所选路径测量值的校准。如果添加的校准点不是路径要素的原有折点，则校准后该点将作为折点添加到路径上。

在使用距离校准各部分不相交的复杂路径时，可选择是否在不相交路径的测量值中留出间距。如果该选项被选中，将考虑各部分端点间的直线距离，校准后的测量值是不连续的；如果该选项未被选中，则忽略各部分间的空间间距，校准后的测量值是连续的。图 7-6 给出同一条复杂路径要素在考虑与忽略空间间距情况下的两种不同校准结果。

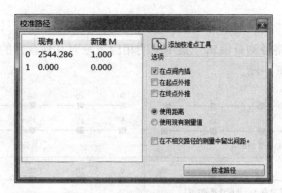

图 7-5 "校准路径"对话框

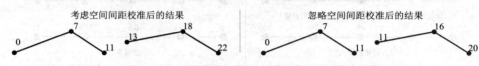

图 7-6 考虑与忽略空间间距情况下的校准结果示意

2) 批量校准测量值

除上述交互式校准方法外,还可以使用"线性参照"工具箱中的"校准路径"工具来以批量方式校准路径。该工具通过存储在校准点要素类中的多个校准点来校准指定路径要素类中相应路径的折点测量值。校准点要素类必须包含校准点所在路径标识、校准点测量值等字段。该工具允许校准点与路径有一定间距,不严格要求其必须位于路径要素上,可以指定搜索半径来限制这一间距,校准时将不会使用超出搜索半径的点。

7.2.2 事件数据编辑与处理

事件数据的编辑相对比较简单,主要包括事件记录的添加、修改、删除等操作,在对应的表窗口中可以交互方式手动执行这些操作。在添加、修改事件记录时,一定要确保事件具有准确的所在路径 ID 值以及符合取值范围的定位测量值。

除了上述交互式编辑方法外,ArcGIS 还在"线性参考"工具箱中提供了"沿路径定位要素""叠加路径事件""融合路径事件""变换路径事件"等工具,可以批量方式实现事件数据的创建、叠加、融合、转换等处理。

1. 沿路径定位要素

该工具用于计算输入要素(点、线、面)与路径要素的交集,并将所得交集(点、线)以及所在路径、测量值等信息写入新的事件表。对于输入的点或线要素可以与路径要素有一定的间距,不必严格位于路径要素上,可通过搜索半径设置所允许的最大间距。

对于图 7-7 所示的点、线、面要素及路径要素,采用沿路径定位要素工具分别依据两条相同的路径要素对点、线、面要素进行定位处理后,可得到如表 7-5 至表 7-7 所示的事件。

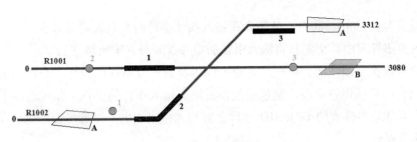

图 7-7　沿路径定位要素数据示意

表 7-5　点要素定位产生的事件

OID	RID	Meas	Distance
1	R1002	834	71
2	R1001	508	0
3	R1001	2277	0

在上述点要素定位时，因为 1 号点不在 R1002 上，偏移距离(Distance)为 71，因此，应设置搜索半径大于 71，该要素才能发现相应的路径从而生成相应的事件记录。点要素定位对于河道上的水文观测点，道路上的公交站点、交通标志、出入口，管线上的连接头、阀门等要素非常有用。

表 7-6　线要素定位产生的事件

OID	RID	FMeas	TMeas
1	R1001	810	1245
2	R1002	1020	1513
3	R1002	2343	2748

在上述线要素定位时，因为 3 号线不在 R1002 上，因此，也应设置足够大的搜索半径才能使其生成相应的事件记录。

表 7-7　面要素定位产生的事件

OID	RID	FMeas	TMeas	类型
1	R1002	343	653	A
2	R1001	2570	2817	B
3	R1002	2853	354	A

在上述事件表中，"类型"是来自面要素类的字段。在需要确定路径要素所经过面的长度、面的类型等信息时，面要素定位非常有用。

2. 叠加路径事件

该工具通过合并两个输入事件表从而创建一个输出事件表。新输出的事件表能够以传统空间分析技术无法实现的方式对事件数据进行分析。新表可包含输入事件的交集

(Intersect)或并集(Union)。其中，并集会在输入线性事件的交点处对其进行分割，然后将分割结果写入新事件表中；交集只将输入事件的重叠部分写入输出事件表中。

该工具可以执行线—线、线—点、点—线以及点—点事件的叠加。在默认情况下，输出事件表包含路径标识符字段、测量字段以及所有输入事件的属性。如果选择不写入事件属性，则只有相应事件表的 ObjectID 字段会被写入输出表中，以后可使用此字段连接或关联回原始事件属性。

这里以图 7-8 所示的路径要素以及与之相关的事件数据为例来说明点—线叠加与线—线叠加结果，图中事件的具体内容分别如表 7-8、表 7-9、表 7-10 所示。

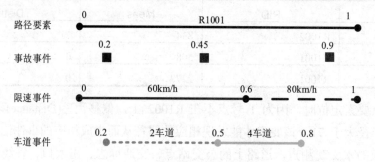

图 7-8　叠加路径事件数据示例

表 7-8　事故事件

OID	RouteID	PM	时间	等级
1	R1001	0.20	2019/7/11	轻微
2	R1001	0.45	2018/11/6	一般
3	R1001	0.90	2017/1/21	特大

表 7-9　限速事件

OID	RouteID	FM	TM	限速
1	R1001	0	0.6	60
2	R1001	0.6	1	80

表 7-10　车道事件

OID	RouteID	FM	TM	车道
1	R1001	0.2	0.5	2
2	R1001	0.5	0.8	4

1) 点—线叠加

如果以交集方式对表 7-8 与表 7-9 进行叠加处理，将产生如表 7-11 所示的点事件表，叠加结果可用于确定不同事故发生处的最高限速。

表 7-11　交集叠加输出的点事件

OID	RouteID	PM	时间	等级	限速
1	R1001	0.20	2019/7/11	轻微	60
2	R1001	0.45	2018/11/6	一般	60
3	R1001	0.90	2017/1/21	特大	80

如果以并集方式进行叠加处理，将输出如表 7-12 所示的线事件表。由于输出结果中包含较多无意义的空值，该方式不常用。

表 7-12　并集叠加输出的线事件

OID	RouteID	FM	TM	时间	等级	限速
1	R1001	0.20	0.20	2019/7/11	轻微	60
2	R1001	0.45	0.45	2018/11/6	一般	60
3	R1001	0.90	0.90	2017/1/21	特大	80
4	R1001	0.00	0.20			60
5	R1001	0.20	0.45			60
6	R1001	0.45	0.60			60
7	R1001	0.60	0.90			80
8	R1001	0.90	1.00			80

2) 线—线叠加

如果以并集方式对 7-9 和表 7-10 两个线事件表进行叠加处理，将产生如表 7-13 所示的线事件表，该表可用于确定不同路段的车道及限速信息。

表 7-13　并集叠加输出的线事件

OID	RouteID	FM	TM	限速	车道
1	R1001	0.2	0.5	60	2
2	R1001	0.5	0.6	60	4
3	R1001	0.6	0.8	80	4
4	R1001	0.0	0.2	60	0
5	R1001	0.8	1.0	80	0

如果以交集方式进行叠加处理，将输出只包含上表前三条记录的线事件表。

3. 融合路径事件

该工具主要用来合并同一路径上具有相同字段值的重叠或相邻事件，以消除事件表中的重复冗余数据，提高数据的完整性。在合并事件记录时，有融合(Dissolve)和连接(Concatenate)两种处理方式。融合适用于线和点事件表，只要事件重叠就会对其进行合并。连接仅适用于线事件表，在一个事件的"测量止于"值与下一个事件的"测量始于"

值相匹配时，即事件相邻时才对其进行合并(参见图 7-9 和表 7-14)。

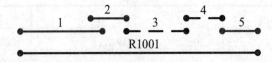

图 7-9   融合事件示例

表 7-14   路面材料事件

OID	RouteID	FM	TM	材料
1	R1001	0.00	0.35	水泥
2	R1001	0.30	0.45	水泥
3	R1001	0.45	0.70	沥青
4	R1001	0.70	0.85	沥青
5	R1001	0.85	1.00	水泥

对于图 7-9 以及表 7-14 所示的路径与事件数据，如果分别使用"融合"与"串联"方式对其进行融合处理，则可得到表 7-15 与表 7-16 所示的输出事件表。

表 7-15   融合方式下的输出结果

OID	RouteID	FM	TM	材料
1	R1001	0.00	0.45	水泥
2	R1001	0.45	0.85	沥青
3	R1001	0.85	1.00	水泥

表 7-16   串联方式下的输出结果

OID	RouteID	FM	TM	材料
1	R1001	0.00	0.35	水泥
2	R1001	0.30	0.45	水泥
3	R1001	0.45	0.85	沥青
4	R1001	0.85	1.00	水泥

如果事件表中有多个描述性字段，如表 7-11 中的"限速"和"车道"，也可以通过多次使用该工具分别设置相应的融合字段，将该事件表分解为多个单独的事件表。在使用该工具时，也可以根据需要选择指定多个字段作为合并的依据，设置后只有所选字段的组合值相同时才执行合并。

4. 变换路径事件

在对基于不同路径参考的多个事件表进行综合分析时，一般都需要先转换测量值以统一事件的路径参考系统。"转换路径事件"工具可将输入事件表中的事件测量值从一种路径参考(源路径)转换到另一种路径参考(目标路径)，并将其写入新事件表中。该工具能够重新计算事件测量值以保持实际的位置，同时适用于测量值线性与非线性变化的情况，但必须有两套测量值不同的路径数据。

图 7-10 给出了一张路况事件表使用"转换路径事件"工具从一种测量值转换为另一种测量值的结果。转换前后事件所参考的路径是具有相同 ID 标识值、不同测量值赋值方案、几何形状可略有偏差的同一路径。如果要忽略这种偏差，可设置适当的 XY 容差值，来说明输入事件与目标路径之间的最大容许距离。

输入事件

OID	RouteID	FM	TM	Condition
1	R1001	0	0.2	Good
2	R1001	0.2	0.6	Fair
3	R1001	0.6	0.9	Poor

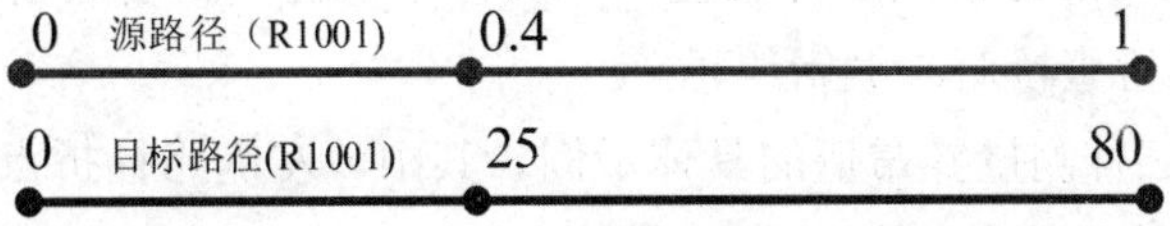

0　源路径（R1001）　0.4　　　　　　　　　　　1

0　目标路径(R1001)　25　　　　　　　　　　80

输出事件

OID	RouteID	FM	TM	Condition
1	R1001	0	12.5	Good
2	R1001	12.5	43.3	Fair
3	R1001	43.3	70.8	Poor

图 7-10　转换路径事件示意

如果测量值是线性变化的，也可以根据变化的函数(方程)关系使用"字段计算器"工具来变换事件测量值，而不需要指定目标路径数据。例如，路径测量值单位从"km"变为"m"时，可将事件测量值乘以 1000 以适应新的路径参考。

7.3　线性参考数据显示与查询

除了通过常用的标准工具以图层和表的形式来直接显示、查询线性参考数据外，ArcMap 还提供了多种专用工具以更加直观、翔实、准确、便捷的方式来分别扩展路径、事件数据的显示与查询功能。

7.3.1　路径数据显示

在路径图层的属性对话框中，增加了"路径"(Routes)和"影线"(Hatches)两个选项卡来分别扩展路径数据的显示功能。

1. 路径选项设置

在路径选项卡中可设置路径标识符以及路径测量异常值、数据可见比例范围、数据可见内容等显示选项。

1) 路径标识符

路径标识符可唯一标识路径要素类中的每条路径。路径标识符字段可以是路径要素类(图层)中的任何数值或字符型字段。为 ArcMap 中显示的路径要素类设置路径标识符字段非常有用，在设置之后，使用其他线性参照和动态分段对话框或向导工具可以自动省去一些设置步骤。

2) 路径测量异常值

路径测量异常指的是测量值不符合应用程序预期标准值的路径部分，主要包括测量值为 NaN、测量值不递增、测量值未沿路径数字化方向递增三种情况。根据具体应用需要，用户可选择显示自认为的异常类型并设置相应的符号系统，以便快速识别发现测量值发生异常的位置，并对其检查核对与编辑纠正。

图 7-11 给出了三种测量异常值的具体示例。其中，左侧路径折点 V_2 的测量值为 NaN 将导致相邻边不能确定测量值，因此也将其标为异常。

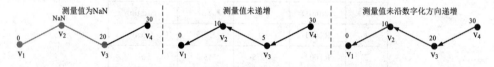

图 7-11　路径测量异常值显示示例

2. 影线选项设置

如图 7-12 所示，影线是按照一定间隔显示在路径要素之上或左、右两侧，标注长度信息的刻度线或标记符号。影线是直观描述路径长度或距离信息的另一种特殊类型的标注。对于包含测量值的路径图层至少有一个影线类别与之相关联。在默认情况下，影线类别最初只包含一个影线定义。根据需要可以为路径图层添加任意数量的影线类别，每个影线类别可包含任意数量的影线定义。如果需要在要素的末端以不同方式显示影线，可为影线类别添加一个末端影线定义。

1) 影线类别

如图 7-13 所示，每个影线类别都有一组控制影线显示方式的基本属性，主要包括影线间隔、影线放置、比例范围、SQL 查询等内容。

(1) 影线间隔。影线间隔是以测量值所采用的距离单位表示的基本影线间距，既可选择输入一个固定值为所有路径设置相同的影线间隔，也可选择图层中存储间隔值的相应字段为不同路径设置不同的影线间隔。

(2) 影线放置。单击"影线放置…"按钮，在弹出的对话框中可进一步设置偏移、测量值起止位置、根据影线间隔调整影线放置、将影线设置应用于各部分等选项来进一步设置影线的显示方式。

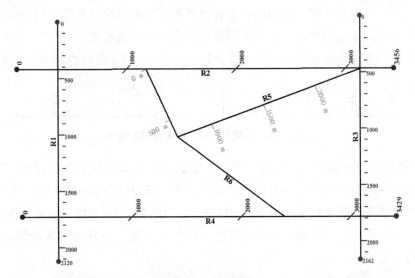

图 7-12　影线示意

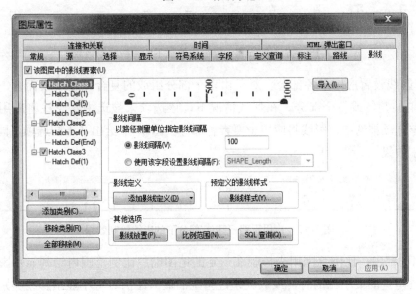

图 7-13　影线类别属性设置窗口

① 偏移。在默认情况下，影线的偏移量为 0，此时根据对齐方式影线直接绘制在路径要素上或左、右一侧，影线与路径要素没有间隔。根据需要有时可为所有路径要素定义相同的偏移量，或者选择存储偏移值的相应字段为不同路径要素上的影线设置不同的偏移量。图 7-14 给出了同一路径在不同偏移量下的影线绘制效果。

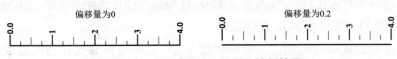

图 7-14　不同偏移量下的影线绘制效果

② 测量值起止位置。在默认情况下，影线绘制的起、止位置分别为路径测量值的最小处与最大处。根据需要有时可为所有路径设置相同的影线绘制开始与结束位置，或者选择存储起止位置测量值的相应字段为不同路径要素上的影线设置不同的绘制起止位置。图7-15给出了同一条路径在默认情况下与设置起止位置(1.0和3.0)后的影线绘制效果。

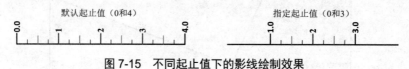

图 7-15　不同起止值下的影线绘制效果

③ 根据影线间隔调整影线放置。在默认情况下，该选项处于选中状态，这意味着在路径要素的低测量值不能被间隔整除的情况下，第一条影线将被放置在第一个能被影线间隔整除的测量值处。图7-16给出了测量值范围为1.1～5.2的一条路径要素，在影线间隔为0.25时，如果勾选该选项其第一条影线将被放置在1.25处；如果未勾选该选项其第一条影线将被放置在1.1处。

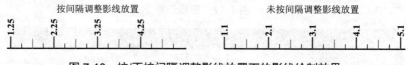

图 7-16　按/不按间隔调整影线放置下的影线绘制效果

④ 将影线设置应用于各部分。对于由多个部分组成的复合路径要素而言，可将影线应用到要素的整体或每个部分。在默认情况下，该选项未被选中，影线将应用于要素整体；如果该选项被选中，影线将应用于要素各部分。图7-17给出了不同选项下同一路径上影线的绘制效果。

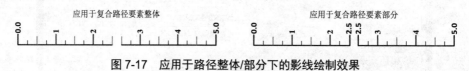

图 7-17　应用于路径整体/部分下的影线绘制效果

(3) 比例范围。比例范围用来控制在一定的地图缩放比例范围内绘制显示影线。当数据缩小超过指定的最小比例时，或放大超过指定的最大比例时将不显示影线类别中包含的所有影线定义。如果需要在不同比例下显示不同形式的影线，可为路径图层添加多个影线类别及相应的影线定义，并分别设置不同的比例范围。

(4) SQL 查询。在默认情况下，影线类别作用于路径图层中的所有路径要素。如果只想将影线类别应用于路径图层中的部分路径要素，可通过定义相应的 SQL 语句来选择这些路径要素，SQL 查询只对满足条件的路径要素绘制显示对应的影线类别。如果需要为不同的路径要素绘制不同形式的影线(见图 7-12)，可为路径图层添加多个影线类别及相应的影线定义，并分别设置不同的 SQL 查询语句。

为快速添加设置影线类别，可单击"导入…"按钮选择导入其他图层中已有的影线类，也可单击"影线样式…"按钮选择存在样式文件中的现有影线类。

2) 影线定义

除了影线类别外，还必须为其添加至少一个影线定义方可在路径图层上显示影线。影线类别相当于影线定义的容器，可包含多个影线定义，使用多个影线定义可以设计复杂的影线绘制方案。

如图 7-18 所示，每个影线定义都有自己的一组属性。这些属性包括放置影线定义中的影线所依据的影线间隔的倍数、影线的线或标记符号，以及是否标注影线等内容。由于影线定义可能共享许多相同属性，因此，可通过先复制一个影线定义的属性到另一个影线定义，然后再更改为不同属性的方式快速设置影线定义。

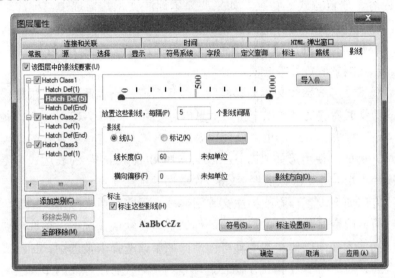

图 7-18　影线定义属性设置窗口

(1) 影线定义间隔。影线定义所使用的间隔值必须是影线类别指定间隔值的整数倍，并且同一影线类别中的不同影线定义不能具有相同的间隔倍数，即不允许重叠绘制显示影线。影线定义所使用的间隔倍数显示在其名称后面的括号中。

(2) 影线定义符号。影线定义所使用的符号可以是线符号，也可以是点(标记)符号。在确定符号类型后，单击右侧的按钮可进一步选择设置符号的样式、颜色、宽度、大小等属性。对于线符号还应设置一个与路径数据相适应的长度值，否则影线将不能正确显示。如果想在影线类别偏移值的基础上进一步偏移影线，可为影线定义输入一个所需的横向偏移值，每个单独的影线定义可具有自己专用的偏移量。

单击"影线方向"按钮，在弹出的对话窗口中可以设置影线的对齐方式以及影线与路径之间的角度。根据路径的数字化方向，线符号支持右、居中、左三种对齐方式(见图 7-19)，点符号可选右、左两种对齐方式。

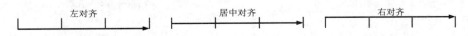

图 7-19　线符号不同对齐方式下的效果示意

在默认情况线，影线与路径要素垂直，即两者之间的夹角为 90°。根据需要可输入一个补角值来改变影线的放置方向，补角值可为正、负值，其与 90°相加即为影线与路径要素之间的角度(见图 7-20)。

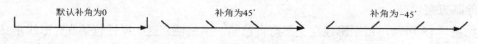

图 7-20　线符号不同补角值下的效果示意

(3) 影线定义标注。影线定义标注属性用来控制是否显示影线测量值文本以及标注文本的格式、内容、放置方式等特征。如果要显示标注文本，需选中"标注这些影线"选项。单击"符号…"按钮，在弹出的窗口中可设置标注的颜色、字体、大小等选项。单击"标注设置…"按钮，在弹出的窗口中可设置标注的内容、数值精度(小数点位数)、翻转文本方向、显示负测量值负号等选项。

在默认情况下，影线标注文本为影线所在位置对应的路径测量值。根据需要可为该文本加上适当的前缀或后缀文字，以丰富其信息内容。例如，图 7-12 中 R5 路径要素上的影线标注带有"m"后缀。另外，也可以使用表达式对测量值进行更复杂的处理后作为标注文本加以显示。例如，使用形如"esri__measure/1000 & "km""的表达式可将以米为单位的测量值转换为千米，并形成以后缀"km"作结尾的标注文本。

无论影线方向如何设置，影线标注文本始终垂直于路径要素(见图 7-12)，但文字的朝向可通过"线方向改变时翻转文本"选项进行调整。在默认情况下，该选项被选中，系统将自动调整标注文本朝向以使文本更具可读性；如果该选择未被选中，标注文本将始终朝向测量值增大的方向。图 7-21 给出了两种选项下同一路径影线标注的不同绘制效果。

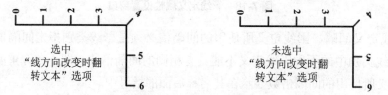

图 7-21　不同线方向改变时翻转文本选项下的影线标注效果

3) 末端影线定义

末端影线定义是一种特殊类型的影线定义，它不考虑指定的影线间隔，只是在路径要素的起、止(最低和最高测量值)端点处绘制影线符号。如果在接近要素末端时影线放置得过于紧密，则可指定末端影线容差(默认值为 0)，从而避免绘制处于末端影线容差(以测量单位指定)范围内的那些影线，如图 7-22 所示。末端影线定义的其他属性与影像定义相同这里不再赘述。

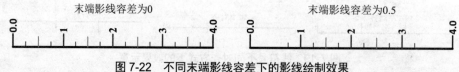

图 7-22　不同末端影线容差下的影线绘制效果

如果设置影线类别和影线定义后没有显示影线，请确保"影线"选项卡中的"该图层框中的影线要素"复选框处于选中状态、各影线类别左侧的复选框处于选中状态、指定的影线间隔适用于数据以及使用线符号的所有影线定义都已指定合适的线长度。如果所选的影线间隔过小，会导致绘制的影线过多，可按 Esc 键或 F9 键停止或暂停绘制过程。在编辑路径测量值后，可按 F5 键强制刷新视图以正确绘制显示影线。

7.3.2　路径数据查询

除了识别、选择等标准的地图查询工具之外，ArcMap 还针对路径数据提供了两个专门工具，分别用于沿着路径要素识别和查找路径位置。识别位置工具根据所单击的路径上的点返回对应的测量值，而查找位置工具则根据输入的测量值返回路径上的点或线。

1. 识别路径位置

由于"标识路径位置"工具未显示在 ArcMap 常规界面中，在使用之前需要通过自定义模式，将其拖放到指定工具栏上(如路径编辑工具栏)。该工具位于自定义对话框"命令"选项卡名为"线性参考"的列表项下，对应图标为。当地图中存在路径图层时，单击相应工具栏上的，然后单击指定路径上需要识别测量值信息的位置，则弹出如图 7-23 所示的对话框。该对话框主要包含所单击的路径 ID、单击位置的(x, y)坐标、测量值、路径测量值的最小值和最大值、路径所包含的部件数等信息。

图 7-23　识别路径位置结果对话框及相应的右键快捷菜单

在路径 ID(如 R1)上单击右键，将出现图 7-23 左侧所示的快捷菜单，根据需要可选择进行闪烁、识别路径以及闪烁、绘制、标注路径位置等操作。在绘制或标注路径位置后，可使用"工具"工具栏上的"选择元素"工具(▶)选中相应的图形或文本对其进行复制、移动、删除等处理。在对话框右侧相应项目上单击右键，将出现图 7-23 右侧所示的快捷菜单，根据需要可选择对描述条目进行隐藏、全显、全选、反选、编辑标注、复制。

2. 查找路径位置

单击"工具"工具栏上的"查找"工具(🔍)，在弹出的对话框中首先单击"线性参考"选项卡，然后选择设置路径图层及其标识字段，接着单击"加载路径"按钮并从左侧

组合框中选择相应的路径，最后选择欲查找的位置类型(点或线)并输入相应的测量值，单击"查找"按钮，对话框将扩展显示底部的列表框以列举查找到的相应结果。整个查找路径位置对话框如图 7-24 左侧部分所示。在查询结果上单击右键，将弹出图 7-24 右侧部分所示的快捷菜单，可根据需要进行相应操作。

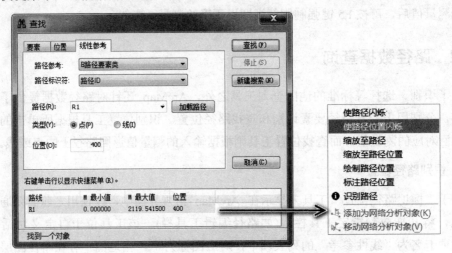

图 7-24　查找路径位置对话框及相应的右键快捷菜单

7.3.3　事件数据显示

事件数据是以表格形式间接记录的隐式空间数据(点或线)。为了更直观地显示查看这些数据，可以通过动态分段(DynSeg)将其转换为显式的矢量点或线数据。动态分段就是根据事件表中所存储事件的测量值，计算确定其相应地图位置或形状，并在地图中加以显示的过程。

1. 动态分段原理

如图 7-25 所示，动态分段实质上就是根据路径上点 P 的已知 m_P 测量值计算其(x_P, y_P)坐标的过程。

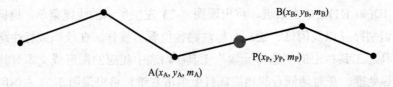

图 7-25　动态分段原理

首先，根据 m 值的大小确定 P 点所在路径上的对应直线段。假设直线段的两端点分别为 A 和 B，其已知 x、y 和 m 值分别记作 $A(x_A, y_A, m_A)$和$B(x_B, y_B, m_B)$，且有 $m_A < m_B$。

然后，根据已知两点坐标及测量值，将直线段 AB 视为空间直线，可得式(7-7)所示的方程式，把 m_P 代入该方程即可求出 P 的(x_P, y_P)坐标。

$$\frac{x - x_{A}}{x_{B} - x_{A}} = \frac{y - y_{A}}{y_{B} - y_{A}} = \frac{m - m_{A}}{m_{B} - m_{A}} \tag{7-7}$$

对于线事件，可先确定两端点坐标，然后沿所在路径将其连接起来形成线要素。

2. 显示工具及参数

根据上述原理，ArcMap 提供了两种动态分段基本实施方式。一种是在"内容列表"窗口，单击相应事件表右键菜单中的"显示路径事件…"菜单项，在弹出对话框中根据数据的具体情况进行相关设置后执行动态分段；另一种是直接使用"线性参考"工具箱中的"创建路径事件图层"，在弹出对话框中选择设置路径图层(或要素类)、事件表等参数后，即可将选定的事件数据以图的形式显示在指定的路径要素上。

如图 7-26 所示，在显示事件工具中除了路径要素、路径标识符、事件表、事件类型、测量值字段等基本选项外，还可以设置点事件处理方式、点事件定位角度、生成定位错误字段、事件偏移方式等高级选项，以便更准确地定位显示事件数据并生成处理过程中发现的一些错误说明信息。

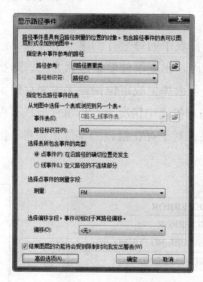
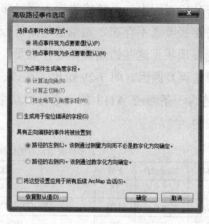

图 7-26　显示路径事件对话框及其高级选项设置对话框

1) 点事件处理方式

在沿路径定位显示点事件时，一般情况下将创建点要素。但对于由多部件组成的复杂路径要素而言，有时路径测量值并不唯一，此时将点事件视为多点要素更合适。图 7-27 给出了一个点事件在不同处理方式下的动态分段结果。

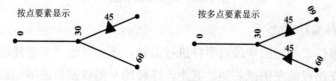

图 7-27　按点或多点要素显示结果示意

2) 点事件定位角度

在沿路径定位显示点事件时，可选择是否在结果图层中生成记录角度值的字段。在选中该选项后，可以进一步选择在动态分段过程中计算法向角还是正切角，还是相应角度的余角。注意这里的余角值为所得法向角或正切角的值加上或减去180°，以确保其在 0°～360°。图 7-28 给出了法向角(121°)与正切角(31°)的计算示意图。所获得的角度值可用于设置生成点要素的标记符号或文本标注方向。

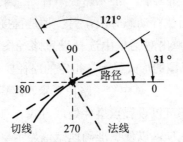

图 7-28　点事件定位角度示意

3) 生成定位错误字段

在动态分段过程中，系统将为输入路径事件表中的每个行创建一个形状。但有时会因事件的参考路径要素不存在、测量值超限等原因，出现事件要素形状为空、形状缺失等错误。为快速发现纠正这些错误确保定位质量，可选择生成定位错误字段来存储定位过程中出现的各种错误及原因。图 7-29 给出了在该选项被选中情况下，点事件与线事件在同一路径图层(仅包含一条路径 A1)上的动态分段结果。对于存在错误的事件记录将不出现在结果图层属性表中。

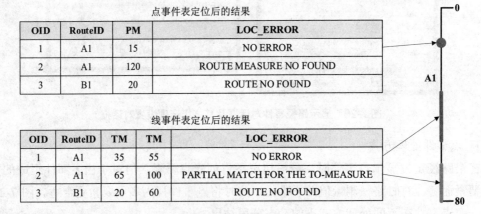

点事件表定位后的结果

OID	RouteID	PM	LOC_ERROR
1	A1	15	NO ERROR
2	A1	120	ROUTE MEASURE NO FOUND
3	B1	20	ROUTE NO FOUND

线事件表定位后的结果

OID	RouteID	TM	TM	LOC_ERROR
1	A1	35	55	NO ERROR
2	A1	65	100	PARTIAL MATCH FOR THE TO-MEASURE
3	B1	20	60	ROUTE NO FOUND

图 7-29　定位错误示意

4) 点或线事件偏移方式

如果选择按事件表的相应字段对事件进行偏移，还可以进一步选择设置偏移的方向，即事件显示在所在路径的左侧或右侧。其中，路径的左侧以测量值增加的方向加以确定，路径的右侧以路径的数字化方向加以确定。当偏移值为正值时，按所选方向进行偏移；当偏移值为负值时，按所选方向的反方向进行偏移。图 7-30 给出了点事件与线事件在不同偏移方向下的定位显示结果，图中路径上的箭头代表数字化方向。

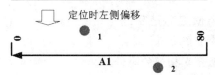

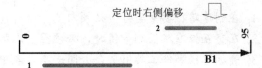

图 7-30　偏移方式示意

7.3.4　事件数据查询

在执行动态分段处理后，系统会产生一个动态要素类，也被称为路径事件源(Route Event Source)。路径事件源在 ArcMap 中可用作要素图层的数据源。在多数情况下，动态要素图层与其他所有要素图层类似。用户可以决定是否显示动态要素图层、该图层处于可见状态时所使用的比例尺、要显示哪些要素或要素子集、如何绘制要素、是否将该图层存储为图层文件以及是否导出该图层等。

在 ArcMap 中可以编辑路径事件源，但只能编辑属性，而无法编辑路径事件源的形状，因为它们是由动态分段过程生成的。在编辑路径事件源时，实际上是在编辑基础事件表。因此，可能存在一些由事件表施加的编辑限制。例如，不能对基于分隔的文本文件表创建的路径事件源的属性进行直接编辑，因为 ArcMap 不允许直接编辑文本文件。

与其他要素图层一样，路径事件图层支持多种方式的查询。例如：用"识别"工具(ⓘ)查看事件要素，用"选择要素"工具(✎)以点、矩形、多边形、圆等方式选择事件要素，在属性表中单击行头来选择要素，使用 SQL 表达式按属性选择要素等。相关内容已在第 5 章详细介绍过，这里不再赘述。

复习思考题

一、解释题

1. 线性参考　2. 动态分段　3. 路径要素类　4. 事件表　5. 影线

二、填空题

1. 在线性参考应用中，已测定的线状要素称为_____；以该线进行定位的点或段称为_____。

2. 设置确定路径测量值的基本原理方法有_____和_____两种。

3. 线事件表必须包含三个自定义字段来分别记录线事件的_____、_____和_____信息。

4. 一个影线类别可以包含多个_____，但只能包含一个_____。

5. 如果路径要素的折点没有测量值，ArcMap 将用字符缩写_____加以标识，该缩写的英文全称是_____。

三、辨析题

1. 在创建路径要素类时，必须勾选"坐标包含 M 值"选项。　　　　（　　）

2. 在交互校准路径测量值时，必须至少添加两个校准点。　　　　（　　）

3. 叠加路径事件工具用来合并同一事件表中重叠或相邻的事件记录。（　　）

4. 识别路径位置工具可根据输入测量值确定路径上的点和线。　　（　　）

5. 在编辑路径事件源时，Geodatabase 中的事件表也会随着更新。（　　）

四、简答题

1. 简述动态分段的基本原理。

2. 简述定位显示事件记录的基本过程。

五、应用题

1. 请自行创建一个文件 Geodatabase，先后完成以下操作：

(1) 在该数据库中定义一个空间覆盖范围为 4000×4000 的路径要素类，一个点事件表和一个线事件表。

(2) 在路径要素类中添加两条长度大于 3000 的四段折线形路径要素，将其路径 ID 分别设为 X01 和 X02。

(3) 在点事件表中，添加一个位于 X01 中点处的点事件。

(4) 在线事件表中，添加一个位于 X02 上，从 400～1800 处的线事件。

(5) 将上述点事件和线事件显示在相应的路径要素上。

2. 请按照线性参考数据管理策略，给出记录存储反映以下文字描述信息的路径要素类和事件表。

"在长为 1500m 的解放南路上，因距起点 800m 处的一次轻微交通事故，造成后方 50m 的交通堵塞。"

 微课视频

扫一扫：获取本章相关微课视频。

线性参考.wmv

第8章
几何网络数据组织与应用分析

在 GIS 中，网络是由若干地理要素相互连接形成的一个线状模式（Pattern），是现实世界中各种网络系统的抽象表示，如供水网、电力网、河流网、通信网、道路网、交通网等。这些网络的作用是将资源从一个位置输送到另外一个位置。资源在输送过程中会产生消耗、堵塞、减缓等现象，这表明网络系统中必须有一个合理的体制，使资源能够顺利地流动。因此，GIS 网络数据组织与管理不仅要准确描述网络要素的位置形状与属性语义特征，而且还要准确记录地理要素间的拓扑连通关系，以便在更高抽象层次上运用图论、运筹学等数学方法分析优化网络运行状态和资源流动效率。

Geodatabase 提供了几何网络（Geometric Network）和网络数据集（Network Dataset）两种数据模型，以分别支持定向（有向）与非定向（无向）网络数据的组织管理和应用分析。本章主要介绍几何网络，下一章介绍网络数据集。

8.1 几何网络基本概念

几何网络是用于表示、模拟现实世界中公共基础设施网络的一种数据模型。河网、供水网、供电网、煤气网、电话网等都可以使用几何网络进行建模和分析。这些网络中资源的行进方向不能自行选择，而是由重力、水压、电磁等外部因素来等决定的，具有明显的定向特征。

几何网络在地理数据库的要素数据集内构建，由一组相连的边和交汇点以及连通性规则组成。要素数据集中的要素类被用作网络边和交汇点的数据源。网络连通性则基于边、交汇点要素之间的几何位置重叠。每个几何网络都对应有一个逻辑网络——地理数据库中表的集合，这些表将几何网络要素及其连通关系转换存储为可在流向分析、追踪分析中快速检索使用的相应元素。

8.1.1 边

边(Edge)是一种具有长度的要素，是资源在网络中流通的主要媒介。边基于要素数据集中的线要素类创建而成。几何网络中有以下两种类型的边。

1. 简单边

简单(Simple)边只允许资源从边的一端进入，从边的另一端流出。资源不能在简单边上的某处被抽出或流出；它只能在简单边的端点离开。简单边的一个例子就是供水管网中的支水管。支水管的一端与配水干线上的某交汇点相连，而另一端与供水点交汇点(如水龙头或水泵)相连。水进入支管后，只能在供水点流出支管。要在几何网络中支持此行为，简单边应始终连接到两个交汇点(两端各自连接一个交汇点)。

简单边不具有中跨(Midspan)连通性。如果在某条简单边上的中跨处捕捉添加了新的交汇点，为建立连通性，则该简单边将被分割为两条独立的边要素。一条简单边要素对应于逻辑网络中的一个边元素。

2. 复杂边

复杂(Complex)边不仅允许资源从一端流到另一端，还允许在边上的某处抽取资源，而无须在实体上分割边要素。复杂边的一个例子就是供水管网中的主干管。主干管就是沿着延伸方向将多个支管线连接到各交汇点的复杂边。配水干管并未在连接每个支管与干管的交汇点处分割，而是允许每个支管在中间抽水。

复杂边支持此行为是因为它们允许建立中跨连通性。与简单边一样，复杂边在其端点处始终至少连接两个交汇点，但也可以沿其延伸方向连接到其他交汇点。如果在复杂边的中跨处添加了新的交汇点，则该复杂边仍是单个要素。新添加的交汇点会在逻辑上分割复

杂边。如果在连接该交汇点之前，该复杂边对应于逻辑网络中的一个边元素；那么在连接该交汇点之后，它将对应于两个边元素。一条复杂边要素对应于逻辑网络中的一个或多个边元素。

8.1.2　交汇点

交汇点(Junction)是使两条边或更多边可以相连的要素，便于在两条边之间传输流或资源。交汇点基于要素数据集中的点要素类创建而成。几何网络中有如下两种类型的交汇点。

1. 孤立交汇点

为保持网络完整性(Integrity)，在创建几何网络后，系统会自动创建一个简单交汇点要素类，称为孤立(Orphan)交汇点要素类。孤立交汇点要素类的名称与几何网络的名称一致，但要加上"_Junctions"后缀。例如，名为"供水网"的几何网络会包含一个名为"供水网_Junctions"的孤立交汇点要素类。

在创建几何网络期间，如果源数据中某个边的端点处不存在几何重合的交汇点，则在该端点处会插入一个孤立交汇点。通过将孤立交汇点要素归入(Subsuming)其他交汇点要素，可从几何网络中移除孤立交汇点要素。归入孤立交汇点就是将其替换为用户定义的交汇点以将其并入网络中。至于如何归入孤立交汇点，有明确定义的规则可供遵循。在删除几何网络时，孤立交汇点要素类也会随之删除。因此，不要修改孤立交汇点要素类的名称及模式结构。

2. 用户自定义交汇点

在创建几何网络时，基于用户事先定义准备的点要素类创建的交汇点，称为用户自定义交汇点。供水点、保险丝、流量计或水龙头等都可视为用户自定义的交汇点。交汇点对应于逻辑网络中的一个交汇点元素。

为了进行流向分析，在创建几何网络时需要为用户自定义交汇点分配辅助角色。在指明交汇点要素类中的要素可以充当源头或汇点角色后，系统将自动为该要素类添加一个名为"AncillaryRole"(辅助角色)的字段，以记录其中要素的具体角色。如果数据库中不存在相应的属性域，还将创建名为"AncillaryRoleDomain"的整型编码域，以关联约束AncillaryRole 字段的取值。该域为共有三个编码值，其中，1：Source 代表源头；2：Sink 代表汇点；0：None 代表二者都不是。网络资源都是按从源到汇的方向进行流动的。

8.1.3　可用状态

除正常运行时的可用状态外，由于检修、故障、废弃等原因，网络要素可能临时或长期处于不可用状态。为描述这种情况，在创建几何网络时，系统将为参与网络的要素类自

动添加一个名为"Enable"(启用)的字段，以记录网络要素的启用或禁用状态。如果数据库中不存在相应的属性域，还将创建名为"EnabledDomain"的整型编码域，以关联约束Enable 字段的取值。该域共有两个编码值，其中，0：False 代表禁用；1：True 代表启用。

在默认情况下，新添加到网络的要素都是启用状态，也可根据情况通过编辑将其设置为禁用。在网络追踪分析时，禁用的要素会充当屏障，追踪功能在网络中遇到任何屏障时都会停止，自动将其排除在考虑范围之外，而不需删除要素或断开要素的连接。

8.1.4　网络权重

网络权重(Weight)用于表示资源经过某个网络要素所需要的成本或低价。边权重的一个常用示例是长度。在最短路径分析中，如果要使生成的路径长度最短，则应选择此权重。另一个权重示例是在电网中边的电阻。使用电阻权重，最短路径分析结果将是电阻最小的路径。

权重为数值型变量，共有 Bitgate、整型、单精度、双精度四种类型。其中，Bitgate 实质上是最大值为 31 的整型变量，常用在多相电力网络分析中，大多数应用并不使用。

一个几何网络可以有任意多个权重。一个权重可以与多个要素类的单个属性相关联。例如，一个名为"Distance"的权重可以与给水干管要素类的"Shape_length"属性关联，同时也可以与给水支管要素类的"Length"属性关联。在构建几何网络时，可以指定边和交汇点要素类的哪些属性字段成为权重，但权重数据类型必须与相应字段的数据类型相匹配，因为，每个网络要素的权重值直接取值于该要素关联字段的属性值，系统不另行转换处理。

网络权重值 0 是保留值，系统会将其分配给所有孤立交汇点。网络权重值-1 表示要素受到阻碍且无法参与追踪分析。此外，如果一个权重值未与要素类的任何属性关联，则该要素类对应的所有网络元素的权重值都为 0。

在追踪分析时，交汇点要素仅使用单个权重，边要素则可使用两个权重：一个是与边要素数字化方向一致的"自—至"权重，另一个是与边要素数字化方向相反的"至—自"权重。边要素的数字化方向是指要素组成折点在地理数据库中的存储顺序。如果为边的每个方向指定不同权重，从不同方向追踪边将产生不同的成本。

8.1.5　逻辑网络

在创建几何网络时，地理数据库还会自动创建一个与之对应的逻辑网络，用于表示要素间的连通性关系并为这种关系建模。逻辑网络是用于流向分析和追踪分析的连通图，该图忽略了要素的具体位置形状，更注重要素的拓扑连接关系。无论参与几何网络的要素类有多少，系统都只采用三个表来存储管理对应逻辑网络元素的相关信息。图 8-1 以供水网为例，对比分析了几何网络与逻辑网络的不同构成方式。

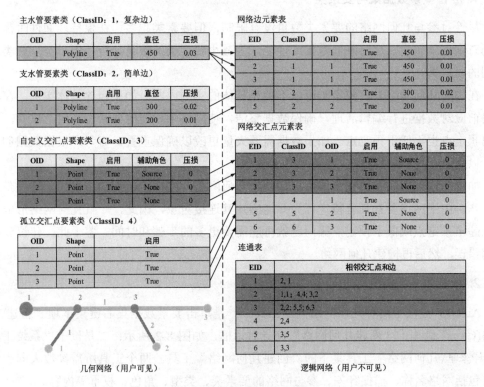

图 8-1　几何网络和逻辑网络构成对比

在编辑或更新几何网络中的边和交汇点要素时，地理数据库会自动更新和维护对应的逻辑网络元素表，用户无须重新构建要素的连通性或直接访问逻辑网络。逻辑网络便于在编辑期间建立动态连通性。在执行网络分析时，系统直接从逻辑网络中，而不是从几何网络中查询读取相关的信息，这样可以大幅提升几何网络分析的性能。

8.2　几何网络创建与管理

几何网络实际上是地理数据库用多个表加以表示的一系列要素类之间的关联。在 ArcCatalog 或 ArcMap 目录窗口中，几何网络与目录树中显示的大多数项目(如表、要素类等)不同，它并不表示单个实体，其创建与管理方式也不尽相同。

8.2.1　几何网络创建

几何网络依赖于同一要素数据集内的点、线要素类，因此，必须事先创建准备好相应的要素数据集和要素类，方可使用创建工具将这些要素类从简单要素(线和点)升级为网络要素(边和交汇点)，并根据需要对所形成的几何网络做进一步的优化与调整。概括而言，由现有数据构建几何网络的过程主要包括以下步骤。

1. 准备要素数据集与要素类

尽管对参与几何网络的要素类数量没有限制，但要素类越多，在保持连通性时需要执行的查询也就越多，这将降低数据库性能。为减少要素类的数量，可使用子类型归类属性相同的要素类。

在构建几何网络时，要素类可以不填充具体的实例内容。如果包含具体实例，在构建网络前应对数据进行编辑清理，确保数据整洁，使网络中相连的要素在几何上重叠，既不超出预定点也不低于预定点。如果数据需要大量更改以确保重叠，可考虑根据数据创建拓扑，以快速查找和修复错误。

如果在修正空间和属性错误前直接创建几何网络，则会给后期的错误纠正过程带来更多工作。由于网络要素具有特定行为并能感知其连接对象，因此，一旦几何网络形成后，纠正超出预定点或低于预定点等问题就可能需要更多的步骤和时间。鉴于此，建议先纠正空间错误，然后再构建几何网络。

2. 根据要素类构建几何网络

ArcGIS 提供了两种几何网络创建工具：一是单击要素数据集右键菜单项"新建\几何网络(G)…"弹出的"新建几何网络"向导对话框，如图 8-2 所示；二是位于"系统工具箱\数据管理\几何网络"工具集下的"创建几何网络"工具。两个工具所需参数大同小异，主要包括网络名称、捕捉容差、参与网络的要素类、类型、角色、权重等内容。

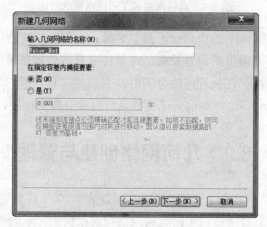

图 8-2　新建几何网络向导对话框

其中，捕捉容差是消除数据空间错误、增强网络连通性的一种补救措施。当设置容差值之后，在网络构建过程中系统将根据要素类型按照不同规则聚合在该值范围内所捕捉到的网络要素。图 8-3 给出了两条简单边在不同情况下的聚合示例，其他聚合规则请参阅 ArcMap 帮助文档"关于构建几何网络"一节中有关"捕捉规则"的描述。

尽管使用该选项可以纠正一些问题，但也可能会导致一些并不合适的更改。为避免这种情况发生，建议在使用该选项时：首先设置较小的捕捉容差，然后根据效果逐步增大；

在创建几何网络前备份数据，因为在网络创建期间执行的捕捉是无法撤销的；如果数据需要大量更改以确保重叠，还应首先考虑使用拓扑来事先查找和修复错误。

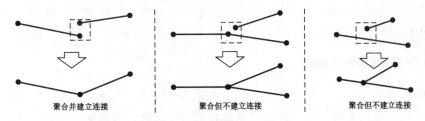

图 8-3　简单边捕捉/聚合规则示意

3. 识别几何网络构建错误

在网络构建过程中，系统会从网络要素类中识别出几何数据无效的要素，并将其记录到网络构建错误表中。该表位于几何网络要素数据集之外，以几何网络名称附加"_BUILDERR"的形式命名。例如，几何网络"Water_Net"的构建错误表为"Water_Net_BUILDERR"。如表 8-1 所示，错误表共有 ErrorID、ClassID、ObjectID、ErrorType 四个字段，分别用于记录每个错误的记录 ID、对应要素类的 ID、错误要素的 ID 以及错误类型代码。

表 8-1　几何网络构建错误示例表

ErrorID	ClassID	ObjectID	ErrorType
1	26	6	12
2	26	8	11
3	18	8	16

要素几何无效错误共有 8 种类型，对应代码在 10～17 之间取值，每个代码所代表的具体错误类型如表 8-2 所示。如果在构建过程中发现错误，当过程结束时系统会弹出一个消息框，提示网络中存在无效几何错误。

表 8-2　几何网络构建错误示例

ErrorType	含 义	ErrorType	含 义
10	要素的几何数据为空	14	边要素关联的起始交汇点要素和结束交汇点要素相同
11	要素的几何具有多部分	15	交汇点与具有不同 z 值的边要素折点重合
12	边要素的起始折点和结束折点相同(闭合环)	16	交汇点未连接到任何其他边要素
13	边要素的长度为零	17	边要素的长度接近捕捉容差

错误表一旦创建，用户需尽快对表中所列出的无效要素进行编辑修复，以便正确反映

要素的状态。在编辑时，可使用"几何网络编辑"工具条上的"网络构建出错"命令来识别选定包含无效几何的要素。网络构建错误的修复方法取决于无效几何的类型。在编辑修改无效要素的过程中，系统不会自动级联更新错误表的内容。即使要素错误被纠正，错误表依然会保留该错误记录。

4. 为几何网络添加新权重

如果在创建过程中遗漏网络权重，可在已建几何网络的"属性"对话框为其添加新权重。要将权重添加到网络，必须将其与至少一个字段关联。将权重添加到网络后，无法更改与其关联的字段。无法对已添加到网络中的权重进行删除或重命名。如果权重名称与字段名称相同并且数据类型相同，系统会自动建立关联。

5. 定义几何网络连通性规则

在实现世界中，大多数网络往往都对边、交汇点的连接关系有一定的约束限制。例如，在一个供水管网中，消防栓可以连接到消防栓支管，但不能连接到生活用水支管。类似地，在同一供水管网中，10 英寸输水管只能通过异径管连接到 8 英寸输水管。

为描述上述情景，可根据需要在所建几何网络"属性"对话框中为其定义添加连通性规则。连通性规则用于限制可以相互连接的网络要素的类型，以及可以连接到另一种要素的具体数量。通过建立连通性规则以及其他规则(属性域、子类型等)，可以在数据库中保持网络数据的完整性。在编辑数据时，用户可以使用"验证要素"命令从所选要素中识别发现违反连通性规则或其他规则的无效要素。

在"属性"对话框中用户可在两个要素类之间、一个要素类和另一个要素类的子类型之间或者一个要素类的子类型和另一个要素类的子类型之间建立连通性规则。连通性规则共有以下两种类型。

1) 边—交汇点规则

该类规则用于规定一种类型的边通过哪些类型的交汇点连接到另一种类型的边。图 8-4为边—交汇点规则示例，该规则规定主水管只能与孤立交汇点以及自定义交汇点中的"供水站""转接头"子类相连，并且一条主水管最多只能连接一个"供水站"交汇点。

另外，通过边—交汇点规则可增加边—边规则的灵活性。例如，要添加这样一个规则：类型 A 的边在一端有类型 B 的交汇点并在另一端有类型 C 的交汇点，则必须首先在边类型和两个交汇点类型之间添加边—边规则。然后，会自动创建边—交汇点规则。导航至每个边—交汇点规则并设置边—交汇点基数，以便每个类型的交汇点中只有一个可以连接到任何边。

交汇点的基数是可与之相连的边要素的数量。当指定交汇点的基数时，需要注意一个例外情况。如果交汇点在中跨处连接到复杂边要素，则交汇点的基数是 2。在此种情况下，交汇点的基数基于所连接边元素的数量而不是边要素的数量，该交汇点只有在基数为0～2 时才能被视为有效。

图 8-4　边—交汇点规则示例

2) 边—边规则

该类规则用于规定一种类型的边通过哪些类型的交汇点连接到另一种类型的边。图 8-5 为边—边规则示例，该规则规定主水管与支水管只能通过"转接头"和孤立交汇点相连，并且在默认情况下与"转接头"相连。边—边规则必须包含一个默认交汇点。在交汇点子类型列表中右键单击交汇点子类型或要素类，然后单击"设为默认值"菜单项，可将该类交汇点设为默认交汇点。

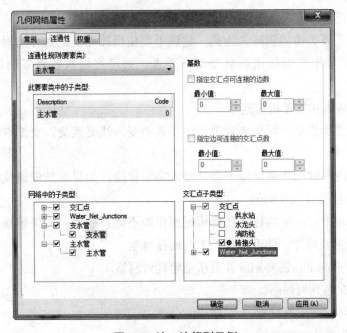

图 8-5　边—边规则示例

6. 为几何网络添加新要素类

在几何网络的生命周期中可随时添加新的边和交汇点要素类。这些新要素类的实例内容为空，不能向现有几何网络添加已填充要素。单击几何网络所在要素数据集右键菜单中的"新建\要素类"菜单项，可根据需要向该数据集中的几何网络添加三种类型的要素类：简单交汇点要素类、简单边要素类或复杂边要素类。

8.2.2 几何网络管理

在几何网络创建结束后，根据需要可对几何网络及其要素类执行复制、删除等管理操作。尽管与目录树其他项目执行这些操作的方式类似，但操作所产生的应用与结果却不尽相同。

1. 复制几何网络

可通过两种方式复制几何网络：一是复制包含几何网络的要素数据集；二是复制几何网络本身。如果复制几何网络，则目标要素数据集的空间参考和范围必须与源要素数据集相同。复制几何网络会保留网络连通性和要素类。

2. 删除几何网络

可通过两种方式删除几何网络：一是删除包含几何网络的要素数据集，这将移除存储在要素数据集中的几何网络和所有其他对象；二是删除几何网络本身，这将发生以下变化：

(1) 几何及逻辑网络表将被删除。

(2) 孤立交汇点类将被删除。为此，建议不要使用孤立交汇点存储附加信息。在删除几何网络之前，如果需要保留孤立交汇点要素，则可将这些要素复制或导出到新要素类中。

(3) 连通性规则和权重将被删除。

(4) 网络要素类恢复为简单要素类。边要素类变为线要素类，交汇点要素类变为点要素类。

(5) 启用字段和辅助角色字段不会从要素类中移除。如果重新创建几何网络，可能会重复使用这些字段及其包含的值。

(6) 构建过程中对网络执行的任何捕捉操作都不会被撤销。如果重新创建几何网络，则不必重新指定捕捉容差，除非需要更大的捕捉容差。

在以下任何情况下，需要删除并重新创建几何网络。

(1) 需要重命名几何网络。

(2) 需要移除网络中的权重。

(3) 需要向网络中添加新的已填充要素类。

(4) 在先前构建过程中指定的捕捉容差过小。

(5) 需要将要素类从简单边更改为复杂边,反之亦然。

(6) 需要添加特定交汇点要素类作为源点或汇点,或者需要移除其辅助角色。

3. 管理网络要素类

管理参与几何网络的要素类比管理简单要素类更严格。只能更改网络要素类的别名,不能更改其名称。删除网络要素类也比删除简单要素类困难。要删除网络要素类,必须先删除几何网络;此操作会将网络要素类转换为可在随后删除的简单要素类。另一种方法是删除整个要素数据集,这会删除网络和所有要素类。

参与几何网络的每个要素类都会增加使用和编辑几何网络的成本。无论要素类是已填充的(包含要素)还是空的,都是如此。对于网络中不再需要的空要素类,可以使用"数据管理\几何网络"工具集下的"从几何网络移除空要素类"工具将其移除,以改善几何网络编辑和追踪分析性能。

8.3　几何网络编辑与检验

几何网络的内容极少是静态的,往往需要大量的编辑与检验工作,以保证其具有良好的完整性、正确性和现势性。除常规编辑与检验工具外,ArcMap 还通过如图 8-6 所示的"几何网络编辑"工具条,提供了面向几何网络的专用工具与命令。

图 8-6　"几何网络编辑"工具条

8.3.1　几何网络编辑

几何网络编辑的核心任务是基于几何重叠动态维护要素间的连通性,这需要在每个网络要素类中执行单独的空间查询,从而产生较高的系统成本。为获得精确的几何重叠和高效的编辑性能,建议在启动编辑后使用 ArcMap 捕捉与要素缓存功能。

几何网络编辑具体涉及网络要素创建、归入、删除、移动、连接、断开以及属性修改等操作。每种操作可能会创建连通性,也可能不会创建连通性,具体取决于所涉及的网络要素类型。如果未创建连通性,可通过使用几何网络编辑工具条上的"连接"命令创建连通性。

1. 创建网络要素

创建网络要素包含创建交汇点要素和边要素两种操作。在创建过程中，可动态捕捉现有的边或交汇点，以建立要素间的连通性。

1) 创建边要素

在创建边要素过程中，仅在新边的首、末折点(端点)处建立连接，在中间折点或相交处不建立连接。当将新边端点捕捉到另一条没有交汇点的边时，会自动插入一个交汇点以建立连通性。如果已指定一个默认交汇点类型作为网络连通性规则的组成部分，则会使用该默认交汇点类型。如果这些边类型之间没有任何"边—边"规则，则会在孤立交汇点要素类插入一个孤立交汇点。

2) 创建交汇点要素

如果沿简单边创建交汇点，被捕捉到的边在逻辑网络和几何网络中均被分割，从而生成了两个边要素。所得新要素的属性取值由相应属性域中的分割策略决定。如果沿复杂边创建交汇点或边，该边在逻辑网络中会被分割，但在几何网络中仍为单个要素。尽管它仍为单个要素，但在新交汇点或边与其连接位置处会创建一个新折点。

当将一个自定义交汇点添加到现有孤立交汇点时，该孤立交汇点将由新交汇点进行归入。此时，几何网络将删除该孤立交汇点，并在其位置处插入新交汇点，且网络连通性保持不变。孤立交汇点无法归入其他孤立交汇点。当将一个交汇点捕捉到另一个非孤立交汇点时，不会进行归入，也不会连接新添加的交汇点。图 8-7 给出了创建交汇点对网络要素及连通性所产生的影响及结果。

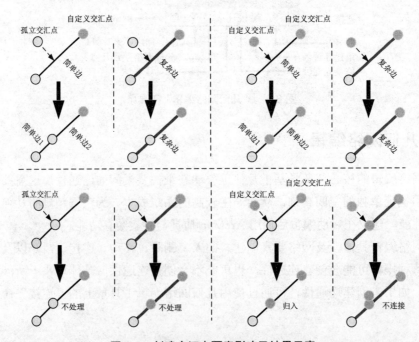

图 8-7　创建交汇点要素影响及结果示意

2. 删除网络要素

删除网络要素可能会影响与其连接的其他要素。在删除边要素时，会将其从几何网络和逻辑网络中同时删除，但不会删除其连接的交汇点要素。在删除非孤立交汇点要素时，该交汇点将变成孤立交汇点，而不是将其从几何网络中物理删除。在删除孤立交汇点时，会将其从几何网络中物理删除，一些边可能也会被删除，这具体取决于边的类型以及与交汇点连接的边的数量。图 8-8 总结了删除网络要素的影响及结果。

3. 移动网络要素

在移动网络边或交汇点时，与其相连的网络要素会通过进行自我拉伸和调节来保持连通性。当移动网络交汇点并将其捕捉到另一个网络要素时，要素可能会变为连接状态，具体情况如图 8-9 所示。

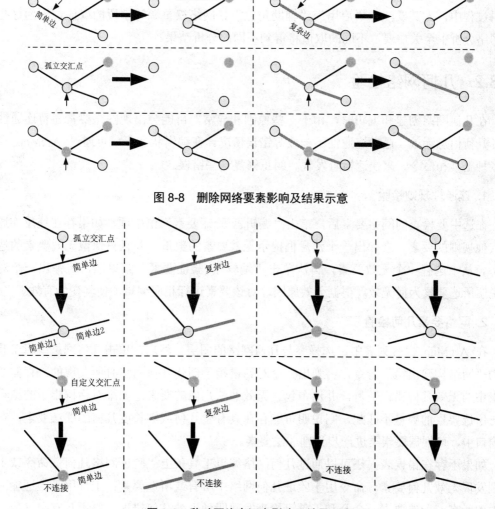

图 8-8 删除网络要素影响及结果示意

图 8-9 移动网络交汇点影响及结果示意

4. 连接、断开网络要素

在选中网络要素后，单击几何网络编辑工具条上的"连接""断开"命令可在所选要素与其重叠的要素之间建立连接或者断开已连接的要素。当通过多个交汇点建立连接时，只保留一个交汇点，并且优先保留用户自定义交汇点。但在多个重叠的自定义交汇点之间不会建立连接，因为系统不确定保留哪一个交汇点。

当断开边及自定义交汇点时，系统会自动添加一些孤立交汇点，以保证其他要素的连接关系。当断开孤立交汇点时，该处的所有要素都将处于断开状态。在断开网络要素后，其他与之重叠要素不会随着该要素的移动而移动，这也是检验网络要素是否相连的基本方法。

5. 编辑网络要素属性

在选中网络要素后，可在"表"或"属性"窗口中编辑修改该要素的字段属性值。在编辑过程中，尤其要注意"启用""辅助角色"、网络权重源等字段的取值，因为这些值在网络分析中至关重要，不同的取值将得到不同的分析结果。

8.3.2 几何网络检验

在几何网络创建和编辑时，由于一些原因和异常，可能会出现网络要素违背连通性规则、几何信息无效、逻辑连通性不一致等错误情况。在编辑状态下，可通过 ArcMap 提供的多种工具和命令，来快速检查发现、纠正修复这些错误。

1. 连通性规则检验

在选中要检查的网络要素后，单击"编辑器\验证要素"菜单项，如果存在违反连通性及其他规则的要素，会弹出一个消息框提示无效要素的数量，并且只保留无效要素的选中状态。从中选择一个无效要素，再次单击"编辑器\验证要素"菜单项，将弹出一个对话框说明所选要素为何无效。根据无效原因，对该要素进行相应编辑，使其变为有效。

2. 网络要素几何检验

在 ArcMap 内容列表中，选择参与几何网络的图层。然后，单击几何网络编辑工具条上的"网络构建出错"命令，将弹出一个对话框指示创建几何网络时所发现的、存储在错误表中的无效几何错误数量，并选中包含无效非法几何的要素。如果对话框指示的错误数量与所选要素的数量不匹配，则说明可能存在具有空几何或零长度几何的非法要素。在属性窗口中，可根据要素类进一步识别非法要素。

如果不存在错误表，还可以通过几何网络编辑工具条上"验证网络几何"命令或工具识别发现无效几何要素。命令用于验证几何网络中所有或所选要素；工具用于验证输入矩形内的所有或所选要素。命令和工具可检查发现四种无效几何错误：要素具有空几何、具有零长度的边要素、具有多个部分的边要素、开始折点和结束折点相同的边要素。

在网络中识别出具有非法几何的要素后，可以删除或修复该要素。修复要素几何的必需步骤会根据非法几何类型的不同而有所不同。对于具有空几何或零长度的非法要素无法通过用户界面修复，可使用"数据管理工具箱\要素工具集"下的"修复几何"工具将其批量删除或修复。起始折点和结束折点相同的要素的一端未连接到交汇点。要更正这些要素的几何，必须将要素的末端捕捉到现有交汇点或者将新交汇点要素捕捉到非法要素的末端。

3. 逻辑连通性检验、修复与重建

在创建、删除和修改网络要素时，系统通常会动态保持几何网络与逻辑网络之间的一致性。但在有些特殊情况下，一些网络要素与其逻辑元素之间的关联可能不同步。例如，使用未正确处理中止编辑操作的自定义工具就会发生这种情况。对于此类网络不一致情况，可通过以下三种工具加以验证、修复与重建。

1) 验证连通性

在 ArcMap 内容列表中选中参与几何网络的图层，单击几何网络编辑工具条上的"验证连通性"命令(✔)，在弹出的对话框中单击"确定"按钮，可对整个网络或当前显示范围内的要素进行检查验证。如果发现不一致情况，相应要素将处于选中状态。

如果对整个几何网络进行验证，则将搜索以下类型的网络连通性不一致情况：

(1) 网络要素不具有对应的网络元素。

(2) 网络要素缺少一个或多个网络元素。

(3) 网络要素具有重复的网络元素。

(4) 网络要素与不一致或无效的网络元素相关联。

(5) 网络要素与不存在的网络要素相关联或相连接。

如果对当前显示范围内的要素进行验证，除上述不一致类型外还将搜索以下类型：

(1) 网络交汇点与其连接的边不重叠。

(2) 网络元素与零长度边相关联。

(3) 含无效边元素顺序的网络边。

2) 修复连通性

在发现标识连通性不一致要素后，单击几何网络编辑工具条上的"修复连通性"命令(🔗)，可对其进行自动修复。在 ArcMap 的左下角可监视"修复连通性"的进度。如果在网络修复期间遇到警告，在过程结束时将显示一个消息框，会列出警告类型、要素类和要素的对象 ID。其中，警告类型包括以下几种：

(1) 该命令在丢失交汇点的边的端点处创建新孤立交汇点。

(2) 遇到具有无效几何的要素，例如闭合折线或多部件折线。

(3) 需要建立连通性的某条边上出现重合的交汇点；该命令随意连接了其中一个交汇点。

(4) 未在与同一个边要素上多个折点重合的交汇点之间建立连通性。

3) 重建连通性

首先，单击几何网络编辑工具条上的"重建连通性"工具()；然后，在数据显示窗口中单击并拖动一个矩形框，则根据几何重叠重新建立框内网络要素的连通性，其间一些重复的网络要素将会被删除。对于涉及大量要素、比较耗时的重建操作，按 Esc 键可终止重建过程。

8.4　几何网络流向与追踪分析

创建与编辑网络数据的最终目的是分析网络状态，以改善网络性能，确保网络平稳高效运行。ArcMap 提供了如图 8-10 所示的"几何网络分析"工具条，可对几何网络进行流向与追踪两种分析。在执行几何网络分析之前，在 ArcMap 内容列表中至少需要添加一个参与几何网络的要素类。为了能快速识别区分不同类型的网络要素，还应根据属性字段为不同网络要素图层分配不同的符号化表达形式。例如，启用要素为绿色、禁用要素为灰色，源头为蓝色、汇点为黄色，不同直径的边粗细不同等。

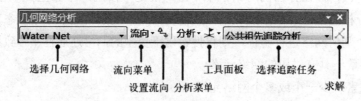

图 8-10　几何网络分析工具条

8.4.1　几何网络流向分析

几何网络是对公共事业或基础设施网络的一种模拟，所运送的物资(水、电、石油等)不能在网络中自由流动，一般要通过其源、汇配置或边的方向来确定流向。如果使用源头或汇点设置流向，网络中至少包含一个启用辅助角色的交汇点要素类；如果使用数字化方向设置流向，网络中至少包含一个边要素类。另外，流向分析设置必须在编辑状态下进行。

1. 基于源或汇设置流向

源或汇是各种资源沿着几何网络流动的原动力。其中，源通过网络边推动资源向着远离自身的方向流动，如配水网络中的供水站；汇通过网络边吸引资源向着靠近自身的方向流动，如河流网络中的河口。资源从源流出，流向汇。由于流向既可以通过源，也可以通过汇来建立，所以通常只需在网络中指定源和汇中的一种即可；否则，几何网络可能会产生流向不确定的边。

除源、汇及其位置外，流向分析还会考虑网络连通性、要素可用状态等信息。禁用要素会使资源无法从要素中通过，因此，无法为禁用的要素设置流向，也无法为那些通过禁用的要素间接连接到源或汇的要素设置流向。

基于源或汇设置流向既可通过几何网络分析工具条实现，也可通过"数据管理工具箱\几何网络"工具集下的"设置流向"工具实现。在选定拟分析的几何网络后，使用工具条设置流向主要包含以下步骤。

1）单击"设置流向"命令执行分析

在设置流向过程中，系统会为每条网络边分配具体的流向值，并记录在逻辑网络的边元素表中。网络边的流向取值共有以下三种情况，如图 8-11 所示。

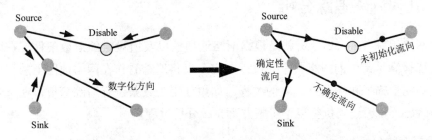

图 8-11　网络流向设置示意

(1) 确定性流向：根据相关信息能够明确确定的流向。流向值参考边要素的数字化方向加以表示，如果与数字化方向一致，取值"With"；否则，取值"Against"。

(2) 不确定流向：根据相关信息不能明确确定的流向。不确定流向通常会出现在形成回路或闭合线一部分的边上。流向由多个源和汇确定的边也可能出现不确定流向，原因是一个源(或汇)在边上朝一个方向流动，而另一个源(或汇)则反向流动。

(3) 未初始化流向：未与源或汇连接的网络边的流向。该类流向其实是一种特殊的不确定流向。

2）单击"流向"菜单项设置调整流向显示选项

在设置流向后，单击"流向\显示箭头"菜单项，可显示或关闭各边的流向信息。在默认情况下，确定性流向以黑色箭头表示；另外两种流向以黑色圆点表示。如果想用其他符号表示，可单击"流向\属性"菜单项在弹出的窗口中进行相应设置。另外，也可以按图层整体显示或关闭其内所有边的流向信息，只需单击选中或取消选中"流向\显示目标对象的箭头"菜单项下的相应菜单项。

2. 基于数字化方向设置流向

在许多网络中，常常直接用边的数字化方向反映其中的资源流向。例如，沿河流流向采集的河流要素。如果以这种约定建立生产数据，则可以依据数字化方向来建立流向。基于数字化方向的流向只能使用"设置流向"地理处理工具来设置，并且这种指定只能在网络级别上进行，不能在各边上进行。因为每条边的数字化方向都是确定的，所以设置后边的流向也是确定的，不存在不确定流向或未初始化流向。在具体设置时，可以选择是按数字化同方向(FT)或者按数字化反方向(TF)设置流向。

在设置流向之后，如果不再需要流向信息，可使用"设置流向"地理处理工具的

"RESET_FLOW_DIRECTION"选项将所有边的流向重置为未初始化状态。

在现实应用中，流向还常常取决于以上信息之外的其他因素。例如，在供水管网中，管道中水流的方向取决于管道两端的水压差，而管道每端的压力又受到很多因素的影响，如管道的制造材料、管道直径、管道中的流速、水温、管道末端的高程等。目前，ArcGIS仅处理常规网络，在设置流向时并不会涉及这些信息。如果需要，用户可以开发编写使用这些变量的自定义流向求解程序，以便在特定网络中查找确定性流向。

8.4.2 几何网络追踪分析

几何网络追踪(Tracing)分析就是根据网络连通性以及所设定的参数条件，在网络要素类中查找选择满足条件的网络要素的过程，也可以将追踪看作在网络地图上放置一层透明物并在透明物上描摹相应网络元素的过程。如果使用工具条进行追踪分析，在选定拟分析的几何网络后，一般还需执行以下步骤方可完成分析过程。

1. 设置追踪分析参数

在执行追踪分析之前，单击"分析\选项"菜单项，在弹出的"分析选项"对话框中(见图 8-12)，应根据需要选择设置要素追踪范围、权重、权重过滤器、分析结果表现形式及内容等基本参数。

1) 追踪范围

网络分析的要素范围可以是网络中的所有要素、当前所选要素或者未选要素。如果追踪所选要素，则未选择的要素将充当障碍；如果追踪未选要素，则所选要素将充当障碍。如果需要，也可以单击选中"分析\禁用图层"菜单下的相应网络图层，将其内所有要素从追踪分析中整体排除。

图 8-12 分析选项对话框

2) 权重

如果几何网络中包含权重，在进行"网络路径分析""网络上溯路径分析"和"网络上溯累计追踪"三种分析时，可使用这些权重以在追踪结果中范围所得要素的累计成本。对于交汇点要素，只能选择使用单个权重。对于边要素，可以使用两个权重：一个沿边要素的数字化方向，另一个沿边要素数字化的相反方向。如果为边的每个方向指定不同权重，从不同方向追踪边将会产生不同的成本。

3) 权重过滤器

在网络分析时，还可以使用权重过滤器设置要追踪的要素范围。权重过滤器的作用与SQL 查询语句相同，都用来选择网络要素，但权重过滤器的效率较高。权重过滤器通过范围表达式加以表示，可为每个权重指定多个有效的范围，各个范围必须以逗号加以分隔。每个范围可以包含单个值，也可以包含区间值，区间的上限和下限之间用连字符"-"连接。例如，网络权重"直径"的过滤表达式设置为 1-5、10-22.2、27，表示只追踪满足这些条件的网络要素。

4) 追踪分析结果

对于追踪分析所获得的结果要素集合，有两种表示形式：一种是直接选择并高亮显示这些要素；另一种是以图形元素的形式重绘这些要素。重绘的默认色为红色，用户可以调整设置。在默认情况下，不论追究结果是整个要素还是其中的一部分，系统都会用整个要素加以表示。在绘图方式下，对于复杂边可显示绘制其对应的部分边元素。

在通常情况下，结果集的内容为追踪到的网络要素，包括交汇点和边。但在进行"网络连接要素分析""网络中断要素分析""网络上溯追踪""网络下溯追踪"四种追踪分析时，还可以返回使追踪停止的要素，即追踪无法经过并继续执行的要素。该类要素主要包括：禁用的要素、放置障碍的要素、仅与另一个要素连接的追踪要素、已使用权重过滤器滤出的要素四种类型。

2. 添加追踪标记或障碍

标记(Flag)是一种放置在网络边或交汇点要素上的图形元素，用于标识追踪的起点。标记是追踪分析必需的参数，其最少数量随着追踪任务的不同而不同。障碍(Barrier)用于定义网络中追踪无法经过的位置。障碍可以放置在边上的任何位置或交汇点上。在执行追踪操作时，系统将放置障碍的网络要素视为已禁用，从而防止追踪超出这些要素继续执行。在未启动编辑状态下，通过障碍可快速禁用网络要素。

在几何网络分析工具条的工具面板中，先单击选中添加标记、障碍工具，然后单击相应的边或交汇点，即可为网络分析添加所需的标记或障碍。如果添加错误，可以单击"分析\清除标记"或"分析\清除障碍"将其删除。

3. 选择网络追踪分析任务

目前，几何网络分析工具条支持 9 种具体的网络追踪分析任务。表 8-3 列出每种分析任务的基本特征。

表 8-3 不同网络追踪分析任务特征

序号	名称	标记点数据	返回结果
1	公共祖先追踪分析	2 个及以上	位于标记点上游的公用要素
2	网络连接要素分析	1 个及以上	与标记点相连的所有要素或追踪停止要素
3	网络环路分析	1 个及以上	经过标记点的闭合线
4	网络中断要素分析	1 个及以上	与标记点断开的所有要素或追踪停止要素
5	网络上溯路径分析	1 个及以上	位于标记点上游的所有要素及其成本
6	网络路径分析	2 个及以上	位于标记点之间的所有要素及其成本
7	网络下溯追踪	1 个及以上	位于标记点下游的所有要素或追踪停止要素
8	网络上溯累积追踪	1 个及以上	位于标记点上游的所有要素及其成本
9	网络上溯追踪	1 个及以上	位于标记点上游的所有要素或追踪停止要素

在进行"网络路径分析"追踪任务时，在网络中放置的标记必须全部为边标记或交汇点标记，不能在既有边标记又有交汇点标记的网络中查找路径。如果不使用权重，将基于路径中边元素的数量查找最短路径。

4. 执行网络分析查看结果

在设置好相关参数后，单击几何网络分析工具条上"求解"命令()，将开始执行网络分析并返回相应结果。如果以选择方式显示结果，ArcMap 左下角还将给出要素数量及成本信息；如果以绘图方式显示结果，ArcMap 左下角只显示成本信息。如果返回非预期的结果，在检查核对纠正相关参数后，可重新执行分析，直至结果正确。当不再需要分析结果时，可以单击"分析\清除结果"菜单项将其清除。

复习思考题

一、解释题

1. 几何网络 2. 逻辑网络 3. 复杂边 4. 网络权重 5. 启用要素

二、填空题

1. 几何网络共由_____和_____两种要素组成。

2. 几何网络共有_____和_____两种类型的连通性规则。

3. 交汇点要素的辅助角色字段只能在_____、_____和_____三个值中取值。

4. 网络边的流向共有_____、_____和_____三种情况。

5. 几何网络障碍共有_____和_____两种类型。

三、辨析题

1. 几何网络必须包含一个孤立交汇点要素类。   (   )

2. 如果名称不当或错误，可直接修改现有几何网络的名称。　　　　　　　(　　)

3. 验证连通性命令主要检查几何网络要素和逻辑网络元素是否一致。　　　　(　　)

4. 流向分析必须在编辑状态下进行。　　　　　　　　　　　　　　　　　　(　　)

5. 当以绘图方式显示追踪分析结果时，状态栏中将只显示成本信息。　　　　(　　)

四、简答题

1. 简述创建几何网络的基本步骤。

2. 简述执行几何网络上溯路径分析的基本步骤。

五、应用题

请自行创建一个文件 Geodatabase，然后按要求完成以下操作。

(1) 在该数据库中创建一个名为"Junctions"的点要素类和一个名为"Edges"的线要素类，其坐标系均为 CGCS2000_3_Degree_GK_CM_117E。

(2) 在点要素类中添加一个点要素，然后以该点为起点，向线要素类添加 5 条线要素，每条线要素至少由 5 个折点组成。

(3) 分别以每条线要素的第三个折点为起点，再向线要素类添加 5 个线要素，每条线要素至少由 3 个折点组成，并且只能与一条线要素相交。

(4) 使用上述要素类及源要素创建名为"GNet"的几何网络。

(5) 将点要素设置为"源"，然后分析求解各边(线)要素的流向并用箭头符号加以标注。

(6) 在任意两条边要素的末端折点处放置两个标记点，然后求解这两个标记点之间的最短路径及相应距离值。

微课视频

扫一扫：获取本章相关微课视频。

几何网络.wmv

第 9 章
网络数据集数据组织及应用分析

网络数据集是 ArcGIS 用于模拟管理交通运输网络数据的另一种网络数据模型。在交通法则许可条件下，由于行人、车辆等交通网络资源可自由选择行进方向，因此，网络数据集具有明显的非定向特征。相对于定向的几何网络，网络数据集支持更多的网络元素、建模工具及分析功能，既可用于构建由单一类型要素组成的单模式网络（Single Mode Network，如公路网），又可用于构建由多种类型要素组成的多模式网络（Multimodal Network，如公路、铁路和水路构成的综合交通网）。

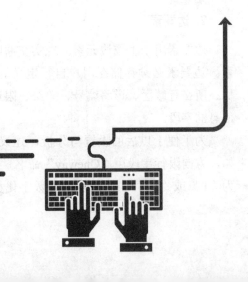

9.1 网络数据集基本概念

网络数据集可在地理数据库或 Shapefile 工作空间中创建管理。Shapefile 网络数据集只能使用单个边源及单个转弯要素类，不能用于构建多模式网络。地理数据库网络数据集则可以使用多个边源和多个交汇点源，可同时用于构建单模式或多模式网络。本章主要介绍地理数据库网络数据集，但其基本概念同样适用于 Shapefile 网络数据集。

9.1.1 网络要素

网络数据集像几何网络一样，也有一个与之对应的逻辑网络，但又有所不同。网络数据集的逻辑网络不仅由边元素和交汇点元素组成，而且还可以包含转弯元素。转弯元素是一种可选元素，用于存储网络中转弯位置处的相关信息。例如，转弯时需要等待 30 秒，某一转弯处禁止左转等。

网络元素由创建网络数据集时添加的源要素派生而成，源要素分别存储在交汇点\点要素类、边\线要素类和转弯要素类中，这三种类型的要素类必须位于同一要素数据集中。除此之外，在网络数据集创建与分析时，还常常需要事先组织采集路标、地标等要素的相关信息，以扩展丰富分析结果所包含的指示信息内容，这两种类型的要素类需与网络数据集位于同一地理数据库中。

1. 点要素

点要素用于生成交汇点元素。现实交通网中的道路交叉口，长度较短的桥梁、涵洞、隧道等都可以抽象表示为点要素。在网络数据集中，边的每个端点处都必须存在交汇点。如果在边的端点处没有点要素，在构建网络数据集时，系统将自动创建交汇点，并将其存储在以"[网络名称]_Junctions"命名的系统交汇点要素类中。系统交汇点由系统自动管理维护，不能附加相关的属性信息。如果一些交汇点具有名称、限高、限重、通行时间、费用等属性，用户需事先定义添加相应的点要素类及其字段以存储管理这些要素及其信息。

2. 边要素

边要素用于生成边元素。现实交通网中的公路、铁路、航线等都可以抽象表示为边要素。边要素必须存储在用户自行定义的边要素类中。边要素类一般应包含记录边要素名称、所在行政区、道路编号、等级、限速、限重、限高、限行、长度、通行时间、费用等信息的字段。

为了便于以后的设置与分析，建议一些字段使用系统能够自动识别的名称命名。例如，方向限行字段用"Oneway"命名，其值为空表示双向通行、为"N"表示双向禁行、为"F"或"FT"表示只能沿与数字化相同的方向通行、为"T"或"TF"表示只能沿与数字化相反的方向通行。对于有单位的字段，可使用英文单位命名。例如，通行时间字段用"Minutes""Hours"，长度字段用"Meters""Miles"等。如果边要素的同一特征在两个方向上有不同的取值，应该使用两个字段分别加以表示。例如，"F_Minutes"和"T_Minutes"两个字段分别表示沿数字化方向与沿数字化反方向通过边要素所花费的时间，单位为分钟。

3. 转弯要素

转弯(Turn)要素是用于生成转弯元素的线状要素。转弯元素决定着从某一边元素到另一边元素的移动方式，通常用来增加通行的成本或完全禁行。转弯可在相连边的任何交汇点处创建。在有 n 条边与之相连的交汇点处可能有 n^2 种转弯，即使在只有 1 条边的交汇点处，仍可创建一个 U 形转弯。

U 形转弯是从某个边要素出发经由它的某个末端再折回的一种移动方式，如图 9-1(a)所示。除此之外，还有多边转弯。多边转弯是从网络中的一个边元素开始，经过一系列已连接的中间边元素，到达网络另一边元素结束的一种移动方式，如图 9-1(b)所示。这些中间穿过的边称为转弯的内部边，两端开始和结束的边称为转弯的外部边。在处理分隔式道路时，如图 9-1(c)所示的 U 形转弯被视为多边转弯，其中边 12 和边 9 为外部边，边 11、边 2 和边 8 为内部边。

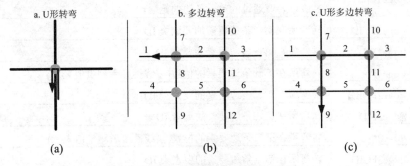

图 9-1　转弯要素示意

1) 转弯要素规则

只有规范地加以定义，才能在网络中正确地使用转弯。规范定义的转弯必须遵循以下规则。

(1) 转弯至少由两条邻近相连的边构成。U 形转弯构成了从某条边出发再折返回来的移动方式，将其先后经历的同一条边视为两条边。

(2) 转弯中的第一条边或最后一条边(任何外部边)均不能充当其他转弯的内部边。在图 9-1(b)中，任何转弯均不能在边 12、边 1 处开始或结束。

(3) 转弯中的任何边(外部或内部位)只能连接到一条边，形成一条无分支的"链"。在图 9-1(c)中，U 形转弯所形成的链为"12-11-2-8-9"。

(4) 内部边可在多个转弯之间共享。在图 9-1 的示例中，内部边 11 和内部边 2 由左转

弯(12-11-2-1)以及 U 形转弯(12-11-2-8-9)共享。一个转弯的内部边可成为所有转弯的内部边。

(5) 两个转弯要素无法表示相同的转弯移动方式。即两个转弯不能拥有同样的第一条和最后一条外部边。

(6) 转弯要素不应在交汇点上方开始或结束。

2) 转弯要素类

转弯要素存储在用户自行定义的转弯要素类中。为保证定义的正确性和便捷性，建议在创建网络数据集之后，使用所在要素数据集提供的"新建要素类"向导工具，为其中网络添加定义转弯要素类。在定义转弯要素类时，可指定转弯所支持的最大边数。一个转弯最少有两条边。目前，ArcGIS 支持最多包含 50 条边的转弯。默认的最大边数为 5。表 9-1 给出了最多支持 3 条边的转弯要素类所必需的字段信息。

表 9-1 转弯要素类所包含的字段

序 号	字 段	说 明
1	ObjectID	转弯要素的 ID 编号
2	Shape	转弯要素的几何信息
3	Edge1End	指示转弯是否通过第一条边的末端(Y 表示转弯通过的第一条边的末端；N 表示转弯通过的第一条边的始端)
4	Edge1FCID	转弯所在第一条边要素的要素类 ID
5	Edge1FID	转弯所在第一条边要素的要素 ID
6	Edge1Pos	转弯所在第一条边要素的位置(以线性参考测量值表示)
7	Edge2FCID	转弯所在第二条边要素的要素类 ID
8	Edge2FID	转弯所在第二条边要素的要素 ID
9	Edge2Pos	转弯所在第二条边要素的位置(以线性参考测量值表示)
10	Edge3FCID	转弯所在第三条边要素的要素类 ID
11	Edge3FID	转弯所在第三条边要素的要素 ID
12	Edge3Pos	转弯所在第三条边要素的位置(以线性参考测量值表示)

ObjectID、Shape 以及 Edge1End 字段在所有转弯要素类中都出现，其他字段是否出现则由所支持的最大边数决定。如果最大边数为 4，还将添加 Edge4FCID、Edge4FID 以及 Edge4Pos 三个字段。除了这些自动添加的字段外，用户还常常需要为转弯要素类添加描述其通行成本的字段，如"Minutes"。

网络数据集中可以包含多个转弯要素类。但在网络数据集之外，转弯要素类没有任何意义。为了利用转弯要素类中有价值的信息，必须将其置于与网络数据集相同的要素数据集下，并将其添加到网络数据集中。转弯要素源不参与连通性组，也不具有高程字段信息。对于 Shapefile 网络数据集，转弯要素类必须与网络边要素类位于同一目录(Shapefile 工作空间)中，且必须与这些边要素源具有相同的空间参考。

4. 路标要素

路标(Signpost)是指示道路情况的标志，主要提供道路出口编号、所连接的道路以及沿连接道路可到达的目的地等信息。如果网络数据集中有路标数据，可用来增强由网络分析生成的路径指示功能。司机或行人可使所给指示信息与道路上遇到的标志相结合以避免路线错误。

路标数据通过路标要素类和路标街道表加以组织管理。路标要素类描述路标的位置以及上面的文本，路标街道表则进一步说明按照路标指示前行所穿越的路段信息。

1) 路标要素类

路标要素类是一种线要素类。对于地理数据库来说，路标要素类必须与网络数据集位于同一要素数据集中。对于 Shapefile 网络数据集来说，路标要素类必须位于同一工作空间中。路标要素类最多可支持 10 条分支和 10 个目的地。表 9-2 描述了支持 2 条分支和 3 个目的地的路标要素类中的字段。

表 9-2　路标要素类所包含的字段

序　号	字　段	说　明
1	ObjectID	路标要素的 ID 编号
2	Shape	路标要素的几何信息
3	ExitName	出口编号，例如：242 出口
4	Branch0	出口出来后遇到的第一条分支道路名称
5	Branch0Dir	Branch0 的正式方向，例如：北、南、东或西
6	Branch0Lng	Branch0 所使用的描述语言，例如：en、de、fr
7	Branch1	出口出来后遇到的第二条分支道路名称
8	Branch1Dir	Branch1 的正式方向，例如：北、南、东或西
9	Branch1Lng	Branch1 所使用的描述语言，例如：en、de、fr
10	Toward0	第一个目的地
11	Toward0Lng	Toward0 所使用的描述语言
12	Toward1	第二个目的地
13	Toward1Lng	Toward1 所使用的描述语言
14	Toward2	第三个目的地
15	Toward2Lng	Toward1 所使用的描述语言

2) 路标街道表

路标街道表应该与网络数据集位于同一地理数据库或 Shapefile 工作空间中。路标街道表所包含的字段及其信息如表 9-3 所示。

表 9-3　路标街道表所包含的字段

序　号	字　段	说　明	
1	ObjectID	表记录 ID 编号	
2	SignpostID	路标要素的 ObjectID，用其与路标要素类建立关系	
3	Sequence	路标所在边的行进顺序。如果路标涉及 k 条边，此标识符按顺序在 $1\sim k$ 之间取值。最后一条边的行进顺序也可用 0 表示	
4	EdgeFCID	路标所在边(街道)要素对应的要素类 ID	
5	EdgeFID	路标所在边要素的 ID	
6	EdgeFromPos	路标所在边要素的开始位置	均以线性参考测量值表示
7	EdgeToPos	路标所在边要素的结束位置	

如果沿路标行进方向与道路数字化方向相同，EdgeFromPos 值比 EdgeToPos 值小。如果沿路标行进方向与道路数字化方向相反，EdgeFromPos 值比 EdgeToPos 值大。对于未被逻辑分割创建边元素的边要素，EdgeFromPos 值、EdgeToPos 值分别取为 0、1；否则，其值将取 0～1 之间的小数值。

为了便于理解，图 9-2 给出网络中一个路标要素及其相关数据的具体组织结果。由于边 4 的数字化方向为与路标方向相反，因此，EdgeFromPos 值和 EdgeToPos 值分别为 1 和 0。由于边 4 是路标指示的两个边中的最后一条边，因此其"Sequence"值既可为 2，也可为 0。

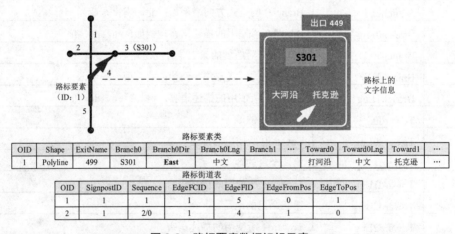

图 9-2　路标要素数据组织示意

目前，ArcMap 没有提供针对路标数据的高效编辑工具。一般建议从其他供应商处同时购买路标和街道数据，然后使用自定义程序将其导入到相应的要素类和表中，并在"网络方向属性"对话框中指定这些要素类和表以将其纳入到网络数据集中。

5. 地标要素

地标(Landmark)是帮助用户识别转向并验证路径是否正确的一种要素，它并不是实际的网络要素，常常与真正的网络要素(边、交汇点)有一定间距。地标共有转弯地标和确认(Confirmation)地标两种类型。转弯地标是在交汇点附近帮助标识转弯的要素。例如，"在紫色墙处向右转弯"中的"紫色墙"就是一个转弯地标。确认地标是在边附近可帮助驾驶员证实正在沿着预期路线行驶的要素。例如，"正经过万达商场，该商场位于你的右侧"中的"万达商场"就是一个确认地标。

地标要素用点加以表示，存储在点状要素类中。转弯地标要素类和确认地标要素类具有相同的字段，表 9-4 给出了这些字段及其描述。地标要素类必须与特定的网络源相关联才能发挥作用。当通过与地标关联的网络元素，并且在所设搜索容差范围内存在地标时，方向提示信息中才包含地标信息。

表9-4　地标要素类所包含的字段

序　号	字　段	说　明
1	ObjectID	地标要素 ID 编号
2	Shape	地标要素的位置
3	Class	用作地标源的点要素类 ID(短整型)
4	Label	用于描述地标名称、颜色、用途等特征的文本字段
5	Level	通常用于步行方向，以将路标与建筑物的特定楼层相关联。(短整型)
6	CustomTolerance	指示是否使用自定义容差。取"No"值时，使用系统设置的默认搜索半径；取"Yes"值时，使用"Tolerance"字段指定的值作为搜索半径
7	Tolerance	自定义搜索半径的大小。当路径通过搜索半径范围内的路标时，将在方向中报告该路标
8	Units	指定自定义容差值所使用的单位

9.1.2　网络属性

网络数据集属性(Attribute，简称网络属性)是由网络要素字段派生的、存储在逻辑网络中、用于描述网络元素特征并控制其可穿越性的新字段。这些字段的具体取值是网络数据集分析的直接信息源。与几何网络相比，网络数据集所支持的属性类型及其赋值方式更加多样、灵活。

1. 网络属性类型

网络属性的定义创建既可以在"新建网络数据集"向导对话框中进行，也可以在网络数据集"属性"对话框的"属性"选项卡上进行。在创建网络属性时，首先要输入选择属性的名称、使用类型、单位、数据类型等参数，其中使用类型指定在分析过程中使用属性的方式。根据使用类型划分，网络属性共有成本、描述符、限制(约束)、等级四种类型。

1) 成本属性

成本(Cost)属性用于描述网络元素被穿越所花费的成本代价或阻抗(Impedances)，距

离、时间、费用等都属于成本属性。成本属性的数据类型必须为数值型且具有明确的单位，如米、分钟、元等。成本属性是可以沿着边进行分配的，可根据边长度按比例对其划分。例如，一条边的整体通行时间是 3 分钟，那么沿该边行进 1/2 长度所需时间就是 1.5 分钟，行进 1/3 长度所需时间就是 1 分钟，依此类推。

2) 描述符属性

描述符(Descriptor)属性用于描述网络或网络元素的一般特征。描述符属性是不可分配的，其数值不随所经过的边的长度而变化。道路的类型、车道数目、限高、限重等特征都可用描述符属性加以表示。描述符属性一般不直接参与网络分析，常常与其他参数相结合来派生出供网络分析直接使用的其他属性。

3) 限制(约束)属性

限制(Restriction)属性，又称约束属性，用于描述网络元素被穿越时的限制(约束)条件。限制属性的数据类型为布尔型，其值只能取"true"或"false"，不具有明确的单位(未知)。其中，true 表示有约束条件，false 表示无约束条件。在创建限制属性时，系统会自动为其添加一个名为"Restriction Usage"(约束条件用法)的参数。该参数共有"禁止""避免：高""避免：中""避免：低""首选：低""首选：中""首选：高"7 个可取值，决定着限制(约束)属性的不同用法。

(1) 禁止网络元素。在默认情况下，Restriction Usage 参数值为"禁止"。此时，相应网络属性只能表示网络元素的"禁止通行"(true)和"允许通行"(false)状态。在大多数情况下，网络元素是否可通行还需要考虑其他属性或参数。例如，边的可行方向与车辆的行驶方向，边的限高与车辆的高度等。

(2) 避免网络元素。当 Restriction Usage 参数值设置为"避免"时，表示网络元素可以通行而非完全禁止，只是在选择时应尽量避开这些元素，高、中、低则进一步表示避开的具体程度。例如，为避免快递员穿越步行道路，可在网络中定义一个避免型限制(约束)属性来约束步行道路的通行，这样在规划求解配送路线时，系统会尽量避开步行道路。但在必须经过步行道路时，系统又能给出到达目的地的相应路线，而不是像禁止属性那样无路可走。

(3) 首选网络元素。当 Restriction Usage 参数值设置为"首选"时，表示网络元素不仅可以通行而且应优先选择在其中通行，高、中、低则进一步表示首选的具体程度。例如：在车辆运输危险材料时，有些道路是完全禁行的，有些道路则是首选的，因为这些道路便于意外事故的应急响应与控制。此时，不仅要为道路网络定义禁止型限制属性，而且还要为其定义首选型限制属性，这样为车辆求解得到的运输路线决不会在禁止的边上，而会尽可能安排在首选的边上。

限制(约束)属性实际上是对网络元素成本属性进行放大或缩小的一个系数。上述 7 种类型的限制属性对应的默认系数值分别为：−1、5、2、1.3、0.8、0.5、0.2。如果需要调整避免或首选的程度，可在 Restriction Usage 参数选择框中直接输入相应的数值来替换相应的文本选项("禁止""首选：高"等)。如果输入的数值与某个文本项对应的数值相匹配，则显示该文本项。

如果要避免网络元素，"约束条件用法"数值应设置为大于 1 的系数。这样，不为 0 的原有成本属性值会乘以这个系数；为 0 的原有成本属性值会加上这个系数。那么，网络元素的成本值都会变大，进而使这些元素在分析期间的优先级降低。

如果要首选网络元素，"约束条件用法"数值应在(0，1)区间取值。这样，网络元素的原有成本值都会乘以这个系数。那么，不为 0 的成本值会变小，进而使这些元素在分析期间的优先级升高；为 0 的成本值保持不变，分析优先级也保持不变。

4) 等级属性

等级(Hierarchy)属性用来描述网络元素的次序或级别。等级属性取值必须是从 1 开始的连续整数。值越大，等级越低。通常将网络元素划分为 3～5 个等级。在网络分析时，使用等级可减少所要花费的时间，因为会逐步减少要搜索的道路数量，以搜索较高等级的道路；还可以模拟出驾驶员对道路的偏好，因为驾驶员一般喜欢在便于驾驶的高等级道路上行驶。但等级求解也具有不够精确的缺点，如果忽略等级可能会进一步减小分析所得的行驶时间或距离成本。在实际操作时，常常分别使用等级和不使用等级进行分析，然后比较结果并决定哪个结果最适合。

2. 网络属性赋值器

赋值器(Evaluator)是根据网络源要素及相关信息为网络元素的相应属性分配具体取值的方法或规则。点要素、转弯要素只支持一个赋值器，边要素可支持两个赋值器：一个决定沿数字化方向("自至"方向)的属性取值，另一个决定沿数字化反方向("至自"方向)的属性取值。图 9-3 给出了比较常用的四种赋值器。除此之外，还有脚本赋值器、通用转弯延迟赋值器、边流量赋值器。

图9-3　网络属性赋值器示意

1) 字段赋值器

字段赋值器是一种最基本的赋值器，它直接依据网络源要素的字段值为相应网络元素赋值。例如，图 9-3 中的成本属性"Minutes"所采用的就是字段赋值器，它直接来源于边要素的"时间 1"和"时间 2"字段，分别表示沿不同方向通过边所使用的时间，单位均为分钟；描述属性"限高"也是字段赋值器，两个方向都基于相同的字段，单位均为米。

2) 字段表达式赋值器

字段表达式赋值器使用表达式或脚本程序对网络源要素的字段取值进行分析计算，并将所得结果视为相应网络属性的值。在字段赋值器对话框中，可以使用 VBScript 或 Python 脚本语言为此类赋值器构建具体的表达式或脚本程序。由于 VBScript 编写的字段表达式赋值器执行速度比 Python 编写的赋值器快得多，因此，一般情况下推荐使用 VBScript。但在 ArcGIS for Server(Linux)环境下进行网络求解分析时，则必须使用 Python 编写脚本。

对于图 9-3 中反映长度信息的网络成本属性"KiloMeters"，其单位是千米，而源数据的单位是米，因此使用 VBScript 语言可创建一个形如"[长度]/1000"的表达式将米转换为千米。

对于图 9-3 中反映通行方向信息的网络约束属性"方向约束"，则应使用脚本程序来分析源字段记录的通行方向，以确定该属性沿边元素不同方向的取值(true 或 false)。

① 对于"自至"(FT)方向的"方向约束"属性取值，可用以下 VBScript 脚本代码加以确定。

```
restricted = False        '先定义一个变量，默认取值为可通行的 False
Select Case UCase([可行方向])   '判断字段"可行方向"的取值
  Case "N", "TF", "T": restricted = True
'值"FT"或"F"表示沿线要素的数字化方向允许行驶值；
'值"TF"或"T"表示与沿要素数字化方向相反的方向允许行驶；
'值"N"表示在这两个方向都不允许行驶；
'其他任意值表示在这两个方向都允许行驶；
End Select
```

② 对于"至自"(TF)方向的"方向约束"属性取值，可用以下 VBScript 脚本代码加以确定。

```
restricted = False
Select Case UCase([可行方向])
  Case "N", "FT", "F": restricted = True
End Select
```

3) 函数赋值器

函数赋值器是根据另一个网络属性与自身参数的逻辑函数或倍乘函数关系来计算确定网络属性值的一种赋值器。网络属性参数是反映网络属性状况的一个变量，可根据需要对其进行修改，以自动批量调整相应网络属性的取值，而不用逐个元素、逐个元素地进行修改。在为网络属性添加定义参数后，一般还应为其分配一个有意义的默认值，

对于布尔型属性，可使用逻辑函数为其赋值。例如，图 9-3 中的"限高约束"所采用的赋值器就是逻辑函数赋值器。它使用逻辑函数表达式"限高 < 车辆高度"，通过比较网络属性"限高"与"限高约束"属性的参数"车辆高度"之间的大小来确定边元素的约束状态。如果表达式结果为 true，边元素禁止通行；如果表达式结果为 false，边元素允许

通行。在比较时，如果逻辑函数的任意一个运算对象(限高或车辆高度)的值为 0，表达式的计算结果总为假，这是该规则的唯一例外情况。"车辆高度"参数的默认值一般为 0，此时车辆的高度被忽略，所有道路都是可通行的。

对于数值型属性，可使用倍乘函数为其赋值。例如：网络中有 DriveTime0 和 DriveTime1 两个成本属性。前者表示正常天气条件下的行驶时间，其值可根据源要素的字段直接派生；后者表示恶劣天气条件下的行驶时间，其值可根据函数表达式 "DriveTime0 × Scale" 来计算。其中，Scale 为大于 1 的比例因子，表示天气的恶劣程度，值越大天气越恶劣，所用的行驶时间越多。Scale 的默认值为 1，表示天气正常情况下的比例因子。

由于函数赋值器不会将所得的值存储在数据库中，而是在网络分析求解时进行计算，因此在为网络添加或修改函数赋值器或调整属性参数后，不必重新构建网络数据集。但是，如果对字段赋值器所使用的要素字段取值进行了更改，则需要重新构建网络数据集以将新值反映到网络元素中。

4) 常量赋值器

常量赋值器可以为属性指定一个常数值。该值既可以是表示成本、描述符和等级等属性的数字，也可以是表示约束属性的布尔数据类型 "使用约束条件" 或 "忽略约束条件"。图 9-3 中 "等级" 属性所采用的就是常量赋值器，其默认取值均为 1。

5) 脚本赋值器

脚本赋值器是根据 VBScript 或 Python 脚本，通过对现有网络属性或网络元素进行分析来为相应属性指定属性值的一种赋值器。该类赋值器一般用于构建复杂的属性模型，不会在构建网络时指定值。只有在特定的网络分析需要使用某属性时，它才会为该属性指定值。如果某属性的值不断变化，使用脚本赋值器可以确保每个网络分析的属性都得到更新。

6) 通用转弯延迟赋值器

通用转弯延迟赋值器主要为两个边元素之间的过渡指定默认的粗略成本值。如果要精确定义转弯的成本，需向网络数据集中定义添加转弯要素。由于转弯的数量通常相当可观，在网络中为每个转弯或大多数转弯创建转弯要素大多是不可行的。因此，常常采用一种在准确性和简便性之间折中的方案来描述转弯成本：在重要的交叉路口创建转弯要素精确定义其成本，而在其他区域使用默认的通用转弯概化其成本。

如图 9-4 所示，根据转弯角大小的不同，可将通用转弯分为左转弯、直行、右转弯和反向转弯四个类别。车辆通过交叉路口时必须执行这四种转弯中的一种。当车辆从底部红色区域到达左侧蓝色区域时，便执行了左转弯；当车辆从底部红色区域到达顶部绿色区域时，便执行了直行。其他，依此类推。

根据需要，可以更改用于界定转弯类别的转弯角。例如，可将直行的楔形变窄而将反向转弯的楔形加宽，这也会影响到左转弯和右转弯的判定楔形。在调整转弯角之后，所指示的相应转弯类型也将发生变化。图 9-5 给出了对图 9-4 所示转弯角进行的调整及调整后的转弯类型变化结果。

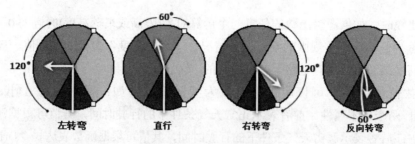

图 9-4   四种通用转弯示意

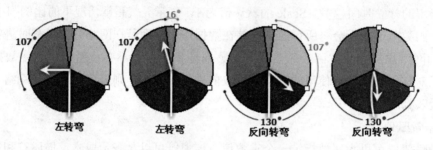

图 9-5   调整之后的通用转弯类型示意

在确定了转弯类型之后,可根据需要进一步为不同转弯类型分配赋予相应的成本值。例如,从地方干道到地方干道的左转弯需要 2 秒钟,从地方干道到次要道路的左转弯需要 10 秒钟等。

9.1.3   网络连通性

网络数据集各要素之间是否连通不仅取决于线端点、线折点与交汇点的几何重叠,而且还取决于网络数据集的连通性规则。连通性规则的添加与设置主要涉及连通组、连通策略和高程模型等概念。

1. 连通组

连通组是对网络数据源的逻辑分组,用来定义哪些源要素是连通的。在默认情况下,参与网络的源要素处于同一个连通组中。如果需要,可以在一个网络数据集中定义多个连通组,多连通组是构建多模式网络的基础。

一个连通组中可以包含任意数量的源。每个边源只能被分配到一个连通组中,每个交汇点源可被分配到一个或多个连通组中。对于来自两个不同源要素类的两条边,如果它们处在相同连通组中,则可以进行连接。如果处在不同连通组中,除非用同时参与这两个连通组的交汇点相连,否则这两条边不能连通。

连通组可用来构建多模式网络系统,例如,城市中的道路网和地铁网既是一个相对独立又相互连接的多模式网络系统,道路线和地铁线不能直接相连,只能通过地铁口相连。为模拟这种网络,可将道路线要素类放置在一个连通组中,地铁线要素类放置在另一个连通组中，将地铁口点要素类同时放置在这两个连通组中。这样，连通组既区别了两个网络，又通过共享交汇点(地铁口)把二者连接在了一起。

2. 连通策略

连通策略用来定义一个连通组内网络要素相互之间的连通方式，分为边连通策略和交汇点连通策略两种。

1) 边连通策略

如图 9-6 所示，边连通策略用来定义边要素之间的连通方式，具体有"端点" (EndPoints)和"任意节点" (AnyVertexes)两种策略。其中，端点策略只允许边要素在重合的端点处相连，使用此策略一个边要素将在逻辑网络中始终对应一个边元素；任意节点策略则允许边要素在重合的任何折点(含端点)处相连，使用此策略一个边要素将在逻辑网络中对应多个边元素，重合的折点将转为系统交汇点。需要说明的是，如果边边相交重叠处没有共同节点，无论采取何种策略相应的边要素都不会相连，如图 9-6 最右侧所示。

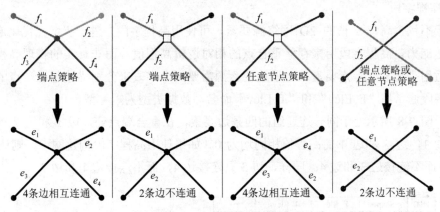

图 9-6　边连通策略示意

2) 交汇点连通策略

如图 9-7 所示，交汇点连通策略用来定义交汇点要素与边要素的连接方式，具体有"依边线连通" (Honor)和"交点处连通" (Override)两种策略。其中，依边线连通策略将根据边要素的连通策略决定交汇点与边线的连通性；交点处连通策略将忽略边要素的连通策略，直接在交汇点与边的节点(含端点)重合处建立连通，此时边要素将被逻辑分割为两条边元素。如果交汇点与边重合处没有节点，无论采用何种策略该交汇点都不会与边相连。

图 9-7　交汇点连通策略示意

3. 高程模型

在现实世界中，很多网络都是三维的。例如，多层建筑内的人行道就是 3D 网络的例子。在 2D 空间中，不同层的人行道相互重合常常是无法区分的，但在 3D 空间中，却可以根据它们的 z 坐标值对其加以区分。电梯是靠垂直移动来连接各楼层的。在 2D 空间中电梯是点，但在 3D 空间中却完全可以将其作为线进行建模。此时，网络要素的连通性不仅取决于它们在 x 和 y 空间中是否重合，还取决于它们是否具有相同的高程。除常规的几何 z 值之外，还可使用高程字段对网络要素高程进行逻辑建模。

1) 几何 z 值

如果源要素的几何中存储了 z 值，则可以创建 3D 网络数据集。在 3D 网络数据集中，要想建立连通性，源要素(具体而言是点、线端点和线折点)必须具有相同的三个坐标值：x 值、y 值和 z 值，即 3D 要素连通性不仅取决于它们在 x 和 y 空间中是否重叠，还取决于它们是否具有相同的高程 z 值。3D 网络同样遵从连通性组中的连通性策略。

2) 高程字段

对于不包含高程 z 值的 2D 网络源要素，可使用高程字段来进一步增强优化连通性的建模表达能力。高程字段用来存储重合点的相对逻辑高程值，而非真实的物理高程值。高程字段适用于边和交汇点要素。对于边要素源需要两个字段来分别描述起止端点的高程，这两个字段通常用 "F_Elev" 和 "T_Elev" 命名，数据类型为短整型。

对于图 9-8 所示处于同一连通组的四条边要素，在重合端点处，边 1 和边 2 的高程值相同均为 1，边 3 和边 4 的高程值相同均为 0。如果使用高程字段构建网络，则边 1 只连接边 2，而不连接边 3 和边 4；同样，边 3 只连接边 4，而不连接边 1 和边 2。

表视图				
OID	Shape	F_Elev	T_Elev	...
1	Polyline	0	1	...
2	Polyline	1	0	...
3	Polyline	0	0	...
4	Polyline	0	0	...

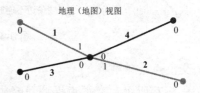

图 9-8 网络边要素高程字段示意

9.1.4 网络流量数据

众所周知，车辆在道路上行驶的速度和用时是随着时间而变化的，而网络流量(Traffic)数据则是描述不同时期、特定路段上车辆行驶速度或行驶用时的数据。流量数据在网络分析中非常重要，因为流量影响着行驶时间，而行驶时间又会影响到分析结果。当从一个地方前往另一个地方时，如果没有考虑流量问题，那么所预计的行驶时间和抵达时间可能会与实际时间相差很远，也可能会错失避开拥堵道路而节省时间的行驶机会。网络数据集采用历史流量和实时流量两种模型来组织管理流量数据。

1. 历史流量

历史流量模型以一周(7 天)为一个循环周期对道路的行驶速度或用时进行建模。在同一周内，不同星期的同一时刻，同一路段上的拥挤程度和行驶速度可能相差非常悬殊。例如，星期日上午 8:30 主街道上的行驶速度，可能比星期一上午 8:30 主街道上的行驶速度快得多。在不同周之间，同一星期的同一时刻，同一路段上的拥挤程度和行驶速度应非常相近甚至相同。例如，某周星期一上午 8:00，给定路段的行驶速度应与其他周星期一上午 8:00 的行驶速度相近甚至相同。

基于上述策略，存储历史流量数据的常规方法是针对每条边创建一系列成本。这些成本表示一周内每天的不同时间的流量速度。例如，以 1 小时为间隔，一周可划分为 168 个独立单元。这意味着每条边都需要 168 个成本属性来表示一周内流量的变化趋势。如果将时间跨度缩短至 5 分钟来提供更高的时态分辨率，则每条边将需要 2016 个成本属性。显然，这种方法会占用很大的存储空间。此外，由于许多不同的街道在一天中会产生多个相同的成本，所以这种方法也将存在许多不必要的重复数据，导致数据冗余。

为克服上述方法的不足，ArcGIS 使用规范化(Normalized)模型来最小化流量数据，以取代通过边要素直接存储管理所有流量信息的方式。该模型分别使用道路要素类、流量剖析表和道路_剖析连接表来组织管理流量数据。

1) 道路要素类

这里的道路要素类泛指参与网络的各种边要素类。除在 9.1.1 节介绍的所需字段外，道路要素类还应定义包含以下字段以存储管理流量数据。道路要素类用于描述流量信息的字段如表 9-5 所示。

表 9-5　道路要素类用于描述流量信息的字段

字　　段	字段名称示例	说　　明
中立行驶时间	FT_Minutes TF_Minutes	基于一段时间(如一年)统计得来的道路平均通行用时，也可以为最高允许时速下的通行时间
工作日行驶时间	FT_WeekdayMinutes TF_WeekdayMinutes	当某路段不存在与某工作日关联的历史流量剖析时，则使用该字段创建一个网络成本属性
周末行驶时间	FT_WeekendMinutes TF_WeekendMinutes	当某路段不存在与周末时间相关联的流量剖析时，则使用该字段创建一个网络成本属性
时区	TimeZoneID	当整个网络覆盖了多个时区时，需要使用该字段来说明道路所在的时区

2) 流量剖析表

流量剖析(Profile，又称曲线)表用来存储道路流量沿时间变化起伏的具体情况。该表由一个 ObjectID 字段和若干个浮点型字段组成。浮点型字段的具体个数等于一天 24 小时与所采用的流量记录时间间隔的比值，分别用来存储相应时段行驶速度(或时间)相对于中立行驶速度(或时间)的比例因子。

例如，当记录间隔为 5 分钟时，该表共有 288 个这样的字段，从凌晨整点开始，00:00～00:05 对应一个字段，00:05～00:10 对应一个字段，依次类推。个人地理数据库中表的字段限制为最多 255 个，文件地理数据库表最多支持 65 000 个字段。如果时间间隔较短，有时只能使用文件地理数据库。

如果以行驶速度对流量建模，则比例因子为小于或等于 1 的值；如果以行驶时间对流量建模，则比例因子为大于或等于 1 的值。并且两种因子的乘积为 1。例如：一条道路的中立(或最高限制)时速为 60 千米/小时，在上午 8:00 交通高峰时，时速仅为 40 千米/小时，因此比例因子为 0.67(40/60)。假设道路的长度为 d，可得出以行驶时间对其建模的比例因子为 1.5(d/60/d/40，即 60/40)。

如图 9-9 所示，流量剖析表的一条记录只反映道路在一天内的流量变化起伏情况(流量统计时间间隔为 1 小时)。因此，如果要准备描述一周的流量变化情况，则需要为该道路生成 7 条相应的流量剖析记录，这样做不仅会增加流量观测统计的工作量，而且还会增加流量剖析表的数据量和存储空间。为在表达精度与存储空间之间寻找一个良好的平衡，ArcGIS 定义设计了道路_剖析连接表。

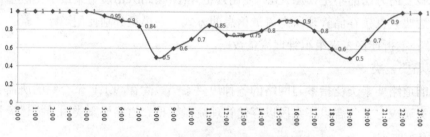

图 9-9　流量剖析(曲线)记录示意

3) 道路_剖析连接表

道路_剖析连接表用来连接道路要素类和流量剖析表，具体说明道路要素在一周(7 天)内的流量变化情况。基于大多数道路在不同时期的流量变化相同或相近的一般规律，例如，星期一、星期二、星期三的流量相同，星期四、星期五的流量相同，星期六、星期日的流量相同等，道路_剖析连接表可将一条流量剖析记录分配共享到多条道路或一周中的不同天，从而有效减少流量剖析表的记录数量。表 9-6 对道路_剖析连接表应具有的字段进行了总结与说明。

表 9-6　道路_剖析连接表基本字段说明

字　段	字段名称示例	数据类型	说　明
记录标识符	ObejectID	长整型	用于标识表的每条记录
边要素类标识符	EdgeFCID	长整型	用于标识存储道路要素的要素类
边要素标识符	EdgeFID	长整型	用于标识道路要素
边的起始位置	EdgeFromPos	双精度型	与 EdgeToPos 结合使用，说明行驶方向或街道某侧

续表

字　段	字段名称示例	数据类型	说　明
边的终止位置	EdgeToPos (必须用此名)	双精度型	与 EdgeFromPos 结合使用，说明行驶方向或街道某侧
基本行驶速度或时间字段	BaseSpeedKPH 或 FreeflowMinutes	浮点型或双精度型	畅通行驶速度(千米/小时或英里/小时)或者畅通行驶时间(小时、分钟或秒)
星期日的流量剖析字段	Profile_1	短整型或长整型	存储道路要素在星期日这天的流量剖析记录对象 ID
星期一的流量剖析字段	Profile_2	短整型或长整型	存储道路要素在星期一这天的流量剖析记录对象 ID
星期二的流量剖析字段	Profile_3	短整型或长整型	存储道路要素在星期二这天的流量剖析记录对象 ID
星期三的流量剖析字段	Profile_4	短整型或长整型	存储道路要素在星期三这天的流量剖析记录对象 ID
星期四的流量剖析字段	Profile_5	短整型或长整型	存储道路要素在星期四这天的流量剖析记录对象 ID
星期五的流量剖析字段	Profile_6	短整型或长整型	存储道路要素在星期五这天的流量剖析记录对象 ID
星期六的流量剖析字段	Profile_7	短整型或长整型	存储道路要素在星期六这天的流量剖析记录对象 ID

　　为进一步说明流量数据的组织管理方式，图 9-10 给出了一个具体示例。其中，道路要素类中存储了两条道路要素；流量剖析表中存储了多条流量剖析记录，图中仅列出了其中的 3 条，该表观测统计流量数据的时间间隔为 1 小时，每条记录应有 24 个比例因子字段，图中仅列出了 10 个；道路_剖析连接表中仅有两条记录，分别记录了"1"号道路要素沿数字化方向和数字化反方向的流量数据。在沿数字化方向上，"1"号道路要素在星期三和星期四的流量剖析字段(Profile_4、Profile_5)值均为 0。这就意味着未收集或未选择这两天的流量剖析数据。当估算该道路星期三或星期四的行驶时间时，系统将使用有该道路要素 FT_WdayMin 字段派生的相应成本属性。

2. 实时流量

　　由于事故、检修、节假日等原因，道路流量常常会出现与历史平均流量差别较大的情况。例如，集市会导致交通流动迟缓，事故会使交通瘫痪，假日会延缓交通或改变交通拥挤路段。针对这种情况，可使用实时流量数据来更准确地进行网络分析和求解，以选出符合当前交通实际情况的、更便捷的行驶路线。

　　ArcGIS 实时流量数据由专门的提供商通过不同方式加以生产采集，如车辆中的 GPS 接收器、道路上的速度传感器等。用户可使用位于"Network Analyst 工具箱\服务器"工具

集下的"更新流量数据"工具，从数据提供商网站下载实时流量，所得到的实时流量数据会转换存储在动态交通格式(DTF)文件中，然后该文件被存入文件系统文件夹。DTF 文件中的行驶速度是创建文件时的当前值。为确保最新流量数据可用，可手动频繁运行"更新流量数据"工具，也可通过创建一个运行更新流量数据的 Python 脚本，然后使用"Windows 任务计划程序"按固定时间间隔运行该脚本，就可以固定时间间隔(如每 5 分钟)自动生成新 DTF 文件。

道路要素类（FCID：22）

OID	Shape	FT_Minutes	TF_Minutes	FT_WdayMins	TF_WdayMins	FT_WendMins	TF_WendMins	...
1	Polyline	3	3	3	3	4	4	...
2	Polyline	5	5	5	5.5	6	7	...

流量剖析表（观测间隔：1小时）

OID	Scale0000	Scale0100	Scale0200	Scale0300	Scale0400	Scale0500	Scale0600	Scale0700	Scale0800	...	Scale2300
1	1	1	1	1	1	0.95	0.8	0.7	0.5	...	1
2	1	1	1	1	1	1	0.9	0.7	0.6	...	1
3	1	1	1	1	1	0.9	0.85	0.6	0.6	...	1
⋮	⋮	⋮	⋮	⋮	⋮	⋮	⋮	⋮	⋮	...	⋮

道路_剖析连接表

OID	EdgeFCID	EdgeFID	EdgeFr_mPos	EdgeToPos	Profile_1	Profile_2	Profile_3	Profile_4	Profile_5	Profile_6	Profile_7	Speed
1	22	0	0	1	2	1	1	0	0	1	2	40
2	22	1	1	0	2	5	4	3	3	2	2	40

图 9-10　历史流量数据组织管理示意

在进行实时交通分析和可视化显示时，需要使用流量消息通道(TMC)编码把 DTF 中的速度信息和边关联起来，关联信息存储在"道路_TMC"连接表中。表 9-7 对"道路_TMC"连接表中的字段、字段名称、所允许的数据类型及用途进行了概括与总结。

表 9-7　道路_TMC 连接表基本字段说明

字　段	字段名称示例	数据类型	说　明
记录标识符	ObejectID	长整型	用于标识表的每条记录
边要素类标识符	EdgeFCID	长整型	用于标识存储道路要素的要素类
边要素标识符	EdgeFID	长整型	用于标识道路要素
边的起始位置	EdgeFromPos	双精度型	与 EdgeToPos 结合使用，说明行驶方向或道路某侧
边的终止位置	EdgeToPos	双精度型	与 EdgeFromPos 结合使用，识别行驶方向或道路某侧
TMC 编码	TMC	字符串	各类组织都认可支持的道路要素的唯一标识符

3. 配置流量数据

当获取按照上述模型组织管理的流量数据后，还应将其配置添加到网络数据集方可使用。流量数据配置只能在创建网络数据集的过程中进行。如果要在没有开启流量功能的网络数据集中包括流量数据，只能删除该网络数据集然后重新创建。只有地理数据库支持启用流量的网络数据集，流量数据应与其他网络源数据处于同一个地理数据库。配置历史流量至少需要 10.0 版的网络数据集，无须实时流量的支持。配置实时流量至少需要 10.1 版的网络数据集，并且必须与历史流量协同配置，可以在之前已启用历史流量的网络数据集中添加实时流量。

如果地理数据库存有流量剖析表和道路-剖析连接表，在创建网络数据集的过程中，系统在向导工具中自动显示如图 9-11 所示的"流量配置"页面。系统会自动读取识别流量数据表的相关信息，并将其填充在相应的参数选项中。

图 9-11　新建网络数据集向导工具种的流量配置页面

在启用历史流量之后，如果地理数据库存有"街道_TMC"表，还可以进一步配置实时流量。实时流量网络数据集需要指定街道_TMC、街道_TMC 中的 TMC 字段、实时流量数据源位置等选项。其中，实时流量数据源可以是存储 DTF 文件的本地文件夹，也可以是ArcGIS Online 网站上的实时流量服务器。

如果要访问订阅服务器上的实时流量数据，需具有访问权限和账号。如果用户名和密码留空，只能受限访问加利福尼亚州圣地亚哥市某个地区的实时流量示例数据。

4. 边流量赋值器

在配置了流量数据之后，系统会自动为网络数据集创建一个名为"TravelTime"(旅行时间)的成本属性。如果启用了实时流量，则 TravelTime 属性包含的边流量赋值器首先会试图读取实时流量速度。如果未启用实时流量或者一天内某个时间以及一周内某天的实时流量速度对于特定的边不可用，则边流量赋值器会从历史流量表读取行驶时间。如果某边没有一周内特定某天的历史流量数据，则赋值器将回退到其他基于时间的成本属性：一个用于工作日，另一个用于周末。

边流量赋值器也涉及到一个时间中立成本属性。这种情况下的时间中立指的是网络属性中的行驶时间不会随一天内时间或一周内某天的改变而改变。即在此网络成本属性中，

网络元素的行驶时间不发生变化，在一天和一周之内保持恒定。如果在网络分析中没有指定开始/结束时间，则边流量赋值器将使用时间中立属性。

在图 9-12 所示的边流量赋值器对话框中，给出了网络分析时试图确定行驶时间的顺序：首先，如果配置了实时流量并且针对某一天的特定时刻有可用的 DTF 文件，则会尝试使用实时流量数据。如果搜索实时流量不成功，赋值器将尝试对剖析表和街道-流量剖析表进行搜索，以查找代表特定时间的路段流量的剖析。如果找到一个剖析，则会使用倍数值(在剖析表中)和畅通行驶时间(在街道-剖析连接表中)来计算历史行驶时间。如果该路段没有特定某日的流量剖析，则该赋值器会依据工作日或周末回退属性来提供行驶时间。如果没有特定于工作日和周末的行驶时间，可以选择将"工作日"和"周末"指向相同的时间中立成本属性。例如，两者都指向"Minutes"属性。

图 9-12　边流量赋值器示意

9.2　网络数据集创建与编辑

网络数据集是一种用于管理模拟交通运输网络的数据模型，它由一系列相互关联、协同耦合的要素类、表、规则与工具组成。为准确模拟反映所关注的网络及其特征，在创建与编辑网络数据集之前，需进行周密的规划设计与部署准备工作。网络数据集设计与准备主要包括选择源工作空间，确定源及其在网络中充当的角色，规划网络要素连通性，定义网络属性及其赋值方式等内容。

9.2.1　网络数据集创建

在设计准备好各种网络源数据及相应规则后，便可通过目录窗口右键菜单提供的"新建\网络数据集"菜单项，在相应要素数据集下创建(Create)网络数据集。新建网络数据集向导工具会逐步引导用户完成相应操作。

1. 基本创建过程

网络数据集创建主要包括为网络数据集命名、识别网络源、设置连通性、识别高程数据(如果必要)、指定转弯源(如果必要)、定义属性(如成本、描述符、约束和等级)和设置方向等操作。这里主要介绍设置方向操作,其他操作可根据第一节所介绍的相关概念及网络数据集规划设计结果加以实施。

网络数据集方向用来进一步说明在路径上行驶时的转向信息,可通过路标、地标等数据来增强路径的指示功能。网络数据集必须满足三个最低要求才能支持方向:一是至少有一个边源,二是边源上至少有一个文本字段,三是至少有一个表示长度的成本属性。

在新建网络数据集向导页面中,当选择为所建网络数据集设置方向后,只需单击“方向”按钮就可使用“网络方向属性”对话框来具体完成网络方向参数的选择与设置。该对话框共包括四个选项卡,下面依次对其加以介绍。

1) 常规选项卡

如图 9-13 所示,该选项卡主要用来选择设置报告方向信息所采用的长度单位、网络数据集包含的长度和时间成本属性、路标要素类、路标街道表以及存储街道(边)要素名称前缀、前缀类型、基本名称、后缀类型、后缀、全名称、方向等信息的字段。如果街道要素类具有存储街道别名信息的其他字段,还可通过增加备用名称数量的值,来进一步说明存储别名信息的相应字段。表 9-8 以两条道路为例给出了相关信息的组织形式。

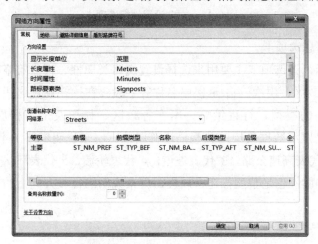

图 9-13　方向设置常规选项卡

表 9-8　存储街道(边)要素名称及方向字段示例

OID	Shape	前缀	前缀类型	基本名称	后缀类型	后缀	全名称	方向
1	polygon	N		WESTWIND		DR	N WESTWIND DR	N
2	polygon			CHATHAM		ST	CHATHAM ST	W

2) 地标选项卡

如图 9-14 所示,该选项卡主要用来为网络数据集添加两种地标数据:转弯地标和确认地标。转弯地标是交汇点附近帮助标识转弯的点要素,确认地标是沿着边的点要素。地标

可帮助用户识别转弯并验证路径是否正确。地标必须与特定的网边源相关联，只有当路径通过与之关联的边源时才可在方向中引用显示相应的路标。在选定网络边源之后，单击右侧的"✛"按钮即可为其添加关联的地标要素类。然后，设置地标要素类的标注、级别等字段，并确定是使用相同的自定义容差值检索地标还是使用每个地标要素各自的容差值对其进行检索。在选中地标要素类后，单击右侧的"✖"按钮可删除其与边源之间的关联。

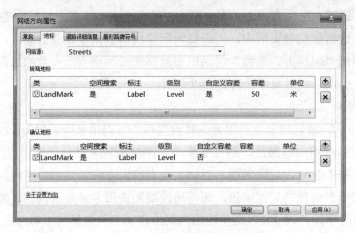

图 9-14　方向设置地标选项卡

3) 道路详细信息选项卡

如图 9-15 所示，该选项卡主要用来选择设置道路类属性、行进策略类属性以及不同网络边源要素类的行政区、层次、自/至楼层名称等字段。在选择设置这些属性后，方向提示中将包含所经道路的类型、行程策略、所在行政区、楼层及上下楼层等信息。道路类(Road Class)属性是网络数据集中的整型描述符属性，用来说明道路的不同类型。其中，1代表地方道路，2代表高速公路，3代表坡道，4代表轮渡，5代表环状交叉路。行进策略类(Maneuver Class)属性也是整型描述符属性，用来说明沿行驶方向上的街道交叉点内部或相邻的相连小路。

4) 盾形路牌符号选项卡

如图 9-16 所示，该选项卡主要用来选择设置边要素类中用来存储说明道路编号信息的字段。道路盾形路牌编号通常由字母和数字两部分组成，如 I-15、CA-72、OH-10 等。其中，字母代表道路的类型，如 I 代表州际公路，US 代表国道，CA 代表加利福尼亚州内公路等；数字代表道路的编号。如果边要素类采用一个字段内包含道路盾形路牌符号，此时应选择单字段，然后具体选定该字段。如果边要素类使用两个字段来管理道路类型和编号，此时应选择字段对，然后具体选定类型字段和编号字段。

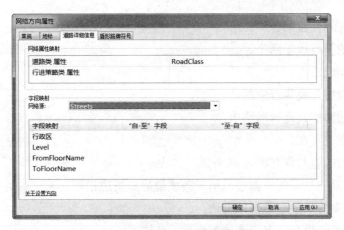

图 9-15　方向设置道路详细信息选项卡

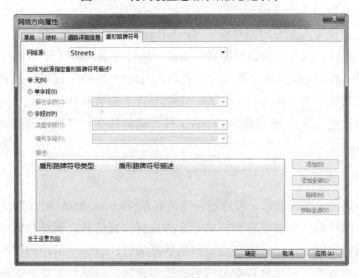

图 9-16　方向设置盾形路牌符号选项卡

2．构建网络数据集

在网络数据集创建结束时，如果参与网络的要素类包含具体的要素实例内容，即要素类被填充，还应根据系统提示选择构建(Build)网络数据集，以根据所设置的网络参数设置建立形成与网络数据集相对应的逻辑网络。构建网络数据集首先是创建网络元素，然后是建立连通性，最后再根据新建网络数据集向导中定义的属性为网络属性指定相应的值。与此同时，还会在包含该网络数据集的工作空间中创建一个含有所有系统交汇点的点要素类。

如果网络源要素类中存在不符合要求的错误要素，在构建结束时，系统将自动弹出错误提示对话框，并供用户进一步查看具体错误的内容。对于存在错误的网络要素，系统不会将其构建到逻辑网络中。网络要素的常见错误主要包括以下类型。

(1) 几何为空。

(2) 要素几何的长度为零。

(3) 未找到连通性策略。

(4) 线要素的折点少于两个。

(5) 无法找到交汇点。

(6) 未找到与转弯要素对应的边元素。

(7) 转弯无法添加到逻辑网络中。

(8) 转弯元素已存在。

(9) 转弯元素的边与现有的内部/外部边冲突。

(10) 转弯元素的某一条内部边与第一条或最后一条边相同。

(11) 转弯元素的某条边是自闭合边。

(12) 转弯元素的锚交汇点未连接到最后一条边。

(13) 转弯元素的边未相互连接。

构建错误还会被写入到临时目录中的 BuildErrors.txt 文件中。此文件仅存储上次执行构建时所产生的错误，因此不会累积错误。要访问临时目录，请打开 Windows 资源管理器并在地址栏中输入%temp%。该文本文件可在名为 arc**** 的子目录中找到，其中每个星号表示一个字母数字字符，例如 arc65D0。正如父目录的名称所示，此子目录为临时子目录，因此以后若要继续使用 BuildErrors.txt 文件，请将该文件复制到其他目录，以确保系统不会自动删除该文件。

3. 符号化网络图层

在网络数据集构建完成之后，可通过拖曳将其从 Geodatabase 加载到 ArcMap 当前地图文档中。由于网络数据集并不存储网络元素的几何位置信息，而是从所引用的源要素那里获得并加以绘制显示。这意味着在绘制网络数据集时，有一个引用源要素的附加步骤。为加快网络的绘制效率，可选择将参与网络的源要素随同网络数据集一起添加到地图文档中，然后关闭网络数据集的显示。这样可直接从源要素自身获取几何信息，并可使用网络数据集进行网络分析。但是，在需要绘制交通流量、脏区以及边的方向限制箭头等情况下，仍然需要显示网络图层。

网络数据集在 ArcMap 中的以地图形式加以呈现时，被称为网络数据集图层，简称网络图层。网络图层可以不同符号形式表达边、交汇点、系统交汇点、脏区、转弯、流量等网络信息。用户可根据需要在如图 9-17 所示的图层属性对话框中自行选择设置相应的符号系统。

通过在左侧显示列表中选中与取消选中地图上特定类型的网络元素，可以显示或隐藏它们。当网络数据集支持交通流量数据时，在默认情况下仅选中流量；否则，在默认情况下仅选中边。对于边、交通流量、交汇点、系统交汇点、转弯等元素，还可以在源过滤器中通过编写输入 SQL 表达式来进一步对其筛选和过滤，只有满足表达式条件的元素才会被显示和绘制。

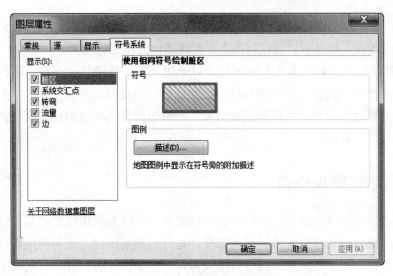

图 9-17　网络图层属性对话框

脏区(Dirty)是自上次构建网络数据集以来被编辑源要素所覆盖的最小矩形区域。一个网络图层可以包含多个脏区。当重新构建网络时，仅有脏区的要素会被重构，这比重构整个网络速度要快很多。如果更改了网络数据集的参数设置，整个网络数据集都可能会被脏区覆盖，这意味着需要重新构建网络所有的元素。在默认情况下，脏区以浅蓝色的斜线填充矩形加以高亮显示，用户可根据需要自行调整修改。

4. 识别网络元素

对于已构建的网络数据集，可使用网络分析(Network Analyst)工具条上的"网络识别"(🔲)工具来识别查看网络图层引用的网络元素及其属性。当该工具处于活动状态时，在地图窗口单击边或交汇点即可打开如图 9-18 所示的网络识别对话框，其由以下三个面板组成。

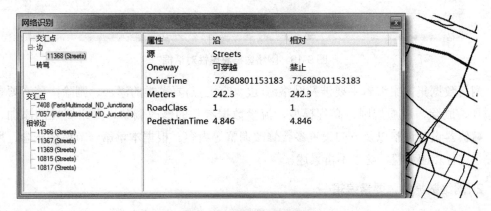

图 9-18　网络识别对话框

(1) 左上面板为所选元素列表。此列表按元素类型(交汇点、边以及转弯)分组。元素列表中的每个元素都由元素 ID 以及元素所属的源要素类来表示。

(2) 左下面板为所选元素的连接元素列表。如果所选为边元素，该列表会显示由该边连接的两个交汇点，以及该边通过这两个交汇点连接的相邻边元素。

(3) 右侧面板为当前所选元素的属性。对于边元素，按属性的名称显示两组属性值：一组为沿数字化方向的值，另一组为沿与数字化方向相反方向的值。对于交汇点元素，仅在第二列内报告值。此外，在列表顶端的第二列将始终显示所选网络元素所在的源要素类的名称。

9.2.2 网络数据集编辑

在网络数据集构建完成后，便可对其进行编辑。网络数据集编辑主要包括网络数据集方案编辑和网络数据集源要素编辑两大部分。与几何网络不同，在对网络数据集进行编辑时，系统不会自动同步更新逻辑网络的相应内容。在编辑任务完成后，用户必须通过网络分析工具条上的"构建网络数据集"(▦)命令或网络数据集右键菜单中的"构建"菜单项，对其进行重构以根据所做编辑对逻辑网络进行级联更新。

1. 网络数据集方案编辑

网络数据集方案(Schema)编辑主要在如图 9-19 所示的网络数据集属性对话框中进行，双击 Geodatabase 中的网络数据集即可弹出该对话框。

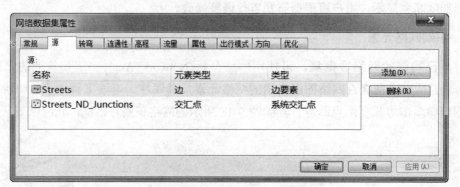

图 9-19　网络数据集属性对话框

网络数据集方案编辑主要涉及网络源(边、交汇点)要素类的添加、删除，转弯要素类的添加、删除，连通规则、高程模型、流量数据参数的修改调整，网络属性的添加、删除、赋值器设置调整以及方向设置参数修改调整等内容。根据本章第一节所述概念，用户可按需进行相应调整，这里不再累述。

2. 网络数据集源要素编辑

网络数据集源要素编辑主要包括边、交汇点、转换三种要素的创建、几何图形编辑、属性编辑、删除等操作。

1) 边和交汇点要素编辑

边和交汇点的编辑与常规要素基本相同，这里不再赘述。但要强调一点：在编辑边和交汇点源要素时，可能还需要编辑与之关联的其他数据，这样才不会破坏关系。例如，如果有历史流量数据，则可能需要编辑道路剖析连接表和道路_TMC 连接表。如果网络包含路标，则可能需要编辑连接路标与道路的表。因为，这些连接表中的每条记录都使用要素类 ID、要素 ID、自位置和至位置，将数据与源要素、要素某侧以及要素长度关联起来。

为避免关联引用错误，在编辑源要素时应考虑以下几点。

(1) 如果改变了某源要素的形状或属性，并不会创建或删除任何要素 ID。因此，该源要素在重建过程结束之后，将继续与原来的数据(如流量剖析或路标)保持关联。

(2) 如果删除某个源要素，则连接表中的关联记录将变成不关联的记录。此时，必须删除相关联的原来记录。

(3) 如果分割现有源要素，则该要素将被分成两部分。其中一部分保留原始要素的对象 ID，另一部分被指定为新的 ID。具有旧 ID 的源要素将和原始源要素一样，继续与同一连接表记录保持关联。具有新 ID 的那部分要素不与任何连接表记录相关联。因此，需要向连接表中添加一条或多条记录，以确保关联关系的正确性。

(4) 如果向网络边要素类中添加了边要素，还应在道路-剖析连接表中添加相应的记录并重新构建该网络，以使新要素具有关联的流量剖析。

2) 转弯要素编辑

只有在网络数据集支持转弯的情况下，才能将转弯要素添加到网络中。转弯要素存储在转弯要素类中，要编辑转弯要素必须将转弯要素类加入到网络数据集中。如果没有转弯要素类，可使用"新建要素类"工具为要素数据集内的网络数据集创建新的转弯要素类。在将转弯要素类添加到当前地图文档中并启动编辑会话后，即可进行转弯要素的创建、修改、删除工作。

(1) 创建转弯要素。为准确记录转弯要素所经过的边及其位置，在创建转弯要素时一定要开启捕捉功能，并确保转弯要素所引用的边要素类在地图上可见。对于如图 9-20a 所示的一般转弯要素，只需按照经过顺序依次单击转弯涉及的每个边元素，最后双击即可完成创建。一般转弯要素要求至少经过两个边元素，并且在每个边元素上至少放置一个折点。对于如图 9-20b 所示的在一条边上的 U 形转弯要素，需要三次单击/双击才可完成创建：首先，在边元素的某处单击；然后，在边元素的端点处(即 U 形转弯调头的位置)单击；最后，再在该边的某处双击。如要在两端点彼此相连的两边之间创建转弯要素，也须至少单击/双击三处位置，如图 9-20c 所示。

在正确创建转弯要素后，系统将自动填充转弯要素相应字段的值，以准确描述其所在的边及其位置。如果需要，可在表窗口或属性窗口中补充完善转弯要素其他字段的取值，如时间成本字段等。在创建过程中，如果转弯要素没有对应的边元素，将出现引用错误进而导致不能创建转弯要素。因此，为避免创建失败一般应参考网络图层显示的边元素来创

建转弯要素。

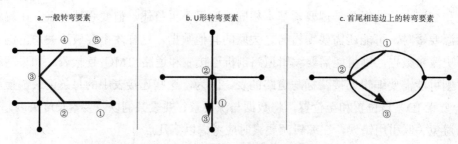

图 9-20　不同转弯要素创建实例

(2) 修改转弯要素。如果要修改转弯要素的形状以及经过边的顺序或位置，可双击转弯要素使其处于草图编辑状态，然后移动相应折点到所需边的指定位置即可。如果要修改转弯要素的字段值，在选中该要素后可在表窗口或属性窗口中实现。

(3) 删除转弯要素。在对网络边要素进行修改、分割、合并、删除等编辑后，常常会导致其上的转弯要素失效或错误。对于失效或错误的转弯要素，应在选中该要素后使用 Delete 键或"删除"(✖)命令及时将其删除。

9.3　网络分析基本概念和流程

在创建、编辑准备好网络数据集之后，便可使用 Network Analyst 网络分析工具条来分析求解一般的网络问题。例如，查找经过指定地点的最佳路线，查找距离事故地点最近的急救医院及到达路径，确定消防车 5 分钟能够到达的服务区范围等。无论哪种网络分析其基本概念和流程都是相同或相似的。

9.3.1　网络分析基本概念

在执行网络分析时，必须理解使用网络分析图层、网络分析类和网络分析对象三个基本概念，这也是网络分析的三个基本组分(Components)。网络分析图层，简称分析图层，是设置和求解网络问题的基本框架，每种分析图层包含一组针对网络问题类型而预先定义的网络分析类。网络分析类是要素类和表的统称，其所包含的要素和记录统称为网络分析对象，主要用作网络分析图层的输入数据和输出数据。网络分析图层不会存储在 Geodatabase 中，而是临时存储在内存中或长久保存在地图文档中。

1. 网络分析图层

网络分析图层用于存储网络分析的输入、属性和结果。网络分析图层并不包含网络数据集，它只是指向网络数据集。在 ArcMap 内容列表中，只有添加了网络数据集才能创建网络分析图层。在创建分析图层后，Network Analyst 扩展模块会将其自动绑定到活动网络数据集，活动网络数据集是被网络分析工具条组合框选中的数据集。

如图 9-21 所示，网络分析图层不仅可以复合图层的形式显示在 ArcMap 内容列表中，而且还可以显示在 Network Analyst 窗口中。ArcMap 内容列表窗口仅列出网络分析类中的要素类，Network Analyst 窗口中则列出所有网络分析类(不管其是表还是要素类)以及每个类所包含的具体对象。ArcMap 内容列表窗口主要用来设置网络分析要素的表达符号，Network Analyst 窗口主要用来创建编辑网络分析对象。

尽管网络分析图层是由多个子要素图层(相应地具有自己的一组属性)组成的合成图层，但它也具有自己的属性。在进行网络分析时，选择设置网络分析图层的相关属性至关重要。这些属性主要包括要使用的阻抗、要遵守的约束条件、U 形转弯策略、输出的 Shape 类型、累积特性和用于查找网络位置的参数等内容。此外，不同类型的网络分析图层还具有特定的自身属性。

目前，Network Analyst 扩展模块提供支持以下六种类型的网络分析图层。

1) 路径分析图层

通过该图层可找出从一个位置(停靠点)到达另一个位置或访问多个位置的最佳路线。如果要访问的停靠点超过两个，既可以按用户指定的位置顺序来确定最佳路线，也可以解决确定访问这些位置的最佳顺序，后者也被称为流动推销员问题(Traveling Salesman Problem，TSP)。图 9-22 分别给出了在不同访问顺序要求下，求解得到的访问 4 个停靠点所经过的最短路径。其中，中间的路径要求对第一和最后位置点的访问顺序保持不变，右侧的路径则对访问顺序没有限制要求。

在不同的情况下，"最佳路线"可能有不同的含义：可以是时间最快、距离最短的路线，也可以是景色最优美的路线，这取决于所选的阻抗。如果阻抗是时间，则最佳路线即为最快路线。因此，可将最佳路线定义为阻抗最低的路线，其中，阻抗由用户来选择。在分析求解最佳路线时，所有有效的网络成本属性均可用作阻抗。

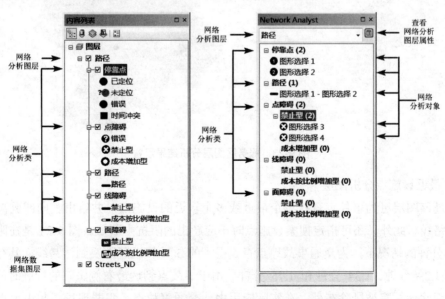

图 9-21　网络分析图层在不同窗口中的显示形式

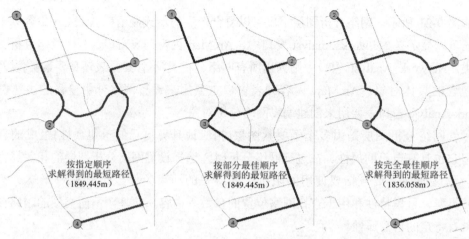

图 9-22　路径图层分析结果示意

2) 服务区分析图层

通过该图层可根据道路通行情况确定网络中任一位置(设施点)周围的服务区。网络服务区是从设施点出发在指定阻抗范围内所有可到达街道覆盖的整个区域。例如，网络上某一设施点的 10 分钟服务区包含从该设施点出发 10 分钟内可以到达的所有街道。相对于常用的缓冲区分析，网络服务区分析可根据所在地的交通路网情况更真实地评价设施位置的可达性。在具体应用时，可根据需要计算生成设施点的单个服务区或多个同心服务区，如图 9-23 所示。其中，左侧设施点的阻抗中断值为 200m，右侧设施点的阻抗中断值分别为100m、300m、500m。

图 9-23　服务区图层分析结果示意

3) 最近设施点分析图层

通过该图层可为事件点查找单个最近或多个较近的设施点，并给出驶向或驶离设施点的最佳路线。此外，还可指定搜索设施点时不应超出的阻抗中断值。图 9-24 是在阻抗中断值为 3 分钟的情况下，为交通事故地点查找得到的 3 个较近医院及到达路线，其行驶时间分别是 1.29 分钟、1.34 分钟和 1.75 分钟。由于事故点到达最右侧医院的行驶时间大于 3分钟，因此该医院被排除在外。在实际应用中，交通事故点、犯罪现场、起火地点等可充当事件点，医院、派出所、消防站等可充当设施点。

图 9-24　最近设施点图层分析结果示意

4) OD 成本矩阵分析图层

通过该图层可以创建从多个起始点(Origins)到多个目的地(Destinations)的"起始—目的地"(OD)成本矩阵。该矩阵是一个包含从每个起始点到每个目的地的最小网络阻抗的表文件。图 9-25 是根据 3 个起始点和 4 个目的地进行 OD 成本矩阵分析所得结果示意图。为了提高绘制显示性能，求解程序以起始点和目的地之间的直接连线来粗略表示相应路径，而将真实最佳路径对应的最小阻抗成本存储在表文件中，该值并不是直线距离。通过分析可获得每个起始点到达不同个目的地所需的最小成本及等级次序。

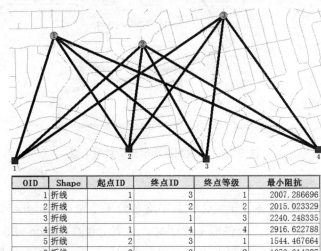

OID	Shape	起点ID	终点ID	终点等级	最小阻抗
1	折线	1	3	1	2007.286696
2	折线	1	2	2	2015.023329
3	折线	1	1	3	2240.248335
4	折线	1	4	4	2916.622788
5	折线	2	3	1	1544.467664
6	折线	2	2	2	1676.614387
7	折线	2	1	3	2431.075487
8	折线	2	4	4	2453.803756
9	折线	3	3	1	1575.064418
10	折线	3	4	2	1933.624531
11	折线	3	2	3	1967.098617
12	折线	3	1	4	2818.525247

图 9-25　OD 成本矩阵图层分析结果示意

OD 成本矩阵分析和最近设施点分析非常相似，但两者的主要区别在于输出和计算速度不同。OD 成本矩阵可以更快地生成分析结果，但无法返回路径的实际形状及相应驾车指示信息，OD 成本矩阵常用于快速解决大型 M×N 问题。最近设施点分析能够返回路径和

指示信息，但在分析速度方面要比 OD 成本矩阵慢。如果需要路径的驾车指示或实际路径形状，应使用最近设施点分析；否则，应使用 OD 成本矩阵分析，以减少计算时间。

5) 车辆配送分析图层

该图层用于解决车辆配送问题(Vehicle Routing Problem，VRP)，可为一支车队中的每一辆车分配所应服务的停靠点及其对这些停靠点的访问顺序和路径，最终使车队的总体运营成本(包括司机工资、油耗、车损等)最低。VRP 图层比路径分析图层功能更强，后者只能为单个车辆求解访问多个停靠点的最佳路径。而且，基于 VRP 的求解程序支持较多的设置选项，可用于解决更多现实而复杂的问题。例如，将车辆载重与停靠点的配送量相匹配、指定驾驶员的中途休息时间、配对停靠点使其能够由同一路径提供服务等。

图 9-26 是通过 VRP 分析图层求解得到的 3 辆车从一个仓库站点出发为 18 个商店停靠点配送货物时的行进顺序和路径。该问题的求解约束条件主要包括每辆车最多只能访问 7 个停靠点、在每个停靠点的卸货等待时间最长为 20 分钟、每辆车卸完货必须回到原出发站点、司机工作时间为 8:00～17:00、其中 12:00～13:30 为休息时间等内容。

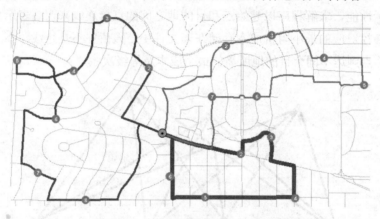

图 9-26　车辆配送图层分析结果示意

6) 位置分配分析图层

通过该图层可从一组服务设施候选位置中确定若干个建设点，并将其分配到相应的请求点，且能最高效地向请求点提供服务。因此，位置分配(Location-allocation)问题在实质上是定位服务设施点并为其分配服务请求点的双重问题。看起来所有位置分配解决的问题似乎是相同的，但对于不同类型的设施点而言，最佳位置的含义并不相同。

例如，紧急道路救援服务(Emergency Road Service，ERS)中心的最佳位置就不同于仓库工厂的最佳位置。ERS 中心选址的目标要使救护车在规定的时间内到达尽可能多的人员所在的位置，而工厂仓库选址则希望为零售商店配送货物时的总运输成本最低。

位置分配分析图层提供了七种不同的问题类型来解答上述类似的特定问题，表 9-9 对这七种问题类型的基本特征与用途进行了归纳总结。

表 9-9　位置分配图层求解问题类型

问题类型	特征说明	典型选址应用
最小化阻抗	将设施点设置在适当的位置，并使请求点与设施点之间的所有加权成本(距离)之和最小	仓库、工厂、机场、博物馆等
最大化覆盖范围	定位设施点，并使尽可能多的请求点被分配到所求解的设施点的阻抗中断内，如 5 分钟到达	消防站、警察局、ERS 中心等
最大化有容量限制的覆盖范围	定位设施点，并使尽可能多的请求点被分配到所求解的设施点的阻抗中断内，而且分配给设施点的加权请求不可超过设施点的容量	学校、医院等
最小化设施点数	定位设施点，以在设施点的阻抗中断内使尽可能多的请求点被分配到所求解的设施点。此外，还要使覆盖请求点的设施点的数量最小，以降低建设成本	
最大化人流量	在假定请求权重因设施点与请求点间距离的增加而减少的前提下，将设施点定位在能够将尽可能多的请求权重分配给设施点的位置上	很少或没有竞争的店铺选址
最大化市场份额	在全面了解竞争对手的情况下，选择一定数量的设施点并占尽可能多的总市场份额。总市场份额是有效请求点的所有请求权重之和(设施点数量一定)	店铺选址
目标市场份额	在全面了解竞争对手的情况下，根据预定的目标市场份额，求解确定满足该阈值所需的最小设施点数。(目标市场份额已定)	店铺选址

　　图 9-27 为根据最小化阻抗目标，从 8 个候选设施点中确定的 2 个最佳设施点。这 2 个设施点分别为 88 个请求点中的 29 个、59 个提供服务，此时设施点到每个服务点的路径总成本(距离)之和最小。为提高计算效率，设施点到每个请求点的路径以直线要素近似表示，所需的真实距离成本则记录在该要素的相应字段中。

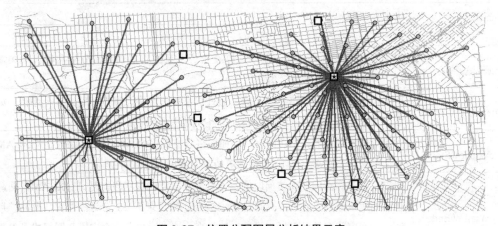

图 9-27　位置分配图层分析结果示意

2. 网络分析类

网络分析类是网络分析对象的容器。它们既可以是表，也可以是要素类。不管是表还是要素类，所有网络分析类都会在 Network Analyst 窗口中列出；但是，只有要素类会在 ArcMap 的内容列表窗口中列出。

网络分析类可以是输入类、输出类或输入/输出类。输入类在求解过程中向求解程序提供数据和信息。在对分析进行求解之前，用户可在输入类中创建对象并设置这些对象的字段值。输出类只存储分析结果。在对分析进行求解时，只有求解程序能在输出类中创建对象并设置这些对象的字段值以显示结果。输入/输出类是其他两个类的组合。在执行求解之前，用户要为输入/输出类创建对象，有时还要输入一些字段值。在执行求解过程中，系统也会更新一些字段值来显示结果。

每种网络分析图层所包含的分析类不尽相同，但都包含点、线、面三种障碍分析类。例如，路径分析图层还包括停靠点、路径分析类，服务区分析图层还包括设施点、面、线分析类，最近设施点分析图层还包括设施点、事件点、路径分析类等。限于篇幅，这里仅对路径分析图层所包含的以下 5 个分析类进行介绍说明。

1) 停靠点分析类

该分析类用于存储路径分析中用作停靠点的网络位置。"停靠点"图层包含四种默认符号：已定位停靠点、未定位停靠点、有错误的停靠点和有时间冲突的停靠点。根据需要可以在图层属性对话框中修改"停靠点"图层的符号系统，此对话框中包含停靠点的自定义符号系统类别：Network Analyst>序列化的点。

在创建新路径分析图层时，系统会自动为其添加一个空停靠点分析类。如果要执行路径分析，需要向停靠点分析类至少添加两个停靠点。停靠点分析类通过表 9-10 所示的多个字段来存储记录停靠点要素的相关信息。

表 9-10　停靠点分析类所包含的主要字段

名　称	说　明
ObjectID	用来存储停靠点的 ID
Shape	用来存储停靠点几何位置
Name	用来存储停靠点的名称。在添加停靠点后，系统将自动为其分配名称。如果需要，可对该名称进行修改编辑
RouteName	用来存储停靠点所属路径的名称。通过该字段，可将停靠点分配给多个路径。如果不存在任何名称，则所有停靠点均将分配到同一路径
TimeWindowStart	用来存储停靠点的最早访问时间。如果将其值设置为 8:00 AM，路径在 7:50 AM 到达停靠点，则需要将 10 分钟的等待时间添加到总时间中
TimeWindowEnd	用来存储停靠点的最晚访问时间。如果某停靠点的该字段值是 11:00 AM，而路径可到达该停靠点的最早时间是 11:25AM，则记录下 25 分钟的冲突。此时，可通过时间窗冲突符号来标识显示该停靠点。该字段与上一个字段共同组成了停靠点的可访问时间窗。仅在网络分析图层启用时间窗时，这两个字段才可用

续表

名　称	说　明
SourceID	用来存储停靠点所在源要素类的数字标识符
SourceOID	用来存储停靠点所在源要素的数字标识符
PosAlong	以所在边要素的数字化方向为基准，用来说明停靠点在边要素的相对位置。该值以线性参考比率的形式加以表示。如果停靠点引用的是一个交汇点，则该值为空
SideOfEdge	以所在线要素的数字化方向为基准，用来说明停靠点在边要素的左侧或右侧。1 代表右侧，2 代表左侧
CurbApproach	用来说明车辆到达和离开停靠点的方向。0(车辆的任意一侧)，表示车辆可从两个方向中的任一方向到达和离开停靠点，并允许 U 形转弯；1(车辆的右侧)表示当车辆到达和离开停靠点时，停靠点必须在车辆右侧，此时禁止 U 形转弯；2(车辆的左侧)，表示当车辆到达和离开停靠点时，停靠点必须在车辆左侧，此时禁止 U 形转弯；3(禁止 U 形转弯)，表示当车辆到达位置时，停靠点可在车辆的任意一侧，但在离开时车辆不得调头
Attr_[阻抗]	用于存储访问停靠点所用的成本阻抗值。零值或空值表示停靠点不需要任何访问成本。此类字段的具体名称和个数，取决于网络数据集所包含的成本属性。如果网络数据集包含 Minutes 和 Meters 两个成本属性，则停靠点分析类将自动生成两个对应字段，其名称分别为 Attr_Minute 和 Attr_Meters
Sequence	用来说明停靠点访问的顺序。该值大于 0，但不得大于停靠点的最大数，而且不能取重复值。如果允许求解程序对停靠点进行重新排序，则会找出最佳访问顺序，并会在求解过程中对该顺序进行更新。更改顺序值的常用方法是在 Network Analyst 窗口中将停靠点拖动到其他停靠点的上方或下方
Status	用来说明停靠点在不同阶段的状态： 在执行网络分析前，可取 0、1、2 三个值中的任一值。其中，0(正常)表示停靠点有效，1(未定位)表示无法确定停靠点的网络位置，2(未定位网络元素)表示找不到应作为网络位置的网络元素。如果删除网络边并且未重新计算网络位置，则可能会出现这种情况。 在执行网络分析后，可取 0、3、4、5、6 五个值中的任一值。其中：0(正常)表示成功对停靠点进行了分析评估。3(元素不可穿越)表示停靠点所在的网络元素不可穿越。网络元素受到约束属性限制时可能会发生这种情况。4(字段值无效)表示停靠点的相应字段值落在指定的编码属性域或范围属性域之外。5(未到达)表示无法通过求解程序到达停靠点。6(时间窗冲突)表示提前或延后到达停靠点
ArriveCurb-Approach	用来说明车辆到达时，停靠点位于车辆哪一侧。如果将停靠点置的 CurbApproach 值设置为 1 或 2(右侧或左侧)，该值也必须为 1 或 2；如果将停靠点置的 CurbApproach 值设置为 0 或 3，则该字段的取值(1 或 2)取决于使用哪个值可生成最佳路径
DepartCurb-Approach	用来说明车辆出发时，停靠点位于车辆哪一侧。其具体取值法则与 ArriveCurbApproach 字段相同

续表

名　称	说　明	
Cumul_[阻抗]	用来存储到达停靠点所遇到的累计总阻抗	
Wait_[阻抗]	用来存储提前到达停靠点，在该点所花费的等待时间	这里的[阻抗]必须为表示时间的成本属性
CumulWait_[阻抗]	用来存储提前到达停靠点，在该点和先前所有停靠点所花费的等待时间累计之和	
Violation_[阻抗]	用来存储晚点到达停靠点，在该点的具体迟到时间	
CumulViolation_[阻抗]	用来存储晚点到达停靠点，在该点和先前所有停靠点的所有迟到时间累计之和	
ArriveTime	用来存储到达停靠点的时间	
DepartTime	用来存储离开停靠点的时间	

在停靠点分析类中的 TimeWindowStart、TimeWindowEnd、ArriveTime 和 DepartTime 四个表示时间的字段可以包含"仅时间"值或"日期和时间"值。如果使用"仅时间"值 (如 8:00 AM)，则会忽略日期；如果使用"日期和时间"值(如 7/11/2010 8:00 AM)，则可以指定持续多天的时间窗。另外，停靠点分析类所包含的具体字段内容，还取决于所设置的网络分析图层参数，参数不同所生产的字段也不同。

2) 路径分析类

路径分析类存储通过分析生成的路径。与其他要素图层相同，它的符号系统也可通过图层属性对话框进行访问和更改。路径类是一个"仅输出"类，只有分析完成后它才不为空。在求解得到最佳路径后，系统会自动列举显示该路径。路径分析类通过表 9-11 所示的多个字段来存储记录所得路径的相关信息。

表 9-11　路径分析类所包含的主要字段

名　称	说　明
ObjectID	系统管理的 ID 字段
Shape	用来存储路径要素的几何形状
Name	用来存储路径要素的名称。如果停靠点的 RouteName 字段值为空，系统将自动用"_"连接第一个停靠点和最后一个停靠点的名称并用其命名路径；如果 RouteName 字段值不为空，则以该值分段命名路径的不同部分。如果需要，也可以在 Network Analyst 窗口中重命名路径
FirstStopID	用来存储路径中第一个停靠点的 ObjectID
LastStopID	用来存储路径中最后一个停靠点的 ObjectID
StopCount	用来存储路径所访问停靠点的总数目
Total_[阻抗]	用来存储从第一个停靠点开始到最后一个停靠点结束所遇到的总阻抗。该值包含总行驶阻抗和所访问每个停靠点的 Attr_[阻抗]

续表

名　称	说　明	
TotalWait_[阻抗]	用来存储路径所经过的每个停靠点的总等待时间	仅在分析图层开启时间窗后可用
TotalViolation_[阻抗]	用来存储路径所经过的每个停靠点的总迟到时间	
StartTime	用来存储路径开始时间	
EndTime	用来存储路径结束时间	

3) 障碍分析类

障碍用于临时限制禁止网络各部分或者向网络各部分添加阻抗以及调整网络各部分的阻抗大小。障碍分析类可用于所有网络分析图层，在创建新的分析图层时，障碍类为空。只有将障碍对象添加到该类后，它们才不会为空。网络分析并不必须要求添加障碍。障碍是网络分析图层(而不是网络数据集)的一部分。因此，障碍只会影响其所在的网络分析图层。如果其他分析中也需要使用障碍，则应将障碍加载到相应的网络分析图层中。

除使用障碍之外，还可通过编辑网络数据集来改变网络的可穿越性或阻抗。相对而言，障碍的灵活性和实用性更强，即使不具有网络数据集编辑权限，用户仍然可以使用障碍更改网络的可穿越性或阻抗。例如，对于一个不可编辑的 SDC 网络数据集，如果认为某个给定区域中的阻抗值不能准确反映行程时间，则可通过添加一个障碍并使阻抗调整为更合适的值。一旦障碍所建模的事件结束，如阻塞交通的树被搬走、延缓交通的集会停止等，即可快速将其删除。但过多使用障碍也会降低网络分析求解程序的性能。

根据几何类型的不同，可将障碍划分为点障碍、线障碍和面障碍三种；根据所起作用的不同，可将障碍划分为禁止型障碍和成本增加型障碍两种。如果将两种分类方法融合，则有六种障碍。其基本用途如表 9-12 所示。

表 9-12　障碍类型及其用途

类　型	点障碍	线障碍	面障碍
禁止型障碍	禁止穿过点障碍或禁止穿过障碍所在的整条边	禁止穿过与线障碍相交的整条边	禁止穿过与面障碍相交的整条边
成本增加型障碍	允许穿过点障碍及其所在边，所在边的阻抗成本值将与点障碍所具有的阻抗值相加	允许穿过与线障碍相交的边，这些边的阻抗成本值将与线障碍指定的增加系数相乘	允许穿过与面障碍相交的边，这些边的阻抗成本值将与面障碍指定的增加系数相乘

(1) 点障碍分析类。点障碍分析类主要通过表 9-13 所列举的字段来存储管理点障碍要素的名称、类型、禁止范围、阻抗值、状态等信息。

(2) 线或面障碍分析类。线和面障碍分析类具有相同的属性字段，其具体内容如表 9-14 所示。

表 9-13　点障碍分析类所包含的字段

名　称	说　明
Shape	用来存储点障碍要素的几何位置
Name	用来存储点障碍要素的名称
BarrierType	用来存储点障碍要素的类型。默认值 0 代表禁止型障碍，1 代表成本增加型障碍，具体增加值取决于在 Attr_[阻抗]字段中指定的值
FullEdge	用来说明边上禁止型点障碍的作用范围。默认值 False，仅禁止点障碍所在位置，允许在边上行进；True，禁止关联的整条边，不允许在边上行进
Attr_[阻抗]	用来说明成本增加型点障碍的成本增加值。只能取大于或等于零的值，表示穿越障碍时会增加的网络阻抗值
SourceID	用来存储点障碍所在源要素类的数字标识符
SourceOID	用来存储点障碍所在源要素的数字标识符
PosAlong	以所在边要素的数字化方向为基准，用来说明点障碍在边要素的相对位置
SideOfEdge	以所在线要素的数字化方向为基准，用来说明点障碍在边要素的左侧或右侧。1 代表右侧，2 代表左侧
CurbApproach	用来说明受障碍影响的行驶方向。默认值 0(车辆的任意一侧)表示点障碍将影响在边的左右两个方向上行驶的车辆，1(车辆的右侧)只会影响车辆的右行方向(障碍位于车辆右侧)，2(车辆的左侧)只会影响车辆的左行方向(障碍位于车辆左侧)。由于交汇点是点且不分左右侧，所以无论 CurbApproach 如何设置，交汇点上的障碍都会影响所有车辆
Status	该字段为输入/输出字段，用来表示点障碍的状态。在网络分析前，默认值 0(正常)表示点障碍位置有效，1(未定位)表示无法确定点障碍的网络位置，2(未定位网络元素)表示找不到定位点障碍网络位置的网络元素。在网络分析后，0(正常)表示成功对网络位置进行了评估，4(字段值无效)表示障碍点的字段值落在分析图层的编码属性域或范围属性域之外。例如，应该填写正数的位置可能存在负数

表 9-14　线或面障碍分析类所包含的字段

名　称	说　明
ObjectID	系统管理的 ID 字段
Shape	用来存储线或面障碍要素的几何位置
Name	用来存储线或面障碍要素的名称
Locations	该字段数据类型为 BLOB 的特殊字段，用来说明哪些网络元素被线或面障碍覆盖以及覆盖边元素的哪一部分
BarrierType	用来说明线或面障碍的类型。默认值 0(禁止型)，禁止穿过障碍的任何部分；1(成本按比例增加型)，将阻抗乘以 Attr_[阻抗]字段值从而调整基础边阻抗。如果障碍部分覆盖了边，则会按比例对阻抗执行乘法运算

续表

名　称	说　明
Attr_[阻抗]	用来存储与边阻抗相乘的比例因子。只能取大于或等于零的值，如果将该值设置为零，由于基础边没有成本，可能会返回毫无意义的分析结果。因此，建议使用大于零的值

3. 网络分析对象

网络分析对象是对不同网络分析类中存储的要素或记录的统称。在各种网络分析对象中，大多数是既包含地理位置又包含属性数据的要素，仅有小部分是只包含属性数据的记录，这类对象仅存在于车辆配送分析图层中，共有中断、特殊要求、需求点对和货物补给点四种。对于位于网络中的要素分析对象，ArcGIS 又予以更为精确的名称——网络位置，即要素在具体网络元素上的位置，与要素 Shape 字段记录的地理位置具有不同的含义。

当网络位置为点要素(如停靠点)时，其在网络上的位置将由属性表中的四个字段 SourceID、SourceOID、PosAlong 和 SideOfEdge 加以确定；当网络位置为线或面要素时，其在网络中的位置将由 BLOB 字段即 Locations 来确定。在创建添加网络位置时，ArcGIS 会使用空间搜索来自动计算填充这些字段的值。

如图 9-28 所示，当点要素(1 号)完全位于网络元素上时，其网络位置和地理位置重合。当点要素(2 号)偏离网络元素(边)并且间距小于预设搜索容差(此处为 50 米)时，系统会根据相关设置自动为其生成一个与地理位置不重合的网络位置。在网络分析过程中，由于系统会忽略地理位置只使用网络位置进行求解，因此所得路径的结束点并不在 2 号点要素所显示的地理位置。对于落在搜索容差之外的点要素(3 号)，则生成的网络位置将为未定位状态，这意味着它在网络中没有位置并且无法将其正确地纳入分析中。线和面要素则不受搜索容差的影响，因为它们必须精确地与网络元素相交重叠才能起作用，只要相离无论多近都不会参与网络分析。

图 9-28　网络位置和地理位置示意

1) 设置搜索容差和捕捉环境

为保证网络位置的正确性，在执行网络分析要素创建、加载、复制/粘贴、重新计算字段位置等操作处理时，一般应先检查网络分析图层搜索容差和捕捉环境的默认值是否合

适。如若不合适，则需要对其进行重新设置，具体选项内容列举在如图 9-29 所示的网络分析"图层属性"对话框，"网络位置"选项卡中。

(1) 搜索容差。搜索容差是在点要素周围查找相应网络元素的最大搜索半径，查找到的网络元素用来定位点要素的网络位置。系统的默认容差值为 5000。如果在搜索容差范围内没有相应的网络元素，则该点的网络位置为未定位状态，这意味着它在网络中没有位置并且无法将其正确地纳入分析中。

(2) 捕捉到。该选项用来设定查找网络元素的具体内容和方式。其中，"最近"选项将从右侧列表所选网络源中选择距离点要素最近的网络元素，"第一个"选项将根据所选网络源的次序选择距离点要素最近的网络元素。在选中网络源之后，点击右侧的箭头可改变其搜索次序。对于每个网络源，还可选择定位点要素网络位置的具体方式：形状、中间(心)点和端点中最近的一个。

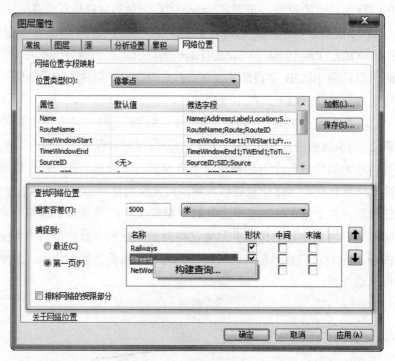

图 9-29　网络位置选项卡中的搜索容差和捕捉环境设置选项

对于图 9-29 所示的设置来说，搜索顺序是先 Railways 元素，后 Streets 元素。如果在搜索容差范围内查找到距离点要素最近的 Railways 元素，则不再查找 Streets 元素，无论其是否包含更近的边元素；如果未找到 Railways 元素，则继续查找 Streets 元素。即使未找到 Streets 元素，也不会继续查找 Network_Junctions，因为该网络源未被选中。

此外，还可以定义查询以将搜索范围限制为源要素类的要素子集内。通过右键单击右侧列表中的网络源要素类，并单击"构建查询"菜单项即可在弹出的查询构建器对话框中定义查询。该对话框的功能与按属性选择对话框相似，这里不再赘述。

(3) 排除网络的受限部分。如果选中该选项，则点要素的网络位置仅放置在网络元素的可遍历部分。这样可防止将网络位置放在因限制或障碍而无法到达的元素上。

如果想要使点要素完全位于网络元素上，即地理位置和网络位置重合，可进一步设置修改 Network Analyst 模块的位置捕捉选项。如图 9-30 所示，在"沿网络捕捉到位置"选项被选中的前提下，可进一步确定地理位置偏移网络位置的具体值以及执行偏移处理的具体情况。如果偏移选项未被选中或选中后的偏移值为 0，那么在添加、移动点要素时，系统会自动将其地理位置调整到根据搜索容差和捕捉环境确定的网络位置上，从而使二者完全重合。否则，地理位置和网络位置之间将保持预设的偏移间距。

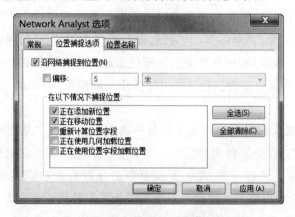

图 9-30　位置捕捉选项设置对话框

2) 创建编辑网络分析要素

在设置好搜索容差和捕捉环境之后，应及时向网络分析要素类创建添加分析要素并进行相应的编辑修改处理，以保证网络分析输入数据的完整性和准确性。目前，ArcGIS 提供了多种创建编辑网络分析要素的工具和方法，下面结合不同编辑任务具体介绍相应工具的处理步骤。

(1) 创建分析要素。主要包括创建网络位置、查找等工具。

① 创建网络位置工具。首先，单击 Network Analyst(NA)工具栏上的"⊹"按钮；然后，在 NA 窗口中选中要添加要素的分析要素类；最后，在地图窗口一次或多次单击相应位置即可完成点或线、面要素的创建。

② 查找工具。在"工具"工具栏上单击"🔍"按钮，在打开的对话框中根据指定条件查找相应要素、地点、地址或路径位置，通过右键菜单将找到的内容添加到所选分析要素类中。

③ 复制/粘贴。在 NA 窗口中先选中并复制相应的分析要素，然后将其粘贴到同一或其他分析要素类中。该方法要求要粘贴要素的类与要复制要素的类必须具有相同的几何特征。例如，两者均为点要素类。

④ 加载位置。单击所选分析要素类右键菜单中的"加载位置"菜单项，在弹出的对话框中设置包含所需数据的要素图层或要素类、排序字段、字段映射关系等参数，单击

"确定"按钮即可按所选字段对源图层中的全部或所选要素进行排序，并将其批量加载到分析要素类中，同时根据映射关系还会对新要素的字段进行赋值。

(2) 修改分析要素。主要包括移动、重新计算网络位置等工具。

① 移动网络位置工具。首先，在 NA 工具条上单击"👢"图标；然后，在地图显示窗口中用该工具单击选中网络分析要素并将其拖动到一个新的位置，也可以在按下 Ctrl 键的同时单击地图上的新位置实现对所选要素的移动。如果所选要素为已定位要素，按 1 键或 2 键其网络位置将以绿色点和十字光标的形式在地图窗口中闪烁。

② 重新计算网络位置。在网络源要素被编辑、搜索容差和捕捉环境参数重新设置调整等情况下，应单击网络分析类右键菜单项"重新计算位置字段"下的三个子菜单，来重新计算该分析类相应要素("全部"、"已选择"或"未定位")的网络位置。在进行网络位置重新计算的同时，也可对这些要素的地理位置进行重合或偏移处理，或者以最近街道的地址名称命名这些要素。是否执行这些附加操作，取决于 Network Analyst 选项对话框中的相关设置。

③ 以图形更新要素。对于线状或面状分析要素，可使用"从图形更新形状"命令移动或更改其几何形状。首先，使用"绘图"工具栏上的相应工具在新位置绘制一个新图形并使其处于选中状态；然后，在 NA 窗口中单击分析要素右键菜单中的"以图形更新Shape"菜单项，所选分析要素的位置与形状将被新图形替代。该命令只能实现 1 对 1 替换，如果多个图形元素或分析对象被选中，该命令不可用。

④ 修改要素属性。一种方式是通过右键菜单打开分析类的属性表，在表窗口中编辑相应分析要素的字段属性值。另一种方式是通过右键菜单或双击打开分析要素的属性窗口，在该窗口中编辑修改所选分析要素的字段属性值。

(3) 删除分析要素，主要包括以下工具。

① 全部删除。单击分析要素类右键菜单中的"全部删除"菜单项，可删除该类中的全部要素。

② 删除所选。按 Del 键或单击分析要素类或所选分析要素右键菜单中的"删除"菜单项，可删除单击当前分析要素类中的所选要素。

3) 创建编辑网络分析记录

由于不包含位置与形状信息，网络分析记录的创建与编辑任务相对比较简单。除上述的复制/粘贴、属性修改以及删除等操作外，ArcGIS 还提供了面向分析记录的专用创建方法——"添加项目"。该方法只适用于车辆配送(VRP)分析图层，用来创建路径、中断、货物补给点、特殊要求和需求点对五种不需要输入几何位置信息的分析对象。首先，右键单击指定网络分析类；然后，选中"添加项目"菜单项，即可创建相应的分析记录对象。在网络分析记录创建之后，将打开它的属性窗口以进一步修改完善该对象的字段属性值。

9.3.2　网络分析基本流程

无论是在 Network Analyst(网络分析)扩展模块中执行路径分析、服务区分析，还是其他网络分析，其整体工作流程都是相似的，主要包括以下基本步骤。

1. 配置 Network Analyst 环境

Network Analyst(简称 NA)是 ArcGIS 的一个扩展模块。在执行任何网络分析之前，必须启用 NA 扩展模块，还需要显示如图 9-31 所示的 NA 工具条，并通过单击工具条上的""按钮显示 NA 窗口。

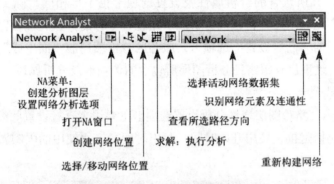

图 9-31　Network Analyst 工具条

2. 向 ArcMap 添加网络数据集

要执行网络分析，需要有一个网络作为执行分析的基础。因此，下一步是向 ArcMap 添加网络数据集图层。如果尚未构建网络，则需要先进行构建。如源要素已经过编辑或引用源要素的网络属性已更改，则需要单击工具条上的"📶"按钮重新构建网络。

3. 创建网络分析图层

网络分析图层用于存储网络分析的输入、属性和结果。它在内存中拥有一个工作空间，用于存储各种输入类型以及分析结果的网络分析类。网络分析类中的要素和记录称为网络分析对象。目前，NA 模块共支持六种类型的网络分析图层，并在 NA 菜单中提供了相应的创建菜单项与命令，通过选择这些菜单项即可完成所需网络分析图层的创建。如果向 ArcMap 内容列表中添加多个网络数据集，必须在 NA 工具条组合框中选中拟分析的网络数据集(图层)将其作为当前活动数据集。

4. 添加网络分析对象

网络分析对象是在网络分析时用作输入和输出的要素和记录。例如，停靠点、障碍、路径和设施点都属于网络分析对象。用户可以向输入分析类添加网络分析对象，但不能将它们添加到"仅输出"类中。"仅输出"网络分析对象只能由求解程序创建。例如，路径分析图层中的路径类是仅输出类，因此只能由求解程序创建路径对象。ArcGIS 提供了多种

创建添加网络分析对象的方法，其中比较常用的有以下两种：一种是将多个要素一次性加载到网络分析类中，另一种是以交互方式一次添加一个对象。为保证网络分析要素的准确性，在添加编辑之前应检查搜索容差、捕捉环境等选项的默认值是否适用。如果不适用，应重新设置。

5. 设置网络分析图层属性

网络分析图层的分析属性用来进一步定义约束要解决的问题。与网络分析对象的属性相比，这些属性在分析中具有更强的通用性。通过单击 NA 窗口右上角的"属性"按钮，在弹出的图层属性对话框中可进一步查看设置当前网络分析图层的分析属性。因网络分析图层类型的不同，其所包含的分析属性及设置选项卡也不尽相同。除了共有的"分析设置""属性参数"选项卡之外，一些分析图层还包含专有的分析属性设置选项卡。例如，车辆配送分析图层的"高级设置"选项卡，服务区分析图层的"面生成""线生成"选项卡等。限于篇幅，这里仅介绍路径分析图层所包含的选项卡及分析属性。

1) 分析设置选项卡

如图 9-32 所示，路径图层属性分析设置选项卡主要用来查看设置此类图层的基本分析属性参数，主要包括阻抗、使用开始时间、应用时间窗、所使用的限制属性、输出路径方向等内容。

图 9-32　网络分析图层属性分析设置选项卡

(1) 阻抗。该选项用来限定网络分析所使用的成本阻抗。只能选择多个网络数据集成本属性中的一个作为分析阻抗。如果选中时间型成本阻抗，分析结果为最快路径；如果选中距离型成本阻抗，分析结果为最短路径。

(2) 使用开始时间。该选项可使时间与星期或具体日期相结合，来指定访问第一个停靠点的开始时间。如果网络数据集中包含流量数据，分析结果将会更加精确。例如，相同的两个停靠点在不同时段可能会有不同的通行路径或时间。当以时间成本作为阻抗时，求解程序输出的路径要素具有 StartTime 和 EndTime 属性。StartTime 属性值将与所使用开始时间设置中输入的值匹配。EndTime 属性值将通过路径的开始时间加上持续时间得出。

(3) 应用时间窗。该选项只有在分析阻抗为时间型成本属性时才可用，用来限定访问停靠点的时间范围。该值存储在停靠点的 TimeWindowStart 和 TimeWindowEnd 字段中。当该选项被选中时，求解程序会启用考虑停靠点的时间窗数据来求解最佳路径。如果提前到达停靠点，所得路径总阻抗会加上在该点的等待时间；如果延迟到达停靠点，该点会以所设置的时间冲突符号加以显示。

(4) 重新排序停靠点以查找最佳路径。该选项用来限定遍历访问各停靠点的先后顺序。如果该选项未被选中，求解程序将按照 NA 窗口所列的上下(先后)顺序求解通过相应停靠点的最佳路径。如果该选项被选中，求解程序将重新调整停靠点的访问顺序并确定最佳路径，此时路径分析将由最佳路径问题变为流动推销员问题。在该项被选中时，可进一步选择是否保持第一个或最后一个停靠点的访问顺序不变。

(5) 交汇点的 U 形转弯。该选项用来限定 U 形转弯的使用情况，共有四个具体取值分别表示允许在任何位置、仅在死角(或死胡同、断头路)、仅在交点和死角处出现 U 形转弯、禁止在任何位置出现 U 形转弯等情况。在为大型运输车辆求解最佳路径时，常将该选项设置为禁止。

(6) 输出 Shape 类型。该选项用来限定表示分析输出路径要素的形状和方式。如果选择"实际形状"，则生成的路径将以沿实际网络元素的精确形状加以表示；如果选择"具有测量值的实际形状"，则生成的路径不仅具有精确的实际形状，而且每个折点还包括路径的线性参考测量值；如果选择"直线"，则生成的路径以连接停靠点的直线加以表示；如果选择"无"，则生成的路径要素没有形状。无论选择何种输出 Shape 类型，最佳路径始终都由网络阻抗而非欧氏距离决定。只是路径的表示形状不同，对网络遍历方式都是相同的。

(7) 应用等级。该选项只在网络数据集具有等级属性时才可用，用来限定是否使用等级。如果该选项被选中，求解程序将优先选择使用高等级的边而不是低等级的边，在所得路径上行驶会更便捷，但成本相对较高。如果不使用等级，则会求解获得成本阻抗更小的路径。

(8) 忽略无效的位置。该选项用来忽略无效的网络位置、仅通过有效的网络位置来求解分析图层。如果未选中该选项并且网络位置未定位，则求解操作会失败。无论在哪种情况下，分析都会忽略无效的位置。

(9) 限制。该选项用来限定网络分析所使用的限制型属性。只有表中列举的限制型属性(如 Oneway)被选中，其才会在网络分析中生效发挥作用。

(10) 方向。该选项只在网络数据集启用方向时可选,用来限定显示路径方向信息所用的距离单位或时间单位,以及分析结束时是否自动打开所得路径的方向窗口。图 9-33 给出了一条经过三个停靠点的方向(路径)信息窗口示例。

图 9-33 方向(路径)信息窗口示意

2) 累积选项卡

如图 9-34 所示,累积选项卡主要用来选定要对所得路径要素进行累积的网络数据集成本属性。对于每个选定要累积的成本属性,求解程序都会向所输出的路径中添加一个"Total_[阻抗]"属性,其中"[阻抗]"由累积的阻抗属性名称替代。无论是否选择累积属性,求解程序都使用分析图层阻抗选项所指定的成本属性来计算最佳路径,累积属性只用来补充完善网络分析结果。例如,在选择"TravelTime"属性作为分析阻抗后,如果进一步选择"Meters"属性作为累积属性,则分析输出路线要素会包含两个名为"Total_TravelTime"和"Total_Meters"的字段。前者记录输出路径的最小累积 TravelTime 成本;后者则说明输出路径的累积 Meterse 成本,但其未必是最小值。

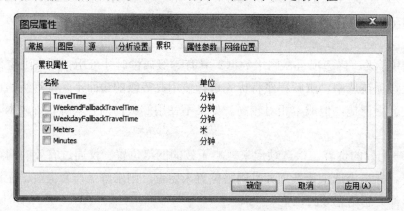

图 9-34 网络分析图层属性累积选项卡

3) 属性参数选项卡

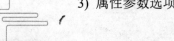

如图 9-35 所示，属性参数选项卡用来调整网络数据集属性参数的取值，以使分析结果更加准确实用。根据所定义的赋值器，道路边要素"高度限制"属性的取值由道路边元素的"最大限高"属性和"车辆高度"参数之间的大小关系决定。在默认情况下，"车辆高度"参数的取值为 0，意味着在分析时将忽略车辆的高度，所有道路边元素的"高度限制"属性值均为代表可通行的 false。图中将"车辆高度"参数值设置为 2.8(单位为米)，意味着在网络分析时，求解程序将避开经过"最大限高"属性值小于该值的边，从而保证分析结果更加实用准确，因为这些边对于此高度的车辆来说是禁止通行的。通过属性参数可根据需要灵活动态地调整网络属性的取值，避免对属性取值逐项修改。在更改属性参数的默认值时，不必重新构建网络。

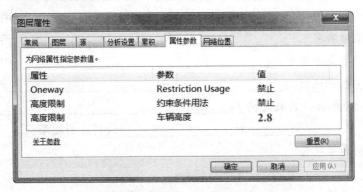

图 9-35　网络分析图层属性参数选项卡

6. 执行分析并显示结果

　　在创建了分析图层、添加了输入网络分析对象并设置了分析对象和分析图层的参数后，就可以单击 NA 工具条上的"🖳"图标开始执行网络分析、求解网络问题。在求解结束后，系统会自动创建输出的网络分析对象并更新现有对象的相应字段属性值。除了在地图窗口中直接查看检查位置形状信息之外，还可通过双击 NA 窗口中的网络分析对象来检查其字段属性信息。

　　在默认情况下，求解程序仅在遇到错误或不当设置时才弹出消息提示对话框。如果需要显示更加丰富的消息信息，可在 NA 选项对话框的"常规"选项卡中勾选"全部消息"选项。这样在正确求解结束后，系统也会弹出消息对话框以显示分析结果概要信息。

　　如果需要经常查看使用网络分析结果，可将内存中的临时网络分析图层整体保存在地图文档中，或者另存在 lyr 格式的图层文件中。地图文档或 lyr 图层文件不仅存储分析对象的具体内容，而且也存储其制图表达形式，但只存储对网络数据集的引用，并不真正存储网络数据集的内容。如果不需要保留分析对象的表达形式，也可在"内容列表"中，通过单击网络分析子图层右键菜单中的"数据\数据导出"菜单项，将其所引用的分析对象类导出存储在 Geodatabase 的要素类或表中。

复习思考题

一、解释题

1. 地标　2. 网络属性　3. 属性赋值器　4. 流量剖析表　5. 搜索容差
6. 高程字段　7. 通用转弯　8. 连通组　9. 网络分析类　10. OD 成本矩阵

二、填空题

1. 网络数据集由_____、_____和_____三种要素组成。
2. 地标要素可分为_____和_____两种。
3. 边连通策略共有_____和_____两种。
4. 网络数据集属性共有_____、_____、_____和_____四种。
5. 网络流量数据包括_____和_____两种。
6. Network Analyst 目前共支持_____、_____、_____、_____、_____和_____六种分析图层。
7. 路径分析图层包含_____、_____、_____、_____和_____五个分析类。
8. 停靠点要素的_____和_____字段分别用来记录其最早和最晚访问时间。
9. 地标要素共有_____和_____两种。
10. 路标数据主要存储在_____要素类和_____表中。

三、辨析题

1. 一个转弯要素至少经过 2 条边元素。　　　　　　　　　　　　（　　）
2. 路标要素类必须与网络数据集位于同一地理数据库中。　　　　（　　）
3. 限制型网络属性的单位可以是分钟、米、千米等。　　　　　　（　　）
4. 交汇点、转弯元素只能有一个属性赋值器。　　　　　　　　　（　　）
5. 只要两条边端点坐标完全重合，则彼此一定连通。　　　　　　（　　）
6. 启用实时流量的网络数据集一定包含历史流量。　　　　　　　（　　）
7. 一条流量剖析记录可用来反映多条道路一周内的流量变化情况。（　　）
8. 创建网络分析图层必须先添加网络数据集图层。　　　　　　　（　　）
9. 点分析要素的网络位置取决于搜索容差的大小设置。　　　　　（　　）
10. 输出分析对象的属性只能有网络求解程序确定，用户不能修改。（　　）

四、简答题

1. 简述脏区的概念和作用。
2. 简述创建网络数据集的基本步骤。

3. 简述执行 OD 成本矩阵分析的基本步骤。

4. 简述网络数据集和几何网络的相同点和不同点。

五、应用题

1. 请自行创建一个文件 Geodatabase，然后根据图 9-36 所示的网络要素及分析停靠点完成以下任务。

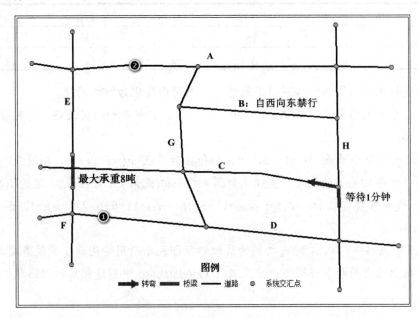

图 9-36　网络要素及停靠点示例

(1) 在该数据库中创建能够管理图中相应网络要素信息的要素类。要素类的空间覆盖范围均为 4000×4000，单位假设为米。

(2) 在所创建的要素类中分别采集添加 8 个道路要素、1 个桥梁要素和 1 个转弯要素，并完善补充其属性信息。(所采集要素和图中要素)

(3) 基于上述要素类及要素创建网络数据集，并为其定义两个成本属性和两个限制属性。其中，一个成本属性的名称为 "Meters"，依据边要素的长度字段赋值；另一个成本属性的名称为 "Minutes"，主要依据行驶速度 500m/min 赋值。一个限制属性依据车辆重量和桥梁最大承重量赋值，另一个限制属性依据道路通行方向取值。

(4) 在相应网络位置添加两个停靠点，重量分别为 5 吨和 10 吨的车辆求解通过这两点的时间最短路径。

2. 除了现实中客观存在的地理网络问题之外，网络分析也经常被用于解决一些看似与网络无关的决策优化问题。现给出采用网络分析解决设备更新问题的基本策略，请根据该策略使用 Network Analyst 模块创建相应的网络数据集并分析求解该问题。(本题源自百度文库: 数学建模_设备更新问题。网址: https://wenku.baidu.com/view/ 88909efd910ef12d2af9e713.html)

(1) 设备更新问题描述: 某工厂使用一台设备，在每年年初，都要决定是购置新的还

是继续使用旧的。若购置新设备，就要支付一定的购置费用；若继续使用旧设备，则需支付一定的维修费用。现在的问题是如何制定一个 5 年之内的设备更新计划，使总的支付费用最少。表 9-15 分别给出了每年年初的设备购置费以及不同使用年限下的设备维修费。假设每年只使用一台设备，第一年一定要购买一台设备。

表 9-15　设备购置和维修费用表

年份/年度	1 年	2 年	3 年	4 年	5 年
购置费	11	12	13	14	14
维修费	5	6	8	11	18

(2) 问题转化求解策略：按照以下策略将上述问题转化为网络问题。

① 定义 6 个网络节点。其中，v_1，…，v_5 表示第 i 年年初购买设备，v_6 为虚设节点表示第 5 年年底。

② 依此连接每个节点 $v_i(i=1，2，…，5)$ 和其后节点 $v_j(j=i+1，…，6)$ 形成网络边 (v_i,v_j)，表示第 i 年年初购买的设备一直使用到第 j 年年初(或第 $j-1$ 年年底)，边的阻抗 w_{ij} 为设备购置费和所有维修费之和。例如：$w_{12}=11+5=16$，$w_{13}=11+5+6=22$，$w_{23}=12+5=17$，…，$w_{56}=14+5=19$。

③ 在上述网络中，从 v_1 到 v_6 之间的最短路径即表示所用费用最少的设备更新计划。

(3) 根据上述问题和求解策略，请在文件 Geodatabase 中创建相应的网络数据集并求解该问题。

 ## 微课视频

扫一扫：获取本章相关微课视频。

设备更新.wmv

参 考 文 献

[1]   ESRI. ArcGIS 10.4 for Desktop help/帮助文档[M/CD]. 2016.

[2]   毕硕本. 空间数据库教程[M]. 北京：科学出版社，2013.

[3]   崔铁军. 地理空间数据原理[M]. 2 版. 北京：科学出版社，2016.

[4]   樊重俊，刘臣，杨坚争. 数据库基础及应用[M]. 上海：立信会计出版社，2015.

[5]   傅家良. 运筹学方法与模型(第 2 版)[M]. 上海：复旦大学出版社，2014.

[6]   何玉洁. 数据库原理及应用教程[M]. 北京：机械工业出版社，2015.

[7]   孔丽红，游晓明，钟伯成，等. 数据库原理[M]. 北京：清华大学出版社，2015.

[8]   李岑. 空间数据库原理与应用实验教程[M]. 武汉：华中科技大学出版社，2018.

[9]   李辉. 数据库技术与应用 MySQL 版[M]. 北京：清华大学出版社，2016.

[10] 李建松，唐雪华. 地理信息系统原理[M]. 武汉：武汉大学出版社，2015.

[11] 刘康晨. 基于 Addin 的 Geodatabase 管理功能扩展方法研究[D]. 徐州：江苏师范大学，2020.

[12] 刘茂华，成遣，白海丽，等. 地理信息系统原理[M]. 北京：清华大学出版社，2015.

[13] 刘涛. 空间数据库原理及实验教程[M]. 北京：测绘出版社，2018.

[14] 龙子泉. 运筹学高级教程[M]. 武汉：武汉大学出版社，2014.

[15] 倪春迪，殷晓伟，刘国成，等. 数据库原理及应用[M]. 北京：清华大学出版社，2015.

[16] 牛新征，张凤荔，文军. 空间信息数据库[M]. 北京：人民邮电出版社，2014.

[17] 陶永才，张青，吴德佩. 数据库技术与应用[M]. 北京：清华大学出版社，2014.

[18] 王育红，刘莹，袁占良，等. 基于 GIS 的高校学生信息基层集成空间化管理与分析系统[J]. 实验室研究与探索，2017，36(3)：105-110.

[19] 王育红. 基础地理数据库更新信息传播[M]. 北京：科学出版社，2014.

[20] 武芳，王泽根，蔡忠亮，等. 空间数据库原理[M]. 武汉：武汉大学出版社，2017.

[21] 肖璞，黄慧，杨君. Oracle 数据库应用与实训教程[M]. 北京：北京邮电大学出版社，2016.

[22] 肖智，杨剑，史建康. ArcGIS 软件应用·实验指导书[M]. 成都：西南交通大学出版社，2015.

[23] 熊春宝，尹建忠，贺奋琴. 地理信息系统原理与工程应用[M]. 天津：天津大学出版社，2014.

[24] 徐洁磐，操凤萍，赵勃邺，等. 数据库技术实用教程[M]. 北京：中国铁道出版社，2016.

[25] 严坤妹. 教学建模实例与优化算法[M]. 厦门：厦门大学出版社，2017.

[26] 张红娟，傅婷婷. 数据库原理[M]. 西安：西安电子科技大学出版社，2016.

[27] 张秀红，刘纪平，王勇，等. 面向自然语言空间方向关系查询的语义扩展框架[J]. 地理与地理信息科学，2018，34(6).